TEILCHEN - DATEN

(Masse in MeV/c^2; Lebensdauer in Sekunden; Ladung in Einheiten der Elementarladung)

Quarks (Spin 1/2)

	Aroma	Ladung	Masse
Erste Generation	d	$-\frac{1}{3}$	7,5
	u	$+\frac{2}{3}$	4,2
Zweite Generation	s	$-\frac{1}{3}$	150
	c	$+\frac{2}{3}$	1100
Dritte Generation	b	$-\frac{1}{3}$	4200
	t	$+\frac{2}{3}$	175000

Leptonen (Spin 1/2)

	Lepton	Ladung	Masse	Lebensdauer	Häufigste Zerfälle
Erste Generation	e	-1	0,5109906	∞	—
	ν_e	0	< 0,0000051	∞	—
Zweite Generation	μ	-1	105,658389	$2,197\times10^{-6}$	$e\nu_\mu\bar{\nu}_e$
	ν_μ	0	< 0,27	∞	—
Dritte Generation	τ	-1	1777,1	$2,956\times10^{-13}$	$\mu\nu_\tau\bar{\nu}_\mu, e\nu_\tau\bar{\nu}_e, \rho\nu_\tau$
	ν_τ	0	< 31	∞	—

Eichbosonen (Spin 1)

Boson	Ladung	Masse	Lebensdauer	Wechselwirkung (Kraft)
Gluon (g)	0	0	∞	Stark
Photon (γ)	0	0	∞	Elektromagnetisch } Elektroschwach
$W^\pm$	±1	81,800	80,22	Schwach (geladener Strom) } Elektroschwach
Z^0	0	92,600	91,187	Schwach (neutraler Strom) } Elektroschwach

Spin ½ - Baryonen

Baryon	Valenzquarks	Ladung	Masse	Lebensdauer	Häufigste Zerfälle
N { p	uud	+1	938,27231	∞	—
N { n	udd	0	939,56563	887	$pe\bar{\nu}_e$
Λ	uds	0	1115,684	$2,632\times10^{-10}$	$p\pi^-, n\pi^0$
Σ^+	uus	+1	1189,37	$0,799\times10^{-10}$	$p\pi^0, n\pi^+$
Σ^0	uds	0	1192,55	$7,4\times10^{-20}$	$\Lambda\gamma$
Σ^-	dds	-1	1197,436	$1,479\times10^{-10}$	$n\pi^-$
Ξ^0	uss	0	1314,9	$2,90\times10^{-10}$	$\Lambda\pi^0$
Ξ^-	dss	-1	1321,32	$1,639\times10^{-10}$	$\Lambda\pi^-$
Λ_c^+	udc	+1	2285,1	2×10^{-13}	p andere, n andere

Fortsetzung auf hinterem Umschlagdeckel

Helmut Hilscher

Elementare Teilchenphysik

Helmut Hilscher

Elementare Teilchenphysik

FACETTEN

Softcover reprint of the hardcover 1st edition 1996

Der Verlag Vieweg ist ein Unternehmen der Bertelsmann Fachinformation GmbH.

Umschlaggestaltung: Schrimpf und Partner, Wiesbaden

Gedruckt auf säurefreiem Papier

ISBN-13: 978-3-322-85004-1 e-ISBN-13: 978-3-322-85003-4
DOI: 10.1007/978-3-322-85003-4

Inhaltsverzeichnis

Vorwort

Das Wort „Elementarteilchenphysik“ ist noch immer weit verbreitet als Bezeichnung desjenigen Teilgebiets der Physik, das sich mit den kleinsten Bausteinen der Materie und deren Wechselwirkungen untereinander beschäftigt, obwohl die meisten Objekte (Teilchen), mit denen in dieser Disziplin umgegangen wird, aus heutiger Sicht alles andere als elementar sind. So weisen z. B. die Bestandteile des Atomkerns, Proton und Neutron, die einstmals nach ihrer Entdeckung für elementar gehalten wurden, eine sehr komplexe Struktur auf. Um Fehlvorstellungen durch eine – historisch bedingte – unzutreffende Begriffsbildung zu begegnen, sind die Experten, die sich dieser Disziplin verschrieben haben, dazu übergegangen, das Vorwort „Elementar“ wegzulassen und ihr Forschungsgebiet „Teilchenphysik“ und sich selbst als „Teilchenphysiker“ zu bezeichnen. Solange aber die Begriffe „Teilchen“ und „Elementarteilchen“ weiterhin synonym gebraucht werden, ist es ratsam, die wahren Elementarteilchen, die keinerlei Struktur aufweisen und welche die Konstituenten aller anderen Teilchen bilden, als „fundamentale Teilchen“ zu bezeichnen, um sprachlich eine klare Unterscheidung vorzunehmen. Die Erforschung von Teilchenstrukturen und der Grundkräfte der Natur erfordert sehr hohe Energien, weshalb man anstelle von Teilchenphysik sehr häufig auch von „Hochenergiephysik“ spricht, insbesondere dann, wenn die experimentelle Teilchenphysik gemeint ist.

Dieses Buch ist für diejenigen geschrieben worden, die Physik im Haupt- oder Nebenfach studiert haben oder gerade studieren, die sich für Fragestellungen und Erkenntnisse der Teilchenphysik interessieren, aber während ihres Studiums und danach kaum mit diesem Bereich der modernen Physik in Berührung gekommen sind oder nicht beabsichtigen, ihr Studium schwerpunktmäßig diesem Gebiet zu widmen oder gar auf diesem Gebiet zu arbeiten. Es ist kein Lehrbuch und für systematische Studien ungeeignet, aber es kann sehr wohl als (zugegeben etwas unkonventioneller) Einstieg in die Spezialliteratur herangezogen werden. Es richtet sich an den physikalisch vorgebildeten Laien und nicht an den Profi. Es ist aus einer Artikelserie zur Fortbildung von Physiklehrern hervorgegangen und berücksichtigt von daher ganz besonders die Bedürfnisse von Lehrern, die ihren Unterricht durch Einbeziehen aktueller Probleme der Physik interessanter zu gestalten versuchen und bemüht sind, aufgeschlossenen Schülern als kompetente Gesprächspartner Rede und Antwort zu stehen.

Welche Möglichkeiten hat heute ein so verstandener Laie, seine wissenschaftliche Neugier jenseits seines eigenen engen Fachgebietes zu befriedigen und seine Allgemeinbildung autodidaktisch zu erweitern? Fachwissenschaftliche Lehrbücher und Fachzeitschriftenartikel richten sich in der Regel an Studierende und Wissenschaftler, die sich in ein Gebiet einlesen möchten, um dann eventuell selbst fachwissenschaftlich darin zu arbeiten, oder die bereits zur Gemeinde der Spezialisten gehören. Das Studium dieser mit bestimmter Zielsetzung fachsystematisch angelegten, im Fachjargon geschriebenen Literatur ist anspruchsvoll und zeitaufwendig und nur selten (Ausnahmen bestätigen die Regel!) für den informationshungrigen Laien lohnenswert und ergiebig.

Verbleiben allgemein verständliche Aufsätze in gewissen naturwissenschaftlich orientierten Zeitschriften, populärwissenschaftliche Bücher und fachjournalistische Berichte. Ihnen allen ist (trotz großer Unterschiede) gemeinsam, daß hier die Erkenntnisse und Ergebnisse physikalischer Forschung – sehr oft in methodisch und gestalterisch ausgezeichneter Form! – dem Leser als Fakten mitgeteilt werden, etwa in dem Stil: „Physiker haben herausgefunden ...“. Ein physikalisch gebildeter Nichtfachmann, der sich weiterbilden möchte, findet in diesen Literaturgattungen sicherlich wertvolle Informationen und auch Daten. Er wird aber meistens vergeblich nach einer befriedigenden Antwort auf seine Fragen nach dem Wieso?, Warum?, Auf welche Weise? suchen.

Diese von vielen als Mangel empfundene Situation versucht das vorliegende Buch zu verbessern. Ich bin Fachdidaktiker und sehe es als eine zentrale Aufgabe und Verpflichtung unserer Zunft an, das große, weitestgehend brachliegende Feld zwischen spezialisierter Fachliteratur und populären Darstellungen zu bearbeiten. Der Fachdidaktiker als Vermittler zwischen Fachspezialisten und Fachlaien begibt sich damit zwischen die Fronten von Fachwissenschaft und Fachjournalismus. Er wird von beiden Seiten scharf beobachtet und muß sich Kritiken stellen, die letztendlich seinen Intentionen nur dienlich sein können.

Es wird im vorliegenden Buch bewußt ebenso auf die Fachsystematik eines Lehrbuchs zur Einführung in die Teilchenphysik wie auf einen übertriebenen Fachjargon verzichtet. Vielmehr wird der Versuch unternommen, einzelne Themen, von denen ich glaube, daß sie von allgemeinem Interesse sind, nicht nur elementar darzustellen, sondern auch in einen größeren Zusammenhang einzuordnen, sie von einer übergeordneten Warte aus zu betrachten und allgemeinere Strukturen aufzuzeigen. Es werden Grundkenntnisse der klassischen Physik, der Relativitätstheorie und der Quantentheorie vorausgesetzt. Wo es mir geboten erscheint, werden bestimmte physikalische Grundlagen und mathematische Formalismen – vom fortlaufenden Text durch Rahmung deutlich abgesetzt – kurz zusammengefaßt, damit der wißbegierige Leser nicht gezwungen ist, zur Auffrischung in Vergessenheit geratener Kenntnisse während der Lektüre das Buch aus der Hand zu legen, um in irgendwelchen Lehrwerken nachzuschlagen. Der Inhalt dieser „Kästen" kann jedoch übergangen werden, ohne daß dadurch der „rote Faden" verlorengeht. Gelegentliche längere Herleitungen sollen nicht der Wissensvermehrung dienen, sondern lediglich das Verständnis fördern oder die Argumentationslogik erhellen; sie können nach der Lektüre wieder vergessen werden. Gerade solche Passagen fehlen in allgemeinverständlichen Darstellungen! Die Ausführungen bewegen sich hauptsächlich auf phänomenologischer Ebene, wichtige Erkenntnisse werden an konkreten Experimenten festgemacht, theoretische Aussagen werden weitestgehend verbal erörtert. Die Darstellung sollte es Physiklehrern ermöglichen, das eine oder andere Themengebiet – je nach Bedarf – didaktisch weiter zu reduzieren und für den Physikunterricht aufzubereiten. Sollte der Leser durch die Lektüre dieses Buches zu vertieften Studien angeregt und ermutigt werden, findet er am Ende des Buches eine Liste weiterführender Literatur.

Das Buch erklärt im ersten Kapitel, warum die Teilchenphysiker immer größere Teilchenbeschleuniger mit immer höheren Endenergien benötigen und heute ohne riesige Kollisionsanlagen nicht mehr auskommen. Im zweiten Kapitel wird das Standardmodell der Teilchenphysik, unser aktuelles Wissen über Aufbau und Struktur der Materie und über die fundamentalen Wechselwirkungen, auf die alle Naturkräfte zurückzuführen sind, etwas beleuchtet. Nach einem knappen Überblick der wesentlichen Aussagen des Modells geht es in diesem Kapitel schwerpunktmäßig um die Quarks, die Konstituenten der hadronischen Materie. Obwohl noch kein freies Quark nachgewiesen werden konnte, zweifelt niemand an der Realität der Quarks. Dazu werden einige eindrucksvolle „Existenzbeweise" nachvollzogen. Die Hadronen können als Quarkatome angesehen werden. Die Physik der Atomhülle und des Atomkerns wiederholt sich hier bei höchsten Energien: Wie sich die Bilder gleichen! Das Standardmodell ruht auf zwei Säulen: der Theorie der Elektroschwachen Wechselwirkung und der Theorie der Starken Wechselwirkung, der Quantenchromodynamik (QCD). Während auf erstere im Zusammenhang mit der Diskussion der Eichsymmetrien im dritten Kapitel näher eingegangen wird, wollen wir es im Falle der QCD im wesentlichen mit einer phänomenologischen Betrachtung bewenden lassen. Einige Extravaganzen der Schwachen Wechselwirkung schließen das zweite Kapitel ab. Den Neutrinos, den spektakulärsten aller Teilchen, die ausschließlich Schwach wechselwirken, gebührt dabei die größte Beachtung.

Symmetriebetrachtungen spielen in der modernen Physik eine große Rolle. Das Aufspüren von Symmetrieeigenschaften der Natur entwickelte sich zum Leitprinzip der theoretischen Teilchenphysik. Auf der Basis von sog. Eichsymmetrien lassen sich die fundamentalen Wechselwirkungen verstehen. Auf ihnen gründen berechtigte Hoffnungen, das Ziel der theoretischen Teilchenphysik einer einheitlichen Beschreibung aller fundamentalen Kräfte, einer „Weltformel" sozusagen, die erklärt, „was die Welt im Innersten zusammenhält", eines Tages zu erreichen. Die Vereinigung der Elektromagnetischen Kraft mit der Schwachen Kraft zur sog. Elektroschwachen Kraft ist bereits gelungen. Jetzt basteln die Theoretiker an einer einheitlichen Beschreibung der Starken und der Elektroschwachen Kraft. Die größten Schwierigkeiten scheint die Einbeziehung der Gravitation zu bereiten, der vierten fundamentalen Kraft. Das dritte Kapitel geht auf die Bedeutung von Symmetrien in der Teilchenphysik ein und versucht vor allem den steinigen Weg der vereinheitlichenden Beschreibung aller Naturkräfte auf der Grundlage von Eichsymmetrien nachzuzeichnen und die Leitidee herauszukristallisieren. Bedingt durch diese Thematik, ist das dritte Kapitel etwas stärker mathematisch durchsetzt und formaler ausgefallen als die anderen.

Das vierte und letzte Kapitel handelt von einer weiteren Vereinigung. Ausgerechnet die beiden Wissenschaftszweige, die sich mit den kleinsten und den größten Strukturen unserer Welt beschäftigen und auf den ersten Blick nichts miteinanander zu tun zu haben scheinen, machen heute gemeinsame Sache, ja sind in ihren Forschungen aufeinander angewiesen: Teilchenphysik und Kosmologie. Warum diese beiden Disziplinen eine Symbiose eingegangen sind und wie diese aussieht, schildert das vierte Kapitel. Im Mittelpunkt stehen dabei das kosmologische Standardmodell und einige Probleme, die dieses aufwirft. Das Buch schließt mit einem Blick in die nahe Zukunft der Teilchenphysik bis ins erste Jahrzehnt des nächsten Jahrtausends.

Ohne die grenzenlose Rücksichtnahme, moralische Unterstützung und tatkräftige Mithilfe meiner Frau Ursula hätte dieses Buch nicht entstehen können. An der Korrektur und Verbesserung des Manuskripts waren mehrere Personen beteiligt. H. Möller hat den ersten Entwurf mit der ihm eigenen Gründlichkeit und Sorgfalt durchgearbeitet und jede mathematische Herleitung überprüft. Vor allem meinem Sohn Rainer, aber auch meinem Bruder Gottfried verdanke ich zahlreiche stilistische Verbesserungen und die Korrektur formaler Fehler. Die Kollegen Dr. R. Bender und Dr. M. Lindner haben mich als Experten ihres Faches nach der Lektüre von Teilen des Manuskripts auf einige inhaltliche Mängel aufmerksam gemacht und mir wertvolle Anregungen gegeben. W. Künzler, K. Zenker und N. Bauer entlasteten mich mit Kopier-, Zeichen- und anderen Zuarbeiten. Ihnen allen danke ich für ihre Mitwirkung. Namentlich unerwähnt müssen alle diejenigen bleiben, die mich in vielen Gesprächen ermutigt und inspiriert haben. Mein Dank gilt nicht zuletzt dem verantwortlichen Lektor des Vieweg-Verlages, Herrn W. Schwarz, für die vertrauensvolle und fruchtbare Zusammenarbeit.

Der mit dem vorliegenden Buch versuchte Spagat zwischen Populär- und Fachwissenschaft auf einem sich rasch fortentwickelnden aktuellen Gebiet der Physik wie der Teilchenphysik ist ein schwieriges Unternehmen, das nicht überall uneingeschränkte Zustimmung finden wird, und das auf breitere Mitarbeit angewiesen ist. Ich bitte daher alle Leser um Kritik und Verbesserungsvorschläge für eine spätere Überarbeitung.

Augsburg, im Herbst 1995 — Helmut Hilscher

I
Wozu immer größere Teilchenbeschleuniger?

1 Ein empirisches Exponentialgesetz für Beschleuniger

In Diskussionen über Sinn und Zweck, Pro und Kontra von Grundlagenforschung nimmt die Hochenergiephysik einen breiten Raum ein. Häufig wird dabei die Notwendigkeit der riesigen Teilchenbeschleuniger, deren Bau und Betrieb beachtliche Summen von Steuergeldern verschlingen, in Frage gestellt. Derjenige Parameter, der die Größe einer Beschleuniger- oder Speicherringanlage (näheres hierzu in I,2-5) und damit auch den Umfang der Investitions- und Betriebskosten im wesentlichen bestimmt, ist die Endenergie der beschleunigten Teilchen (Elektronen und Protonen, ihre Antiteilchen Positronen und Antiprotonen sowie schwerere Atomkerne), welche für die zu untersuchenden Wechselwirkungsreaktionen zur Verfügung steht. Die Energie wird dabei im Schwerpunktssystem der Reaktionspartner (siehe I,3) gemessen. Trägt man die Endenergie der Hochenergiemaschinen, an denen in den letzten 40 Jahren Teilchenphysik betrieben worden ist oder noch betrieben wird, gegen die Jahreszahl der Inbetriebnahme graphisch auf, so ergibt sich sowohl für die klassischen Synchrotronbeschleuniger als auch für die Speicherring-Kollisionsmaschinen in guter Näherung jeweils ein exponentielles zeitliches Anwachsen der verfügbaren Energie (Abbildung I.1).

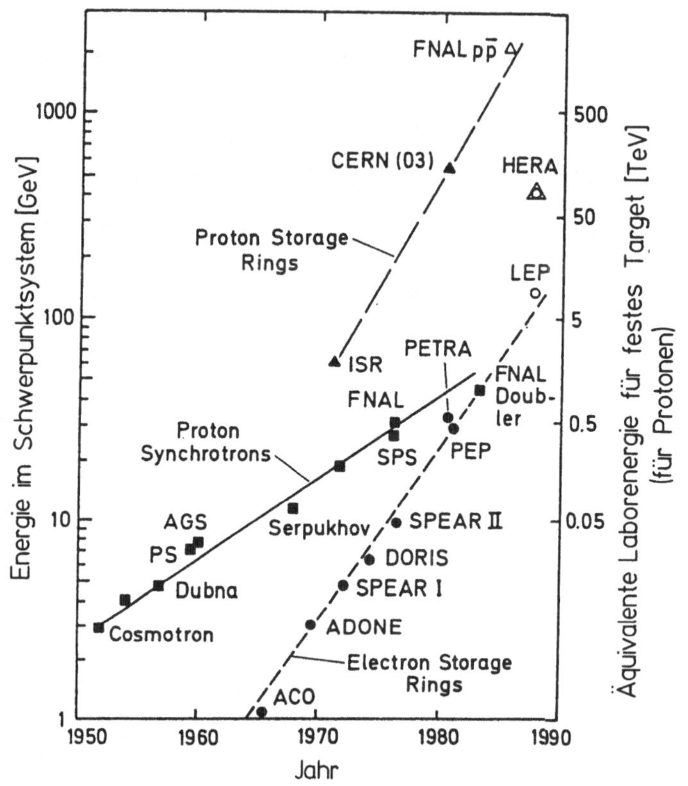

Abb. I.1: Endenergien im Schwerpunktssystem für Proton-Synchrotrone mit festem Target und Proton- sowie Elektron-Speicherringe in Abhängigkeit von der Jahreszahl der Inbetriebnahme der jeweiligen Maschinen

In dem derzeit größten Elektronenmikroskop der Welt, der Elektron-Proton-Speicherring-Kollisionsanlage HERA (= **H**adron **E**lektron **R**ing **A**nlage) des deutschen Hochenergie-Forschungszentrums DESY in Hamburg mit einem Ringumfang von 6,3 km (vergl. Abbildung I.4) werden Elektronen mit einer Energie von 30 GeV auf entgegenlaufende Protonen von 820 GeV geschossen. Die Elektron-Positron-Speicherringe LEP (= **L**arge **E**lectron **P**ositron (Collider)) am europäischen Forschungszentrum für Teilchenpyhsik CERN bei Genf haben einen Umfang von 27 km; die maximal erreichbare Schwerpunktsenergie beträgt in der ersten Ausbauphase 100 GeV (je

50 GeV für die Elektronen bzw. Positronen der beiden kollidierenden Strahlen[1].

Im Oktober 1993 hat der Kongreß der Vereinigten Staaten den Bau der größten Proton-Proton-Speicherringanlage aller Zeiten, des SSC (= **S**uperconducting **S**uper **C**ollider), der unter Präsident Reagan begonnen worden war, gestoppt und das amerikanische Prestigeprojekt wegen Geldmangel gestrichen. Die veranschlagten Gesamtkosten des Projektes waren von ursprünglich 4,4 auf etwa 12 Milliarden US-$ gestiegen. Der Umfang jedes der beiden Protonringe sollte 87 km und die erreichbare Schwerpunktsenergie 40 000 GeV (40 TeV) betragen. Die Inbetriebnahme der Anlage war für 1996 geplant. Um wissenschaftlich nicht ins Hintertreffen zu geraten und die bereits geleistete Entwicklungsarbeit wenigstens noch teilweise verwerten zu können, werden sich die Amerikaner an einem ähnlichen europäischen Projekt, den Proton-Proton-Speicherringen LHC (= **L**arge **H**adron **C**ollider) beteiligen, die in dem LEP-Tunnel (siehe oben) des CERN untergebracht werden können, wodurch sich die Baukosten wesentlich verringern lassen. Die LHC-Protonendenergie wird 7 TeV je Strahl betragen.

Mit der Schwerpunktsenergie sind bis heute nicht nur die Größe der Beschleuniger, sondern auch die Ausmaße und Kosten der Experimente und die Zahl der Wissenschaftler, die an einem Experiment zusammenarbeiten, bereits in für Außenstehende kaum vorstellbare Größenordnungen angewachsen. An den derzeit größten Teilchen-Kollisionsanlagen wie LEP am CERN bei Genf, SLC (= **S**tanford **L**inear **C**ollider) an der Stanford Universität in Kalifornien/USA, HERA bei DESY in Hamburg, TEVATRON des FNAL (**F**ermi **Na**tional **A**ccelerator **L**aboratory) bei Chicago/ USA und $Sp\bar{p}S$ (= **S**uper **P**roton **A**ntiproton **S**ynchrotron) am CERN haben die Teilchendetektoren Ausmaße von Mehrfamilienhäusern und umfassen die Experi-

---

[1] Der Begriff „Strahl" hat im Deutschen zwei Bedeutungen:
a) der abstrakte, aus der Geometrie entlehnte Strahl (engl.: ray), Beispiel: Lichtstrahl
b) ein gebündelter Strom von Teilchen (engl.: beam), Beispiele: Teilchenstrahlen in Beschleunigerlaboratorien; Strahlenbündel in der Optik.

mentiergruppen bis zu einige hundert Physiker (vergl. Abbildung II.8). Angesichts dieser gigantischen Sach- und Personalmittel, die – wenn überhaupt – nur noch durch internationale Beteiligung aufgebracht werden können, drängt sich natürlich die Frage auf, wozu man eigentlich die hohen Energien benötigt, die sich nur mit riesigen Maschinen erzeugen lassen. Eine erste Antwort darauf gibt uns die *Abbe*sche Theorie des Auflösungsvermögens eines Mikroskops, auf die das nächste Teilkapitel eingeht. Die nachfolgenden Teilkapitel von I geben weitere Aufschlüsse über die Notwendigkeit hoher Energien.

2 Auf den Impulsübertrag kommt es an!

Räumliche Strukturen lassen sich dadurch auffinden, daß man einen gerichteten Teilchenstrahl mit dem strukturierten Objekt wechselwirken läßt und das Ergebnis der Wechselwirkung untersucht. Die Methode geht auf *Ernest Rutherford* zu Beginn unseres Jahrhunderts zurück [Rutherford 1911]. *Sexl* und *Streeruwitz* haben in einem Aufsatz „Streuung als Mittel der Strukturforschung" aufgezeigt [Sexl 1976], „wie man auf dem Weg über Streuexperimente einen sehr einfachen Einstieg in wesentliche Aspekte der modernen Quantentheorie gewinnt: Ohne großen mathematischen Aufwand wird es möglich, bis zu den Forschungsmethoden der Elementarteilchenphysik vorzustoßen." Beim Lichtmikroskop sind die Probeteilchen („Abtastteilchen") Photonen, beim Elektronenmikroskop Elektronen. Richtet man einen Strahl hochenergetischer Teilchen (z.B. Elektronen, Neutrinos, Protonen u.a.) eines Beschleunigers zur Untersuchung räumlicher Strukturen auf eine Materieprobe, Target (= Zielscheibe) genannt, so übernimmt der Beschleuniger die Rolle des Mikroskops.

Wovon hängt das Auflösungsvermögen eines Mikroskops (in der erwähnten verallgemeinerten Bedeutung des Wortes) ab? Betrachtet man die Wellenlängen bzw. Energien der Photonen eines Lichtmikroskops (eV), der Elektronen eines Elektronenmikroskops (10–100 KeV) und eines Synchrotrons (GeV), so könnte man vermuten, daß die Energie der Strahlteilchen der die Auflösung bestimmende Parameter ist. Mit der Vermutung liegen wir nicht ganz falsch, sie ist aber auch nicht hinreichend präzise. Die *Abbe*sche Erklärung des Auflösungsvermögens des Mikroskops (siehe z. B. [Born 1972]) zeigt uns, daß es auf die Energie der einfallenden Teilchen nur indirekt ankommt. Vielmehr spielt der Impulsübertrag bei der Wechselwirkung die entscheidende Rolle. Dies wollen wir uns nun genauer an Hand der Abbildung I.2 ansehen.

Ein Bild eines Gitters entsteht nur dann, wenn mindestens die Strahlen des 1. Intensitätsmaximums (J_1,J_1' in Abb. I.2) zusammen mit den ungebeugten Strahlen (Maximum 0. Ordnung) zur Abbildung beitragen.

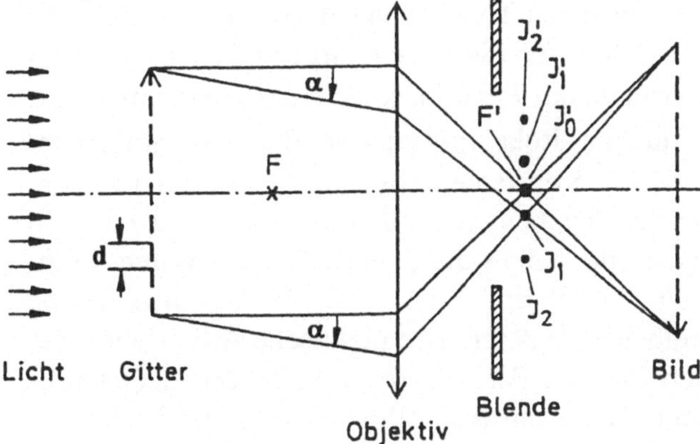

Abb. I.2 Zur Theorie des Auflösungsvermögens eines Mikroskops nach *Abbe*

Blendet man bei einem Kreuzgitter in horizontaler Richtung die Nebenmaxima der Intensitätsverteilung aus, verschwinden in der Bildebene die horizontalen Strukturen; bei Elimination der vertikalen Nebenmaxima verschwinden die vertikalen Strukturen des Gitterbildes (siehe Abbildung I.2).

Die Bedingung für das 1. Beugungsmaximum lautet:

$$\sin\alpha = \frac{\lambda}{d} \;;$$

(*d*: Gitterkonstante, λ: Wellenlänge). Mit $\lambda = h / p$ wird

$$d = \frac{h}{p \sin \alpha} = \frac{h}{q}$$

(*h*: *Planck*-Konstante, *p*: Impuls des Probeteilchens, *q*: Impulsübertrag)

Die räumliche Auflösung *d* ist also umgekehrt proportional zum Impulsübertrag, der allerdings mit der einfallenden Energie wächst.

Kasten 1: Die „natürlichen Einheiten" der Teilchenphysik

Grundlage der theoretischen Teilchenphysik ist die relativistische Quantenmechanik. Was für die Quantenmechanik als charakteristische Naturkonstante das *Planck*sche Wirkungsquantum *h* bzw. $\hbar = h/2\pi$ ist, ist für die Relativitätstheorie die Vakuumlichtgeschwindigkeit *c*. Diese Konstanten kommen in fast allen zusammengesetzten Größen, mathematischen Ausdrücken und Formeln vor. Wen wundert es da, daß es die Theoretiker leid waren, in ihren Berechnungen überall und immer wieder dieselben beiden Buchstaben schreiben zu müssen. Die praktische Arbeit wird wesentlich erleichtert und die Formeln sehen einfacher, übersichtlicher und eleganter aus, wenn man Wirkungen in der Einheit $\hbar$ und Geschwindigkeiten in der Einheit *c* mißt, d. h. wenn man

$$\hbar = c = 1$$

setzt. Damit werden die Größen „Wirkung" und „Geschwindigkeit" dimensionslos, und uns vertraute Größen erhalten auf den ersten Blick seltsam anmutende Dimensionen und Einheiten.

Die Umrechnung von den gewohnten (SI-)Einheiten in die „natürlichen Einheiten" geschieht – unter Beachtung der für die Hochenergiephysik praktischen Energieeinheit 1 GeV (10^9 eV) – über die tabellierten Werte von $\hbar$ und *c*:

$$\hbar = 6{,}6 \cdot 10^{-25}\ \mathrm{GeV \cdot s} \text{ und}$$

$$c = 3 \cdot 10^{8}\ \mathrm{m \cdot s^{-1}}$$

Fortsetzung Kasten 1
Mit $\hbar = c = 1$ wird die Energie demzufolge wegen

$$1\,\text{GeV} = \frac{1}{6{,}6 \cdot 10^{-25}}\,\text{s}^{-1}$$

und

$$1\,\text{s} = 3 \cdot 10^{8}\,\text{m}$$

in reziproken Metern gemessen (1 GeV = $5 \cdot 10^{15}$ m^{-1}). Zeit und Länge haben die gleiche Dimension. Wegen $E = mc^2$, ist die Dimension von Masse, Energie und Impuls ebenfalls gleich. Alle drei Größen werden üblicherweise in MeV oder GeV angegeben. So beträgt z.B. die Masse des Protons ungefähr 1 GeV , die praktische Energie- bzw. Masseneinheit der Teilchenphysik. Auf der Basis der bisherigen Ausführungen lassen sich leicht weitere Dimensionsbetrachtungen anstellen.
Will man aus einer Gleichung, die im $\hbar = c = 1$ -System aufgestellt wurde, einen konkreten Zahlenwert einer physikalischen Größe, nach der die Gleichung aufgelöst wurde, im SI-Einheitensystem ausrechnen, so muß man Potenzen von $\hbar$ und/oder c derart einfügen, daß auf beiden Seiten der Gleichung dieselbe SI-Einheit steht. Wie diese Rechenvorschrift genau zu verstehen ist, soll an einem Beispiel erläutert werden. Weiter unten wird gezeigt, daß bei der Schwerpunktsenergie $E_{\text{SpS}} = \sqrt{s}$ zweier wechselwirkender Teilchen die kleinste noch aufgelöste Entfernung in natürlichen Einheiten $d_{\min} = \frac{2\pi}{\sqrt{s}}$ beträgt. Die SI-Einheit links vom Gleichheitszeichen ist m, rechts GeV^{-1}. Multipliziert man die rechte Seite mit $\hbar c$, stimmen die SI-Einheiten auf beiden Seiten überein. Die obige Gleichung lautet also im SI-Einheitensystem: $d_{\min} = \frac{hc}{\sqrt{s}}$.

Bei der Lichtbeugung wird an das Gitter keine Energie übertragen, q ist der Betrag eines 3-Impulses ($q=|\vec{q}|$). Im allgemeinen übertragen die Strahlteilchen bei der Wechselwirkung an die Hindernisse Energie und Impuls, so daß es sinnvoll ist, $\vec{q}$ durch den 4-Impuls[2] $\boldsymbol{q}=(\nu,|\vec{q}|) = \boldsymbol{p}_{\mathrm{a}}-\boldsymbol{p}_{\mathrm{e}}$ bzw. den Skalar $\boldsymbol{q}^2$ zu ersetzen. Dabei bedeuten $\nu = E_{\mathrm{a}} - E_{\mathrm{e}}$ = Anfangsenergie – Endenergie = Energieübertrag; $\boldsymbol{p}_{\mathrm{a}}, \boldsymbol{p}_{\mathrm{e}}$ = Anfangs- bzw. End-4-Impuls[3].

Wir verstehen nun, warum man die Beschleunigerenergien immer weiter erhöhen muß, will man die jeweils nächst kleineren Bausteine der Materie und vielleicht einmal die wahren Elementarteilchen, die strukturlosen „Atome“ in der eigentlichen Bedeutung des Wortes (ατομοσ = unteilbar), falls es sie überhaupt gibt – was bis heute ein prinzipiell ungelöstes Problem der Physik ist! – ausfindig machen.

Als nächstes wollen wir der Frage nachgehen, wie der maximale 4-Impulsübertrag $\sqrt{\boldsymbol{q}^2_{\mathrm{max}}}$ von der Energie der Geschoßteilchen eines „Beschleunigermikroskops“ abhängt, um abschätzen zu können, bei welchen Energien noch welche Strukturen aufgelöst werden können. Wir gehen dabei von hochrelativistischen Teilchen aus, so daß wir die beteiligten Massen gegenüber den Energien vernachlässigen können. Die Beziehungen der relativistischen Kinematik, die wir im folgenden benutzen, sind in Kasten 2 zusammengestellt. Zur Berechnung des Skalarproduktes zweier Vierervektoren sei auf Kasten 7 verwiesen.

---

[2] Geschwindigkeiten werden im folgenden in der natürlichen Einheit der Vakuumlichtgeschwindigkeit c gemessen, d.h. es wird $c = 1$ gesetzt (siehe Kasten 1)

[3] Wie im dreidimensionalen Ortsraum die Position eines Teilchens durch den dreikomponentigen Vektor (3-Vektor) $\vec{x}$ definiert wird, beschreibt der Vierervektor (4-Vektor) $\boldsymbol{x}=(ct,\vec{x})$ ein Ereignis im vierdimesionalen Orts-Zeit-Raum. Dem dreikomponentigen Impulsvektor $\vec{p}$ entspricht in vier Dimensionen der 4-Vektor $\boldsymbol{p}=\left(\frac{E}{c},\vec{p}\right)$. Die Bedeutung von Vierervektoren und ihre Handhabung in der Physik wird in Kasten 7 auf Seite 171 erläutert.

Kasten 2: Relativistische Energie-Impulsbeziehungen[2]
(vergleiche Kasten 7)

Energie und 3-Impuls hängen über

$$E^2 = p^2 + m^2$$

zusammen; für $m^2 << E^2$ ist $E \approx p$

Das Skalarprodukt zweier 4-Vektoren $\boldsymbol{p}$ und $\boldsymbol{p}'$, definiert durch

$$\boldsymbol{pp}' = (E, \vec{p}) \cdot (E', \vec{p}') = EE' - \vec{p}\vec{p}',$$

ist eine lorentzinvariante Größe.

Für ein Teilchen der Masse m ist das Skalarprodukt seines 4-Impulses

$$\boldsymbol{pp} = \boldsymbol{p}^2 = E^2 - p^2 = m^2$$

Wir betrachten die Wechselwirkung zweier Teilchen mit den 4-Impulsen $\boldsymbol{p}_1$ und $\boldsymbol{p}_2$ im Schwerpunktssystem (gekennzeichnet durch: $\vec{p}_2 = -\vec{p}_1$) der beiden Teilchen. Das Quadrat s der Gesamtenergie ist

$$\begin{aligned} s &= (\boldsymbol{p}_1 + \boldsymbol{p}_2)^2 = \boldsymbol{p}_1^2 + \boldsymbol{p}_2^2 + 2\boldsymbol{p}_1\boldsymbol{p}_2 = m_1^2 + m_2^2 + 2E_1E_2 + 2\vec{p}_1^{\,2} \\ &= m_1^2 + m_2^2 + 2E_1E_2 + 2p_1p_2 \\ &\approx 4E_1E_2 \quad \text{(laut obiger Voraussetzung)} \end{aligned}$$

Das Quadrat des 4-Impulsübertrages $\boldsymbol{Q}^2 = -\boldsymbol{q}^2$ ist

$$\boldsymbol{Q}^2 = -(\boldsymbol{p}_a - \boldsymbol{p}_e)^2 = -m_a^2 - m_e^2 + 2E_aE_e - 2\vec{p}_a\vec{p}_e$$

$\boldsymbol{Q}^2$ wird maximal, wenn $\vec{p}_a$ und $\vec{p}_e$ antiparallel sind. In der vereinbarten Näherung wird

$$\boldsymbol{Q}^2_{max} \approx 4E_aE_e$$

Unter der Annahme, daß die beteiligten Energien alle von der gleichen Größenordnung sind, können wir

$$Q_{\max} \stackrel{\text{Def}}{=} \sqrt{Q^2_{\max}} \approx \sqrt{s} = \frac{h}{d_{\min}}$$

schreiben. Wir erhalten also als gewünschte Abschätzung das wichtige Ergebnis: Die räumliche Auflösung ($d_{\min}$) ist umgekehrt proportional zur Schwerpunktsenergie der Wechselwirkungspartner und nicht etwa zur Geschoßenergie im Laborsystem.

Welche Konsequenzen dieses Ergebnis für den Beschleunigerbau hat, ist unschwer einzusehen: In Beschleunigeranlagen konventioneller Bauart werden Teilchen (Elektronen, Protonen, Atomkerne) auf hohe Energien beschleunigt und auf ein festes Target gelenkt. Wie die nachfolgende kurze Rechnung zeigt, wächst dabei die Schwerpunktsenergie nur mit der Quadratwurzel der Geschoßenergie im Labor.

Zwei Teilchen mit den Massen m_1 und m_2 mögen im Labor miteinander wechselwirken, wobei Teilchen 2 vor der Wechselwirkung ruhe. Die 4-Impulse vor der Wechselwirkung sind demnach

$$\boldsymbol{p}_1 = (E_1, \vec{p}_1) \text{ und } \boldsymbol{p}_2 = (m_2, 0) \quad \text{im Laborsystem}$$

$$\boldsymbol{p}_1' = (E_1', \vec{p}_1') \text{ und } \boldsymbol{p}_2' = (E_2', -\vec{p}_1') \quad \text{im Schwerpunktssystem}$$

Das Quadrat der Schwerpunktsenergie s ist

$$\begin{aligned} s &= (E_1' + E_2')^2 = (\boldsymbol{p}_1' + \boldsymbol{p}_2')^2 = m_1^2 + m_2^2 + 2\boldsymbol{p}_1'\boldsymbol{p}_2' \\ &= m_1^2 + m_2^2 + 2\boldsymbol{p}_1\boldsymbol{p}_2 \quad \text{(Lorentzinvarianz des Skalarprodukts)} \\ &= m_1^2 + m_2^2 + 2E_1 m_2 \\ &\approx 2E_1 m_2 \quad \text{bzw.} \end{aligned}$$

$E_{\text{SpS}} = \sqrt{s} \approx \sqrt{2E_1 m_2}$, wobei SpS für „Schwerpunktssystem“ steht

Machen wir uns die Bedeutung des obigen Ausdrucks für E_{SpS} an einem Beispiel klar: Trifft ein Proton mit einer Energie von 1000 GeV (etwa höchste, heute in Proton-Synchrotronen erreichbare Energie) auf den Wasserstoffkern eines ruhenden Targets (z.B. in einer Blasenkammer), so beträgt die wirksame Schwerpunktsenergie nur 44 GeV. Schießt man dagegen Protonen von 1000 GeV Energie mit entgegengesetzt gerichteten Impulsen aufeinander (vergl. Ausführungen zu Speicherring-Kollisionsanlagen in I,3), so ist die Schwerpunktsenergie (2000 GeV) die gleiche, als würde man Protonen mit zwei Millionen GeV auf ein ruhendes Wasserstofftarget schießen.

Elektronen und Neutrinos hält man (bis heute) für strukturlose punktförmige, also wahrhaft elementare Teilchen. Sie bieten sich daher als besonders geeignete Geschosse zur Untersuchung der Zusammensetzung des Nukleons (siehe II,3) an. Mit den höchsten heute verfügbaren Elektronenergien (30 GeV) erzielt man bei Elektron-Proton-Reaktionen Schwerpunktsenergien von 7,5 GeV, wenn die Protonen vor der Wechselwirkung in Ruhe sind. Damit lassen sich nach obiger Abschätzung Strukturen bis zu $1{,}6 \cdot 10^{-16}$ m auflösen. Zum Vergleich: Der Radius des Protons beträgt etwa 1 Fermi (1 fm) = 10^{-15} m. Mit der ep-Kollisionsmaschine HERA (Abbildung I.4) in Hamburg erreicht man Schwerpunktsenergien von 314 GeV. Damit verbessert sich die Auflösung noch einmal um gut eine Größenordnung ($d \approx$ 1/100 Protonradius!). Um mit Elektronen oder Neutrinos innere Strukturen des Protons „abtasten“ zu können, muß ihre Laborenergie, wie wir sehen, mindestens im GeV Bereich liegen.

3 Masse aus Energie

Hohe Schwerpunktsenergien sind in der experimentellen Teilchenphysik auch noch aus einem anderen Grund essentiell. Neben der Erforschung der Teilchenstruktur der Materie und der Suche nach den wahren elementaren Bausteinen bemühen sich die Teilchenphysiker um ein einheitliches Verständnis der fundamentalen Kräfte, die zwischen den Teilchen wirken. Bei der Wechselwirkung zweier Teilchen werden in der Regel Sekundärteilchen erzeugt, deren Anzahl (etwa logarithmisch) mit der Schwerpunktsenergie anwächst. Unter ihnen sind immer wieder neue Teilchen, deren Massen um so größer sein können, je höher die Schwerpunktsenergie der Reaktion ist. Kinetische Energie wird in Masse umgesetzt. Die Menge der durch Wechselwirkungsprozesse erzeugten Teilchen, die i. d. R. eine sehr kurze Lebensdauer besitzen, ist heute kaum noch überschaubar. Eine Gruppe von Wissenschaftlern hat sich ihrer Buchführung angenommen [Particle Data Group 1994]. Auch bei der Erzeugung neuer Teilchen ist die im Schwerpunktssystem der Reaktionspartner zur Verfügung stehende Energie und nicht etwa die Laborenergie ausschlaggebend. Die Bewegungsenergie des Schwerpunkts im Laborsystem fehlt der „inneren Energie" (= Schwerpunktsenergie) und trägt nicht zur Erzeugung von Masse bei.

Eine analoge Situation treffen wir beim Zusammenstoß zweier Autos an, wo bei vorgegebener Gesamtenergie im System der Straße der Materialschaden (Ausdruck innerer Energie!) am größten ist, wenn

Abb. I.3: Blick in den Tunnel der Proton-Speicherringe (ISR) bei CERN

die Autos frontal mit entgegengesetztem, dem Betrag nach gleichem Impuls aufeinandertreffen (Laborsystem = Schwerpunktssystem). Beim Zusammenprall zweier Teilchen wird die Bewegungsenergie zur Erzeugung neuer (unter Umständen sehr schwerer) Teilchen am besten genutzt, wenn sich beide Teilchen im Labor gegeneinander bewegen. Dies geschieht in den Kollisions-Speicherring-Anlagen (vergl. Abbildung I.1), Beschleunigern der neuen Generation (nach 1970).

In diesen Anlagen werden Teilchen auf hohe Energien beschleunigt und in meist kreisringförmigen Vakuumröhren auf „Parkbahnen" in einer Weise gespeichert, daß zwei Teilchenströme (gleicher oder verschiedener Teilchensorte), in einzelne „Pakete" geschnürt, in entgegengesetzter Richtung durch den (die) Speicherring(e) fließen. (Es gibt Anlagen mit getrennten Strahlführungen und solche mit einem einzigen gemeinsamen Vakuumrohr; letzteres System ist jedoch nur möglich, wenn die beiden Teilchenströme aus Teilchen der gleichen Sorte aber mit entgegengesetztem Ladungsvorzeichen, also aus Teilchen und Antiteilchen bestehen!) An einigen Stellen schneiden sich die Teilchenbahnen, so daß die Teilchenpakete bei hohen Energien frontal aufeinanderstoßen. Abbildung I.3 gewährt zur Illustration einer Speicherring-Anlage einen Blick auf einen der acht Kreuzungspunkte der Proton-Proton-Speicherringe ISR (**I**ntersection **S**torage **R**ing) am CERN, die erste Maschine dieser Art aus den siebziger Jahren.

Das deutsche Eldorado der Hochenergiephysiker, DESY bei Hamburg, beherbergt gleich mehrere Speicherringeinrichtungen. Während sich DORIS und PETRA in der Vergangenheit als eigenständige e^+e^--Kollisionsmaschinen um die Teilchenphysik verdient gemacht haben, fungieren sie heute mehr als Vorbeschleuniger für die große Schwester HERA, eine in der Welt einmalige Elektron-Proton-Kollisionsmaschine, bei welcher der Proton- (820 GeV) und der Elektron- (30 GeV) Speicherring in einem gemeinsamen unterirdischen Ringtunnel übereinander installiert sind. Der Umfang der Speicherringe beträgt 6336 m. Die Wechselwirkungszonen befinden sich jeweils in der Mitte der geraden Teilstücke des Rings (N,O,S,W in

Abbildung I.4). Abbildung I.4 gibt einen Überblick über den gewaltigen Teilchenparcours bei DESY.

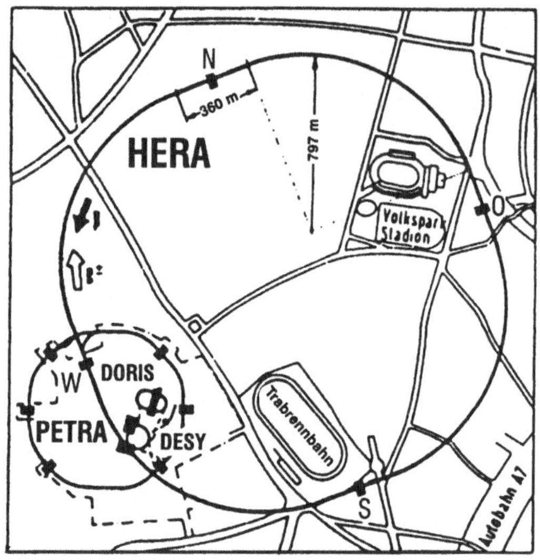

Abb. I.4: Lageplan der Speicherringe bei DESY

Im LEP am CERN, den größten e^+e^--Speicherringen der Welt, werden seit 1989 Positronen und Elektronen mit maximal je 50 GeV aufeinandergeschossen. Wie HERA verfügt auch LEP über 4 Wechselwirkungszonen (Kreuzungspunkte der kollidierenden Strahlen), an denen je ein Mammutdetektor installiert ist. Schwerpunkt des Forschungsprogramms am LEP ist ein detaillierter Test der Theorie der Elektroschwachen Wechselwirkung des Standardmodells (siehe II und III,3) und die Beantwortung der Frage nach der Zahl der Familien von (leichten) fundamentalen Teilchen (siehe auch IV,6). Um dieses Programm vollständig durchziehen zu können, muß die Schwerpunktsenergie durch einen Ausbau (1995) in etwa verdoppelt werden (nahe 200 GeV). Die Energie der beiden Strahlen läßt sich so genau bestimmen, daß geringfügige Schwankungen, die durch gravitative Beeinflussung der Strahlführung hervorgerufen werden, dazu verwendet werden können, die Gezeitenkräfte von Sonne und Mond zu messen, ein 10^{-8} Effekt (siehe Abbildung I.5)! LEP ist die größte Maschine eines bunten Beschleunigerszenarios, das gleichzeitig mehreren Experimenten unterschiedlichster Forschungsvorhaben des CERN zur Verfügung steht. Abbildung I.6 vermittelt einen Eindruck von der Komplexität und den Ausmaßen der europäischen Hoch(energie)burg der experimentellen Teilchenphysik.

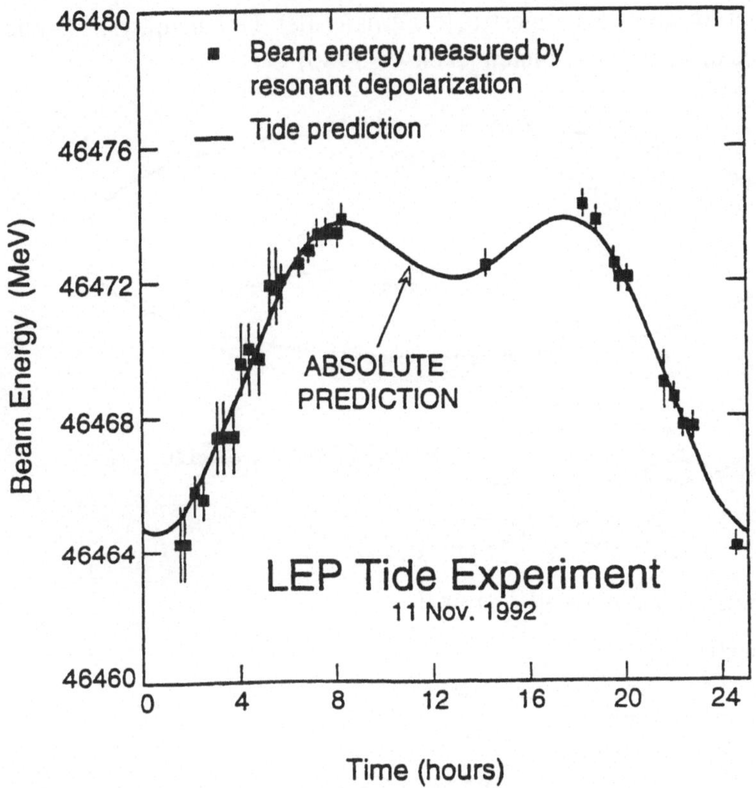

Abb. I.5: Gezeiten-Effekt am LEP / CERN [Fig.4, Rubbia 1993]

Die Speicherring-Kollisionsmaschinen haben die traditionellen Teilchenbeschleuniger mit festen Targetstationen abgelöst. Alle in den letzten Jahren in Betrieb genommenen oder noch im Bau befindlichen oder für die Zukunft geplanten Hochenergiemaschinen sind Kollisionsmaschinen. Mit der nächsten Generation von Beschleunigern, die höchstwahrscheinlich vom LHC (CERN) eröffnet werden wird, will man die in den neunziger Jahren verfügbaren Energien noch einmal um eine Größenordnung steigern. Bei Schwerpunktsenergien im Größenordnungsbereich von 10 TeV werden dann nach I,2 Distanzen von weniger als 10^{-19} m oder 10^{-4} Protonradien aufgelöst. Man hofft, daß diese Energien ausreichen werden, um viele der heute noch offenen Fragen im Hinblick auf eine einheitliche Theorie aller Naturkräfte, das angestrebte Fernziel der Teilchenphysik (siehe III,3), beantworten zu können [Jackson 1986].

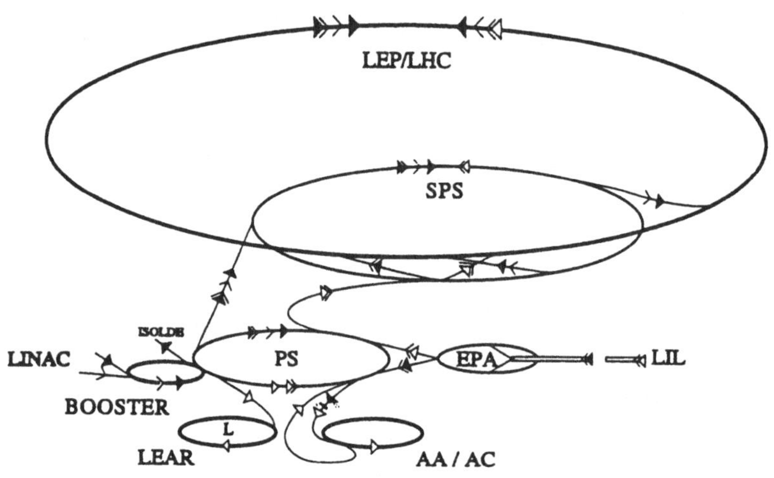

Abb. I.6: Beschleunigerszenario des CERN

Erläuterungen:

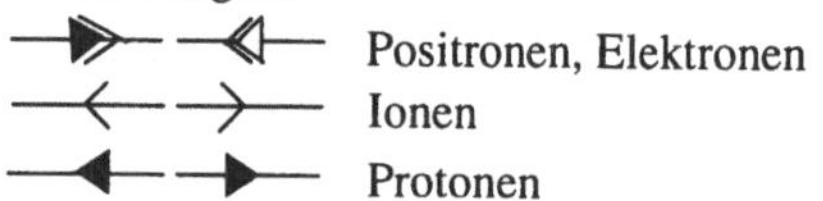

LEAR: Niederenergie-Antiprotonen-Speicherring (2 GeV); AA / AC : Antiprotonen-Speicherringe als Zwischenspeicher für LEAR; LINAC und BOOSTER: Vorbeschleuniger für das Protonen-Synchrotron PS (28 GeV); SPS: Super-Protonen-Synchrotron (450 GeV); LEP: weltweit größter Elektron-Positron-Speicherring (2 × 50 GeV); LHC: geplante Hadronen-Speicherringanlage im LEP-Tunnel (2 × 7 TeV Protonen); LIL und EPA: erste Stufen des Vorbeschleunigersystems für LEP; PS und SPS bilden weitere Stufen des Vorbeschleunigersystems für LEP; ISOLDE: online-Separator, der intensive Strahlen kurzlebiger radioaktiver Isotope liefert.

4 Der Wirkungsquerschnitt als Maß aller Dinge

Veranschaulichung des Begriffes „Wirkungsquerschnitt“

Die experimentelle Teilchenphysik bezieht ihre Erkenntnisse in erster Linie aus dem Studium von Wechselwirkungsreaktionen. Dazu wird ein Target (welches nicht unbedingt im Labor ruhen muß; siehe z. B. die in I,3 angesprochenen Speicherringe) mit hochenergetischen Teilchen bombardiert. Durch Streuprozesse[4] im Target reduziert sich die Intensität (Zahl der einfallenden Teilchen je Zeit- und Targetflächeneinheit) des Teilchenstrahls von I_0 vor dem Target auf I nach dem Target. Im einfachsten Fall mißt man die Intensitätsabnahme in Abhängigkeit von der Strahlenergie E_0, ohne danach zu fragen, in welche „Kanäle“ die fehlenden Strahlteilchen verschwunden sind. Die Intensitätsänderung dI bei Durchstrahlung der Targetdicke dx ist proportional zur auftreffenden Intensität I, zur Dicke dx und zur Teilchenzahldichte n_T der Reaktionspartner im Target.

$$dI = \sigma I n_T \, dx$$

Der Proportionalitätsfaktor σ hat die Dimension einer Fläche, da das Produkt $n_T dx$ die Zahl der Targetteilchen je Flächeneinheit (senkrecht zur Strahlrichtung) angibt. Je stärker die für die Intensitätsabnahme verantwortliche Wechselwirkung ist, desto größer ist σ. Man nennt σ den totalen Wirkungsquerschnitt der Streuung oder sehr oft nur Wirkungsquerschnitt. In der Bezeichnung kommen zwei Bedeutungsmerkmale zum Ausdruck: „Querschnitt“ erinnert an die Flächendimension, „Wirkung“ an die Stärke der Wechselwirkung. Mit „total“ soll hervorgehoben werden, daß man bei der Streuung über alle Endzustände integriert und nicht ganz bestimmte Streuprozesse auswählt.

---

[4] Unter Streuung soll hier jede Reaktion verstanden werden, die ein Strahlteilchen aus dem gerichteten Strahl einer Beschleunigeranlage entfernt. Es wird insbesondere nicht unterschieden zwischen Reaktionen, bei denen das Strahlteilchen zwar seinen Impuls, nicht aber seine Identität ändert, und Reaktionen, bei denen das Strahlteilchen absorbiert oder in ein anderes Teilchen umgewandelt wird, also gänzlich verschwindet.

Die soeben ganz formal eingeführte Größe σ hat eine sehr anschauliche Bedeutung: Wir schreiben obige Definitionsgleichung in der Form

$$\frac{\dot{N}_{\mathrm{Str}}}{\dot{N}} = \frac{\sigma}{A} N_{\mathrm{T}} \quad ,$$

wobei $\dot{N}_{\mathrm{Str}}$ die Streurate, $\dot{N}$ die Zahl der auf die Targetfläche A treffenden Strahlteilchen je Sekunde, N_{T} die Zahl der Targetteilchen im Volumen $V = Adx$ bedeuten.

Projiziert man die in V enthaltenen N_{T} Streuobjekte auf die Frontfläche A, welche der einfallende Teilchenstrom „sieht" und weist man jedem Projektionsbild eine Wirkungsfläche πR^2 zu, die so gewählt werde, daß ein Strahlteilchen immer dann aus dem Strahl entfernt wird, wenn es ein solches Wirkungsscheibchen vom Radius R trifft, dann ist bei hinreichend kleinem dx die gesamte Wirkungsfläche gleich $N_{\mathrm{T}}\pi R^2$ (keine Überlappungen!, Abbildung I.7). Die Wirkungsfläche $N_{\mathrm{T}}\pi R^2$ verhält sich offensichtlich zur Gesamtfläche A wie die Streurate $\dot{N}_{\mathrm{Str}}$ zur auf A einfallenden Rate $\dot{N}$:

$$\frac{N_{\mathrm{T}}\pi R^2}{A} = \frac{\dot{N}_{\mathrm{Str}}}{\dot{N}}$$

Ein Vergleich mit der umgeformten Definitionsgleichung für σ zeigt unmittelbar, daß σ gerade die Wirkungsfläche jedes Streuobjekts im Volumen $V = Adx$ des Targets ist:

$$\sigma = \pi R^2$$

Das Ergebnis unserer Überlegungen läßt sich auch mit Hilfe des Wahrscheinlichkeitsbegriffes formulieren. Die Wahrscheinlichkeit für jedes einzelne Strahlteilchen, beim Durchgang durch die Targetdicke dx aus dem Strahl entfernt zu werden, ist durch den Quotienten $\dot{N}_{\mathrm{Str}}/\dot{N}$ gegeben; σ ist also ein Maß für die Streuwahrscheinlichkeit. Es sei ausdrücklich darauf hingewiesen, daß $\sigma = \pi R^2$ nicht die geometrische Querschnittsfläche der Targetteilchen, sondern eine fiktive mittlere effektive Wechselwirkungsfläche darstellt. Betrachten wir z.B. die *Coulomb*-Streuung an Atomkernen (*Rutherford*-Streuung), so ist σ wegen der langen Reichweite der *Coulomb*kraft mit Sicherheit größer als die Querschnittsfläche der Atomkerne. Andererseits ist es sinnvoll, den Stoßparameter $\leq 10^{-8}$ cm (Atomradius) wegen der Abschirmung des Kernfeldes durch die Hülle anzusetzen. σ ist in diesem Fall von der Größenordnung der Atomquerschnittsfläche.

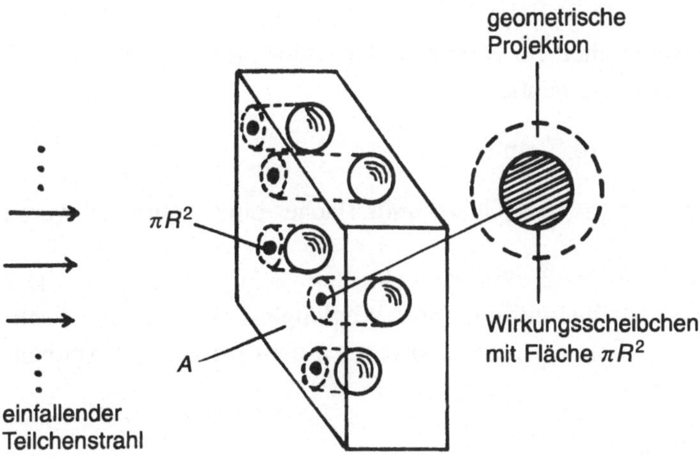

Abb. I.7: Veranschaulichung des Begriffs „Wirkungsquerschnitt"

Allgemeine Definition des Wirkungsquerschnitts

Gewöhnlich interessiert man sich bei der Streuung von Teilchen an einem Target für ganz bestimmte Reaktionsmechanismen. $\dot{N}_{\text{Str}}$ ist dann die Zahl der Streuereignisse je Zeiteinheit einer ganz bestimmten Art, wie z.B. die Zahl der je Sekunde elastisch gestreuten Protonen eines Protonenstrahls oder die je Sekunde erzeugte Zahl von Myonen eines Neutrinostrahls usw. Dies führt uns zu der allgemeinen Definition des Wirkungsquerschnitts. Mit der Umformung

$$\sigma = \frac{\dot{N}_{\text{Str}} A}{\dot{N} N_{\text{T}}} = \frac{\dfrac{\dot{N}_{\text{Str}}}{N_{\text{T}}}}{\dfrac{\dot{N}}{A}}$$

können wir formulieren:

$$\sigma = \frac{\text{Zahl der Ereignisse einer bestimmten Art je Zeiteinheit und Streuobjekt}}{\text{Zahl der einfallenden Teilchen je Flächen- und Zeiteinheit}}$$

Als übliche Maßeinheit für σ wird in der Atom-, Kern- und Teilchenphysik das „barn“ verwendet:

$$1 \text{ barn } (1 \text{ b}) = 10^{-24} \text{ cm}^2 .$$

Sie entspricht etwa der Querschnittsfläche eines mittelschweren Atomkerns.
Die Größe $\mu = n_{\text{T}}\sigma$ heißt üblicherweise Schwächungskoeffizient. Der Kehrwert μ^{-1} ist die mittlere freie Weglänge λ. Die Intensitätsabnahme in einem dicken Target erfolgt nach dem vertrauten Exponentialgesetz.

$$I(x) = I(0)e^{-\mu x} .$$

Differentielle Querschnitte

Weit mehr Information über einen bestimmten Streumechanismus und die Mikrostruktur des Targets erhält man, wenn man nicht nur die Gesamtzahl der Streuereignisse einer bestimmten Sorte sondern auch deren Winkelverteilung mißt. Praktisch geschieht dies dadurch, daß man einen Detektor, der ein bestimmtes Raumwinkelelement $d\Omega$ erfaßt, unter verschiedenen Winkeln θ (bei Rotationssymmetrie bezüglich der Strahlrichtung) aufstellt (siehe Abbildung I.8) oder mit vielen Detektoren gleichzeitig die Ereignisrate in Abhängigkeit vom Streuwinkel θ registriert.

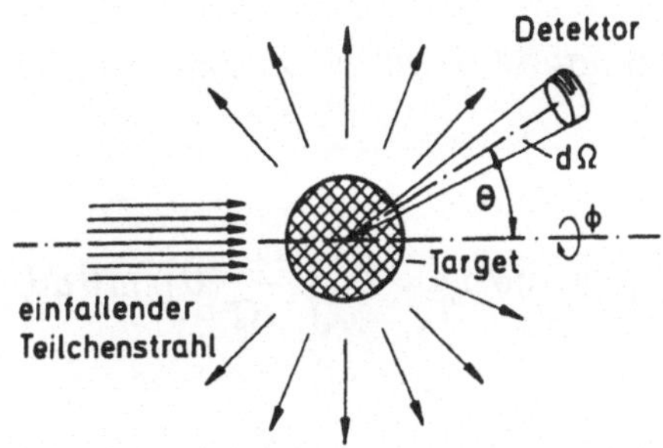

Abb. I.8: Zur Definition des differentiellen Wirkungsquerschnitts

Die Winkelabhängigkeit der Streurate ändert sich in der Regel sehr stark mit der Geschoßenergie (siehe Beispiel der Abbildung I.9). Die Energieabhängigkeit offenbart wichtige Details der die Streuung bewirkenden Wechselwirkung. Wir können uns diesen Tatbestand durch eine halbklassische Betrachtung für einen Fall plausibel machen, bei dem die Wechselwirkung durch irgendein Zentralpotential $V(r)$ mit der Reichweite r_0 beschrieben werden kann. Eine Streuung findet nur dann statt, wenn der (quantisierte) Bahndrehimpuls $l\hbar$ (l = 0,1,2,...; $\hbar = h/2\pi$) kleiner als pr_0 (p = Geschoßimpulsbetrag) ist. Mit $\lambda = 2\pi\hbar/p$ muß demnach

$$l\lambda < 2\pi r_0$$

sein. Für $\lambda > 2\pi r_0$ ist nur $l = 0$ möglich. Wellenfunktionen zur Drehimpulsquantenzahl $l = 0$ sind kugelsymmetrisch; die Winkelverteilung ist isotrop. Je größer die Geschoßenergie ist, desto mehr l-Werte tragen zur Streuwelle bei. Die einzelnen Beiträge (Partialwellen) interferieren, und das resultierende Interferenzmuster (Winkelverteilung!) hängt von der genauen Potentialform ab.

Die Winkel- oder Impulstransferabhängigkeit der Streurate drückt man durch den sogenannten differentiellen Wirkungsquerschnitt $d\sigma/d\Omega(\theta)$ aus. Er ist, ganz analog zu σ, definiert durch

$$\frac{d\sigma}{d\Omega} = \frac{\text{Zahl der Ereignisse je Zeit- und Raumwinkeleinheit und je Streuobjekt}}{\text{Zahl der einfallenden Teilchen je Flächen- und Zeiteinheit}}$$

Eine analoge Definition gilt für $d\sigma/d\boldsymbol{q}^2$.

Gemäß den Definitionen von σ und $d\sigma/d\Omega(\theta)$ ist der Zusammenhang zwischen beiden Größen durch

$$\sigma = \int \frac{d\sigma}{d\Omega}(\theta)\,d\Omega = \int_0^{2\pi}\int_0^{\pi} \frac{d\sigma}{d\Omega}(\theta)\sin\theta\,d\theta\,d\varphi = 2\pi\int_0^{\pi} \frac{d\sigma}{d\Omega}(\theta)\sin\theta\,d\theta$$

gegeben.

Als bekanntes historisches Beispiel eines differentiellen Wirkungsquerschnitts sei hier der *Rutherford*-Streuquerschnitt für die klassische *Coulomb*-Streuung von α-Teilchen (aus einem radioaktiven Präparat) an schweren Atomkernen angeführt:

$$\left(\frac{d\sigma}{d\Omega}\right)_{\text{Rutherford}} = \frac{b^2}{16}\frac{1}{\sin^4\frac{\theta}{2}} \quad \text{mit } b = \frac{2Ze^2}{4\pi\varepsilon_0\,\frac{1}{2}M_0 v^2}$$

Dabei bedeuten $M_0 = Mm/(M+m)$ = reduzierte Masse; M = Atomkernmasse, m = Masse des α-Teilchens; v = Geschwindigkeit der einfallenden α-Teilchen; Z = Kernladungszahl; e = Elementarladung; ε_0 = elektrische Feldkonstante; θ = Streuwinkel.

Charakteristisch ist die starke ($\sin^{-4}$)-Winkelabhängigkeit.

Der differentielle Wirkungsquerschnitt wird in der Einheit 1 barn/steradiant (b/sr) angegeben.

Es sei darauf hingewiesen, daß man in dem Namen „Wirkungsquerschnitt" sehr gerne anstelle von „Wirkung" Ausdrücke gebraucht, die unmittelbar die Natur des Wechselwirkungsprozesses, für den der Wirkungsquerschnitt angegeben wird, erkennen lassen: elastischer Streuquerschnitt, Einfangquerschnitt, Vernichtungsquerschnitt, tiefinelastischer Querschnitt usw.

Werden in einem Experiment nicht nur Raten sondern weitere Größen, wie z.B. Impuls oder Energie von Teilchen gemessen, so werden die Ergebnisse (und natürlich auch entsprechende theoretisch berechnete Größen) durch mehrfach differentielle Wirkungsquerschnitte angegeben. So steht z.B. $d^2\sigma/d\Omega dE$ für die normierte Zahl von Ereignissen je Raumwinkel- und Energieeinheitsintervall.

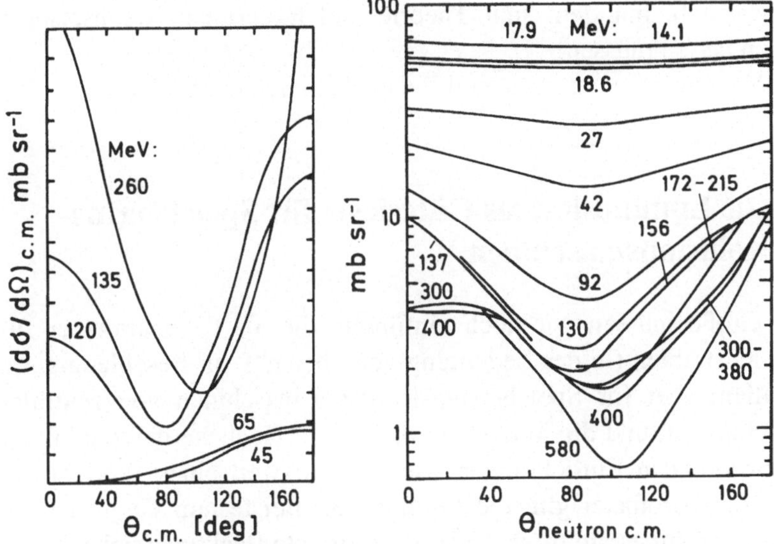

Abb. I.9: Einfluß der Geschoßenergie auf den Verlauf des differentiellen Wirkungsquerschnitts an zwei Beispielen: der np- und der π^+p-elastischen Streuung im etwa gleichen Energiebereich.

$d\sigma/d\Omega(\theta)$ gibt die Streuintensität in Abhängigkeit vom Streuwinkel an und ist demnach – quantenmechanisch gesehen – proportional zum Absolutquadrat der Wellenfunktion der untersuchten Teilchensorte oder des Streuprozesses am Ort des Detektors

$$\frac{d\sigma}{d\Omega} = a|\Psi|^2 .$$

Oder anders ausgedrückt (*Heisenberg*-Formulierung): $d\sigma/d\Omega(\theta)$ ist proportional zum Quadrat des Übergangsmatrixelementes vom Zustand vor der Streuung in den betrachteten Endzustand nach der Streuung. Die Berechnung von Wellenfunktionen bzw. Matrixelementen ist Sache des theoretischen Physikers. Differentielle Wirkungsquerschnitte sind eine wichtige Prüfstelle zwischen experimenteller und theoretischer Physik. Sie bilden den Angelpunkt des ständigen Wechselspiels zwischen deduktiver und induktiver Methode zur Erlangung neuer Erkenntnisse. Differentielle Wirkungsquerschnitte sind der Maßstab, mit dem sich Theorie und Experiment wechselseitig messen lassen müssen!

Wir werden noch genügend Beispiele hierzu kennenlernen.

5 Die Luminosität als Gütesiegel für Speicherring-Kollisionsmaschinen

Eine Größe müssen wir noch einführen, die als Güteparameter für Teilchenstrahlen (in der Bedeutung von „beam") an Beschleunigern, vor allem aber für Speicherring-Kollisionsmaschinen von zentraler Bedeutung ist, und die in der internationalen Hochenergieszene unter konkurrierenden Einrichtungen wie der Kurswert eines Wertpapiers als Erfolgsbarometer gilt: die Luminosität. Bei festem Target ist die Wechselwirkungsrate für irgendeine bestimmte Reaktion (siehe I,4)

$$\dot{N}_{\mathrm{Str}} = \sigma \frac{\dot{N}}{A} N_{\mathrm{T}} = \sigma L\,,$$

wobei L alle Charakteristika des Maschinenstrahl-Target-Bereiches zusammenfaßt, also eine Maschinenkonstante ist. Sie hat die Dimension Fläche^{-1} · Zeit^{-1} und wird Luminosität genannt. Bei Speicherringen übernimmt offenbar jeder der beiden Strahlen die Rolle des Targets für den jeweils anderen Strahl. Auch hier wird durch die Gleichung

$$\dot{N}_{\mathrm{Str}} = \sigma L$$

die Luminosität als Maschinenkonstante zur Charakterisierung der Leistungsfähigkeit von Speicherringanlagen eingeführt. Je größer die Luminosität ist, desto größer sind in einem Experiment die Meßraten und desto kürzer die Meßzeiten für eine vorgegebene Zahl von Ereignissen. Von welchen Maschinenparametern L in welcher Form bei Kollisionsmaschinen abhängt, soll hier nicht erörtert werden.Typische Werte für $p\bar{p}$-Kollisionsmaschinen sind $L \approx 10^{30}$ cm^{-2}s^{-1}, für e^+e^--

Kollisionsmaschinen $L \approx 10^{31}$ $\mathrm{cm^{-2}s^{-1}}$ und für pp-Kollisionsmaschinen $L \approx 10^{32}\,\mathrm{cm^{-2}s^{-1}}$.

Die Gesamtzahl N an Ereignissen einer bestimmten Reaktion bestimmt sich in einem Experiment aus der Meßzeit T: $N = \dot{N}\cdot\mathrm{T} = \sigma\cdot(LT)$. Der Ausdruck in der Klammer hat die Dimension einer inversen Fläche und wird in der Regel in inversen Picobarns ($(10^{-12}\ \mathrm{b})^{-1} = 10^{36}\ \mathrm{cm^{-2}}$) angegeben. Ist der Wirkungsquerschnitt σ, gemessen in Picobarn, bekannt, legt das Produkt aus σ und LT-Wert die Ereigniszahl und die Quadratwurzel daraus den einfachen statistischen Fehler dieser Zahl fest. Dieser Zusammenhang ist für den Experimentator von praktischer Bedeutung, da er bequem die Laufdauer eines Experiments und damit die benötigte Maschinenzeit abzuschätzen gestattet.

II
Das Standardmodell der Teilchenphysik

Das Standardmodell der Teilchenphysik faßt das heutige Wissen und die Modellvorstellungen über die Struktur der Materie zusammen. Solange Physiker durch Streuexperimente den Aufbau der Materie erforschen, versuchen sie zu jeder Zeit, die jeweils tiefste Schicht einer Folge immer feiner sich darstellender Strukturen zu ergründen (Atome und Moleküle, kondensierte Materie → Atomhülle und -kern → Nukleonen, Hadronen und Leptonen → Quarkstruktur der Hadronen → fundamentale Teilchen). Sie denken und arbeiten seit Generationen (mindestens seit Beginn des 20. Jahrhunderts) auf der Grundlage und in Kategorien eines Teilchenkonzeptes der Materie. Der Erkenntnisfortschritt ist immer auch durch das Auflösungs- und Leistungsvermögen der jeweils verfügbaren Instrumente bedingt.

Das Standardmodell ist noch weit entfernt von einer einheitlichen Beschreibung der vielfältigen Erscheinungen der subatomaren Mikrowelt. Obwohl die Experimentiergruppen in den Hochenergielaboratorien sehr unterschiedlichen Fragestellungen und Aufgaben nachgehen und die Theoretiker an einer Vielzahl von Modellen arbeiten, obwohl also die Teilchenphysik nach außen ein ziemlich heterogenes Bild abgibt, das für den Nichtfachmann nicht mehr durchschaubar ist, besticht das Standardmodell durch seine relative Einfachheit und innere Konsistenz. Es gibt bis heute keinen experimentellen Befund, der ernsthaft im Widerspruch zum Standardmodell stünde. Das heißt nicht, daß das Standardmodell heute bereits die *ultima ratio* der Teilchenphysik darstellt, und das Ziel einer einheitlichen Beschreibung der Materie, von dem in I,1 die Rede war, schon erreicht sei. Viele Indizien deuten aber darauf hin, daß man möglicherweise immerhin schon den richtigen Weg zum anvisierten Ziel gefunden hat (siehe III,3). Das Unternehmen Teilchenphysik gleicht der Ausgrabung einer verschütteten antiken Stadtanlage: Obwohl noch längst nicht alle Gebäude, Straßen und Plätze freigelegt worden sind, und man sich noch kein vollständiges Bild der Stadt machen kann, glaubt man doch den zugrundeliegenden Bauplan erkannt zu haben, und die Ausgrabungsarbeiten danach gezielt vorantreiben zu können. *Carlo Rubbia*, von 1989 bis 1993 Generaldirektor des CERN und Nobelpreisträger des Jahres 1984, hat die Situation, in der sich das Standardmodell befindet, einmal treffend so beurteilt: „Fragen Sie irgendeinen Teilchenphysiker danach, was sich auf seinem Arbeitsgebiet tut, und er wird höchstwahrscheinlich antworten: 'Das Standardmodell funktioniert zu gut'" [Rubbia 1993].

Bleiben wir im Bild der ausgegrabenen Stadt und schlendern wir zunächst etwas durch einige der freigelegten Gebiete, verweilen bei dem einen oder anderen Bauwerk etwas länger und beschäftigen wir uns auch etwas mit der Problemgeschichte der Ausgrabungsarbeiten (Kapitel II). Danach, in Kapitel III, werden wir uns in den vermeintlichen Bauplan vertiefen und versuchen, dessen Konzeption verstehen zu lernen. Mit etwas Phantasie läßt sich auch das letzte Hauptkapitel in unsere Allegorie einbeziehen: es handelt gewissermaßen von der Vor- und Entstehungsgeschichte der Stadt.

1 Die fundamentalen Teilchen und ihre Wechselwirkungen – ein Überblick

Alle der Physik zugänglichen und von Physikern untersuchten Naturerscheinungen, sowohl die wirklich in der Natur wahrnehmbaren als auch die künstlich durch Menschenhand und Maschinen hervorgerufenen, lassen sich, makroskopisch und mikroskopisch betrachtet, auf vier verschiedenartige Grundkräfte[1] zurückführen, die sich bei den

[1] Wirkt zwischen zwei Teilchen eine Kraft, so ist nach dem 3. *Newton*schen Gesetz diese Wirkung stets wechselseitig. Man spricht daher von Wechselwirkung. In der Teilchenphysik wird der Begriff der Wechselwirkung weit häufiger verwendet als der Kraftbegriff. Im vorliegenden Buch werden „Kraft" und „Wechselwirkung" abwechselnd und synonym gebraucht.

Energien unserer Erfahrungswelt und den im Labor erzeugbaren Energien in ihren Eigenschaften, wie Stärke[2], Reichweite u. a. (siehe Tabelle II.1) unterscheiden:

1. Die Gravitation, die Wechselwirkung von Massen.
2. Die Elektromagnetische Kraft, die zwischen ruhenden und bewegten elektrischen Ladungen wirkt.
3. Die Starke Wechselwirkung, die für den Zusammenhalt z. B. der Bausteine der Nukleonen Proton und Neutron, der sog. Quarks (die in Kapitel II im Zentrum der Betrachtungen stehen) sorgt und als Restwechselwirkung u. a. auch für die Bindung der Nukleonen im Atomkern verantwortlich ist.
4. Die Schwache Wechselwirkung, die sich wie die Starke Kraft nur im subatomaren Bereich zu erkennen gibt und u. a. die ß-Radioaktivität bestimmter Atomkerne bewirkt, und ohne die unsere Sonne nicht scheinen würde.

Tabelle II.1 vermittelt einen Überblick charakteristischer Eigenschaften der fundamentalen Wechselwirkungen, auf die im folgenden noch genauer eingegangen wird. Aus der dritten Zeile geht hervor, daß die Gravitation in der Teilchenphysik keine Rolle spielt

---

[2] Die „Stärke“ einer Kraft ist ein unscharfer Begriff und nicht einfach zu fassen. Sie wird durch eine jede der Grundkräfte charakterisierende „Konstante“, die sog. Kopplungskonstante, und bei der Schwachen Kraft zusätzlich noch durch eine charakteristische Masse (siehe *Weinberg-Salam*-Modell in III,3) festgelegt und hängt darüber hinaus vom Abstand der wechselwirkenden Teilchen ab. Es kann als eine der bedeutendsten Entdeckungen in der Teilchenphysik der jüngsten Zeit betrachtet werden, daß die Kopplungskonstanten in Wahrheit gar keine Konstanten sind (deswegen die Anführungsstriche bei „Konstante“!). Sie hängen von dem bei der Wechselwirkung ausgetauschten Viererimpuls ab, der nach I,2 umgekehrt proportional zum Abstand der Schwerpunkte der Wechselwirkungspartner ist. Die in der Tabelle II.1 für die Stärke einer Kraft angegebenen Zahlenwerte sind Relativwerte bei niedrigen Energien, wobei die Stärke der Starken Kraft als eine willkürliche Bezugsgröße herangezogen wurde. Sie geben lediglich die Größenordnung der Stärke einer Kraft im Vergleich zur Stärke der Starken Kraft bei relativ großen Abständen – sagen wir etwa dem Protonradius (1 fermi = 10^{-15}m) – an.

(zumindestens nicht bei Laborenergien (vergl. Fußnote 2), wohl aber bei Energien, die unmittelbar nach dem Urknall (siehe IV) auftraten). Wir schließen deshalb von nun an die Gravitationskraft grundsätzlich aus, wenn von fundamentalen Wechselwirkungen die Rede ist, es sei denn, die Gravitationswechselwirkung wird ausdrücklich und explizit angesprochen.

Tabelle II.1: Eigenschaften der fundamentalen Wechselwirkungen

	Gravitation	Elektromagnetische Wechselwirkung	Starke Wechselwirkung	Schwache Wechselwirkung
Effektive Reichweite	∞	∞	10^{-15} m	10^{-18} m
Beispiel	astronom. Kräfte	atomare Kräfte	Quarkkräfte im Nukleon	Kernbetazerfall
relative Stärke	10^{-38}	$\frac{1}{137} \approx 10^{-2}$	1	10^{-5}
Teilnehmer	alle Teilchen	geladene Teilchen	Quarks, Hadronen	Quarks, Hadronen, Leptonen
Wechselwirkungsfeldquanten (Masse)	Graviton (0)	Photon (0)	Gluonen (0)	W^+, W^-, Z^0 -Bosonen (~ 90 GeV)
Spin der Feldquanten	$2\hbar$	$1\hbar$	$1\hbar$	$1\hbar$
Typische Lebensdauer bei Zerfällen	∞	$10^{-12} - 10^{-16}$ s	10^{-23} s	10^{-10} s

Obwohl es eine der Intentionen dieses Buches ist, den Fachjargon der Teilchenphysik möglichst zu vermeiden, so ist es manchmal doch unumgänglich, sich mit einigen fachspezifischen Vokabeln vertraut zu machen. Hierzu gehört die Klassifizierung der Teilchen, wobei die auftretenden Namen historisch bedingt sind und oft den Sachverhalt, wofür sie stehen, aus heutiger Sicht überhaupt nicht zum Ausdruck bringen und dadurch eher Verwirrung als Klarheit stiften. Alle Elementarteilchen werden in zwei Klassen eingeteilt, je nachdem, ob sie auf die Starke Kraft ansprechen oder nicht. Diejenigen Teilchen, welche die Starke Kraft nicht „spüren", heißen *Leptonen* (λεπτοσ = leicht, klein), alle anderen heißen *Hadronen* (αδρυσ = massiv, dick). Sofern die Teilchen in beiden Klassen elektrisch geladen sind, unterliegen sie selbstverständlich der Elektomagnetischen Wechselwirkung. Alle Leptonen und Hadronen können miteinander über die Schwache Kraft wechselwirken. Die Hadronen gliedern sich in zwei Gruppen:

(a) *Baryonen* (βαρυσ = schwer; Bsp.: Proton p, Neutron n, Lambda Λ, Sigma Σ, ...)

(b) *Mesonen* (μεσο... = mittel...(Vorsilbe); Bsp.: Pion π, Kaon K, Rho ρ, Psi Ψ,...)

Die Leptonen erweisen sich bis jetzt (Ortsauflösung 10^{-18} m) als strukturlose, also fundamentale Teilchen. Es gibt deren sechs, drei elektrisch geladene (Elektron e (0,511 MeV), Myon μ (105,66 MeV) und Tauon τ (1784,1 MeV) und drei elektrisch neutrale, die drei Neutrinos ν_e, ν_μ und ν_τ, die, wie die Indizes andeuten, den drei geladenen Leptonen zugeordnet sind[3]. Im Standardmodell werden die Neutrinos bisher als masselose Teilchen behandelt. In der Tat gibt es drei Familien, auch Generationen genannt, die aus je zwei Mitgliedern bestehen.

$$\begin{array}{cccc} \text{Generation} & 1 & 2 & 3 \\ \begin{array}{c} Q=0 \\ Q=-1 \end{array} & \begin{pmatrix} \nu_e \\ e \end{pmatrix} & \begin{pmatrix} \nu_\mu \\ \mu \end{pmatrix} & \begin{pmatrix} \nu_\tau \\ \tau \end{pmatrix} \end{array}$$

Q ist die Ladung in Vielfachen der Elementarladung.

---

[3] Die Frage, ob Neutrinos eine Masse besitzen oder nicht, kann z. Z. noch nicht beantwortet werden. Die Masse der Neutrinos ist Gegenstand intensiver weltweiter Forschung. Wir gehen darauf in II,6 ein.

Warum es gerade drei Familien gibt, weiß niemand so genau. Als in den vierziger Jahren das Myon entdeckt worden war, fragte schon damals der Nobelpreisträger von 1944 *I. Rabi*: 'Who ordered this?' (das Myon) [Ne'eman 1986]. Man konnte sich nicht erklären, wozu das schwere Elektron – das Myon unterscheidet sich vom Elektron im wesentlichen nur in der Masse – eigentlich gut sein sollte. Heute kennen wir zwei schwere Elektronen (μ und τ). Sie sind nicht stabil. Das Myon lebt im Mittel 2,2 μs und zerfällt nach

$$\mu^- \rightarrow e^- + \nu_\mu + \overline{\nu}_e$$

in ein Elektron, ein Neutrino der Myonfamilie und ein Antineutrino[4] der Elektronfamilie. Das Tauon hat eine mittlere Lebensdauer von $2 \cdot 10^{-13}$ s und kann auf Grund seiner großen Masse in viele Endzustände zerfallen, wie z. B.

$$\tau^- \rightarrow \mu^- + \overline{\nu}_\mu + \nu_\tau \quad \text{oder} \quad \tau^- \rightarrow \pi^- + \nu_\tau$$

Zwar ist es prinzipiell möglich, daß es noch weitere Leptonen mit sehr viel höherer Masse geben könnte, mit Sicherheit aber schließen experimentelle Fakten die Existenz weiterer Leptongenerationen auf der aktuellen Massenskala aus (näheres dazu in IV,6).

Bei den oben angeführten Zerfallsreaktionen fällt auf, daß links und rechts des Pfeils die gleiche Anzahl Leptonen steht, wobei zu berücksichtigen ist, daß ein Antilepton ein Lepton aufhebt. Ordnet man allen Leptonen eine additive Quantenzahl $L = +1$ und allen Antileptonen $L = -1$ zu, so äußert sich die Leptonenzahl-Erhaltung da-

---

[4] Nach einem grundlegenden Symmetrieprinzip der Natur gibt es zu jedem Teilchen ein Antiteilchen. Das Antineutrino unterscheidet sich vom Neutrino in der Richtung des Eigendrehimpulsvektors (Spins) bezüglich der Flugrichtung bzw. des Impulsvektors: Der Spin eines Neutrinos ist immer antiparallel, der eines Antineutrinos parallel zum Impulsvektor orientiert. Man sagt, daß Neutrinos und Antineutrinos entgegengesetzte Helizität (Händigkeit) besitzen. Neutrinos sind danach „Linkshänder" und Antineutrinos „Rechtshänder". Elektrisch geladene Teilchen unterscheiden sich u.a. von ihren Antipartnern durch das Vorzeichen der Ladung (Details in II,6).

durch, daß links und rechts einer „Reaktionsgleichung" die Summe aller L-Werte dieselbe ist. Die bisher experimentell untersuchten Reaktionen, bei denen Leptonen beteiligt waren, zeigen, daß sich sogar die Familien untereinander fast immer treu bleiben und ihre Art erhalten. Man ist gezwungen, drei Quantenzahlen für die drei Leptongenerationen einzuführen: L_e, L_μ und L_τ. Die Leptonenzahl jeder Generation für sich bleibt erhalten. Wir kommen auf die Erhaltung von Teilchenzahlen, die nicht nur auf Leptonen beschränkt ist, in III,1 zurück.

Im Unterschied zu den Leptonen sind die Hadronen keine elementaren Teilchen. Sie sind aus den sog. Quarks zusammengesetzt. Woher man das weiß, welche Eigenschaften die Quarks besitzen, welche Rolle sie in der Teilchenphysik spielen und ähnliche Fragen werden in den nachfolgenden Teilkapiteln beantwortet. Nach dem Standard-Quarkmodell sind alle Baryonen aus drei Quarks und alle Mesonen aus einem Quark und einem Antiquark aufgebaut. Quarks und Antiquarks werden durch die Starke Kraft zusammengehalten. Die Vielfalt der hadronischen Materie (es sind bis heute einige hundert Hadronen bekannt!) kommt dadurch zustande, daß es zum einen sechs verschiedene Quarks gibt, die je in drei verschiedenen Zuständen oder Erscheinungsformen (ausgedrückt durch die Zustandsvariable oder Quantenzahl „Farbe") auftreten, und zum anderen die Hadronen gleichsam als „Quarkatome" außer im Grundzustand auch in angeregten Zuständen vorkommen können. Die meisten der an Beschleunigern erzeugten Hadronen, die extrem kurz leben ($< 10^{-18}$ s), erweisen sich als Anregungsformen (sog. Resonanzen) von Quarkatomen im Grundzustand. Was sich in den fünfziger und sechziger Jahren, als der sog. Teilchenzoo quasi von Woche zu Woche anwuchs, nachdem die ersten Großbeschleuniger ihren Betrieb aufgenommen hatten, zunächst als völlig neue Form der Materie darstellte, entpuppte sich als die Wiederholung der prinzipiell gleichen dynamischen Struktur wie im Atom und im Kern, nur bei sehr hohen Energien bzw. Massen: Atomphysik bei höchsten Energien. Nur die Bindungskräfte oder das Wechselwirkungspotential sind verschieden. Allerdings gibt es einen eklatanten Unterschied zwischen den Atomen der Chemie und den Quarkatomen, der die neue Erkenntnis für lange Zeit in Frage stellte: Während die Bausteine der Atome, Elektronen,

Protonen und Neutronen durch Energiezufuhr aus dem Atom- und Kernverband herausgelöst werden und frei existieren können, sind bis heute trotz intensiver Anstrengungen keine freien Quarks nachgewiesen worden. Die Theorie der Starken Wechselwirkung hat im Rahmen des Standardmodells dafür eine Erklärung, auf die wir in II,5 noch zu sprechen kommen.

Zwischen den Quarks und den Leptonen gibt es eine perfekte Symmetrie: Auch die Quarks kommen in drei Familien mit je zwei Mitgliedern vor. Ihre Anzahl bleibt bei Wechselwirkungsprozessen ebenfalls erhalten. Sowohl die Leptonen als auch die Quarks haben einen Eigendrehimpuls mit der Spinquantenzahl[5] $s = 1/2$ und sind somit Fermionen, d. h. Teilchen, die der *Fermi*statistik unterliegen Das eigenartigste Merkmal der Quarks – und hier unterscheiden sie sich grundlegend von den Leptonen – ist ihre elektrische Ladung, die einen Bruchteil der Elementarladung e beträgt. Die sechs Quarks haben entweder die Ladung $Q = 2/3$ oder $Q = -1/3$ (in Einheiten von e). Sie heißen heute[6] (in der Reihenfolge zunehmender Masse) up (u), down (d), strange (s), charm (c), bottom (b) und top (t). Zur Auflockerung der trockenen wissenschaftlichen Sprache verwendet man nicht „Namen" zur Unterscheidung der Quarktypen sondern spricht von Quarkaromen (Quark-Flavours).

$$\begin{array}{llll} \text{Generation} & 1 & 2 & 3 \\ \begin{array}{l} Q = \frac{2}{3} \\ Q = -\frac{1}{3} \end{array} & \begin{pmatrix} \mathrm{u} \\ \mathrm{d} \end{pmatrix} & \begin{pmatrix} \mathrm{c} \\ \mathrm{s} \end{pmatrix} & \begin{pmatrix} \mathrm{t} \\ \mathrm{b} \end{pmatrix} \end{array}$$

Wie wir noch sehen werden, kommt jedes Quark in drei verschiedenen Zuständen vor, deren Bedeutung hinsichtlich der Starken

---

[5] Genau ist damit gemeint, daß die dritte Komponente s_z des Spins bezüglich einer Koordinatenachse z den Wert $\pm\frac{1}{2}\hbar$ ($\hbar = h/2\pi$) hat (vergl. II,4).

[6] Man findet in der Literatur gelegentlich auch andere Namen. Die hier verwendeten englischen Bezeichnungen haben sich auch in der deutschen Literatur weitgehend durchgesetzt. In der Praxis werden fast ausschließlich die Anfangsbuchstaben der Namen verwendet.

Wechselwirkung vergleichbar ist mit der elektrischen Ladung in bezug auf die Elektromagnetische Wechselwirkung. Man könnte sie als starke Ladung bezeichnen, eingebürgert aber hat sich „Farbladung" oder kurz „Farbe". Wie die elektrische Ladung die Quelle des elektromagnetischen Feldes ist, muß die Farbladung als Quelle des starken Feldes angesehen werden. Die drei Farben heißen in der Regel rot, grün und blau. Natürlich haben die Quarkfarben nichts mit den Farben aus der Optik zu tun, es ist aber auch nicht ganz zufällig, warum man gerade auf die Bezeichnung „Farbe" zur Beschreibung eines Ladungszustandes gekommen ist. Eine Erklärung hierzu und weitere Details zur Farbenlehre der Starken Wechselwirkung erfahren wir in II,5, wo die Theorie der Starken Kraft thematisiert wird, die nicht umsonst „Quantenchromodynamik (QCD)" (χηρομα = Farbe) heißt.

Zu den jeweils drei Familien der Quarks und der Leptonen gesellen sich noch einmal je drei Generationen der entsprechenden Antiteilchen. Zur Unterscheidung von Teilchen und Antiteilchen setzen wir bei einem Antiteilchen über das Symbol des Teilchens einen Querstrich. So bezeichnet z.B. $\bar{u}$ den Antipartner des up-Quarks (= Anti-up-Quark), und $\bar{\nu}_e$ stellt das Anti-Elektronneutrino dar. Da die Ladung des Antiteilchens eines elektrisch geladenen Teilchens das umgekehrte Vorzeichen wie die des entsprechenden Teilchens hat, lassen sich Teilchen und Antiteilchen auch dadurch unterscheiden, daß man das Ladungsvorzeichen rechts oben neben das Teilchensymbol setzt. So bezeichnet μ^+ das Antiteilchen (Anti-Myon) des Myons μ^-.

Grundlage der theoretischen Teilchenphysik ist die Quantenfeldtheorie. In ihr sind einerseits Felder quantisiert, und die Feldquanten bilden eine weitere Klasse von Elementarteilchen, andererseits werden Elementarteilchen durch Felder (Feldfunktionen bzw. Wellenfunktionen) beschrieben. Das bedeutet, daß sich – im Unterschied zur klassischen Physik – Felder und Teilchen prinzipiell nicht mehr unterscheiden. Den drei in der Teilchenphysik relevanten fundamentalen Wechselwirkungen entsprechen bestimmte Feldquanten. Die Wechselwirkung zwischen zwei Elementarteilchen, insbesondere zwischen zwei fundamentalen Teilchen wird beschrieben durch den Austausch von Feldquanten. Das Austauschteilchen, das die Elektromagnetische Wechselwirkung vermittelt, ist das von *Einstein* eingeführte masselose Photon. Die Schwache Wechselwirkung erfolgt durch Austausch von sehr massereichen Teilchen ($m \approx 100\ m_{\text{Nukleon}}$), von denen es zwei elektrisch geladene ($W^{\pm}$) und ein elektrisch neutrales (Z^0) gibt. Die QCD benötigt zur vollständigen Beschreibung der Starken Kraft acht masselose Feldquanten, die sog. Gluonen, was soviel wie Klebeteilchen heißt. Interessanterweise sind alle Feldteilchen der fundamentalen Wechselwirkungen Vektorbosonen. „Vektor-" bedeutet, daß der Spin aller Austauschteilchen den Wert 1 (s = 1) hat. Alle Teilchen, deren Spinwert ganzzahlig ist, gehorchen der *Einstein-Bose*-Statistik und werden Bosonen genannt. Mit Spin 1 gehören die Feldquanten also zu den Bosonen. Damit ist der Sammelbegriff „Vektorbosonen" für alle Feldquanten hinreichend geklärt.

Halten wir zusammenfassend fest: Die fundamentalen Konstituenten aller Materie, die Leptonen und die Quarks, sind allesamt Fermionen mit Spin 1/2. Sie wechselwirken untereinander durch Austausch von Vektorbosonen der drei fundamentalen Kräfte (ohne Berücksichtigung der Gravitation). Diese Kräfte vermittelnden Bosonen heißen im Standardmodell Eichbosonen. Was sich hinter diesem Namen verbirgt, wird uns in Kapitel III ausführlich beschäftigen.

Die Wechselwirkung von zwei Teilchen durch Austausch eines Vektorbosons läßt sich in einer Art Bildersprache einprägsam veranschaulichen, die von *Richard Feynman,* renommierter amerikanischer Theoretiker und Nobelpreisträger, der sich v. a. um die Quantenfeldtheorie verdient gemacht hat, erstklassige Bücher geschrieben und wesentlich zur Aufklärung der Ursache der Challenger-Katastrophe 1986 beigetragen hat [Feynman 1991]. Die sog. *Feynman*-Graphen (siehe Kasten 3) symbolisieren Terme niedriger Ordnung einer störungstheoretischen Behandlung von Wechselwirkungsprozessen. Mit Hilfe bestimmter, von *Feynman* erfundener Regeln kann der geübte Theoretiker die Graphen unmittelbar in Ausdrücke für Streuamplituden bzw. Wirkungsquerschnitte und für Zerfallswahrscheinlichkeiten instabiler Teilchen umsetzen (siehe z. B. [Nachtmann 1986, Halzen 1984, Bjorken 1967]. In diesem Buch werden *Feynman*-Graphen ausschließlich zur Veranschaulichung des Ablaufs bestimmter Wechselwirkungsprozesse verwendet. Als erste Kostprobe der *Feynman*schen Bildersprache ohne Formeln sind in Abbildung II.1 die drei fundamentalen Wechselwirkungen dargestellt. Um die verschiedenen Vektorbosonen unterscheiden zu können, werden das Photon als Schlangenlinie, die intermediären Bosonen der Schwachen Wechselwirkung als gestrichelte Linien und die Gluonen als Spirallinien dargestellt.

Kasten 3: *Feynman*-Graphen (-Diagramme)

Feynman-Diagramme veranschaulichen in graphischer Form einen Algorithmus, nach dem im Rahmen der Störungstheorie Wahrscheinlichkeitsamplituden bzw. Wirkungsquerschnitte von konkreten Wechselwirkungsprozessen berechnet werden können. Die ursprünglich in der Quantenelektrodynamik (QED) entwickelte Bildersprache läßt sich auf alle fundamentalen Wechselwirkungen übertragen, solange sich die zu betrachtenden Wechselwirkungsreaktionen störungstheoretisch behandeln lassen. *Feynman*-Graphen sind symbolische Ort-Zeit-Diagramme, bei denen es nur auf die topologische Struktur ankommt. Sie dürfen deswegen nicht zu kinematischen Betrachtungen der Bewegung von Teilchen in der Raum-Zeit herangezogen werden. Oder anders ausgedrückt: sie sind nicht etwa mit *Minkowski*-Diagrammen zu verwechseln.

Wir wollen die wesentlichen Merkmale eines *Feynman*-Graphen am Beispiel der elastischen *Coulomb*-Streuung eines Elektrons an einem Proton erläutern:

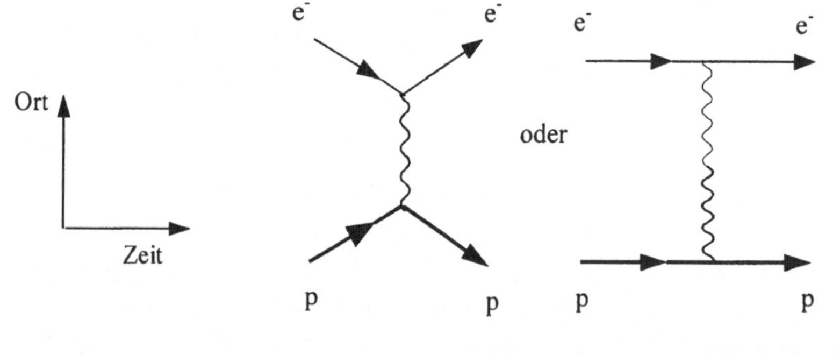

Fortsetzung Kasten 3

Die ausgezogenen Linien stellen die beiden sich frei bewegenden Fermionen Proton und Elektron vor (p und e) und nach (p´ und e´) der Wechselwirkung dar, die durch den Austausch eines Bosons, hier eines Photons, erfolgt, das durch die Schlangenlinie symbolisiert wird. An einem der Knotenpunkte (Vertizes) wird das Photon von dem einen Fermion emittiert und am zweiten Knotenpunkt von dem anderen absorbiert, wobei es keine Rolle spielt, welchem Vertex man die Emission und welchem die Absorption zuordnet. Bei der Wechselwirkung werden zwischen den sich begegnenden Fermionen Energie und Impuls ausgetauscht. Der Viererimpuls (Erklärung in Kasten 7) $\boldsymbol{q}$ des Photons ist gleich der Viererimpulsänderung am Vertex der Emission ($\boldsymbol{q} = \boldsymbol{p} - \boldsymbol{p}'$) bzw. $\boldsymbol{q} = \tilde{\boldsymbol{p}}' - \tilde{\boldsymbol{p}}$ am Vertex der Absorption. An den Vertizes ist die Summe der 4-Impulse der einlaufenden Teilchen gleich der Summe der 4-Impulse der auslaufenden Teilchen. Aus

$$\boldsymbol{q}^2 = (\boldsymbol{p} - \boldsymbol{p}')^2 = \boldsymbol{p}^2 + \boldsymbol{p}'^2 - 2\boldsymbol{p}\boldsymbol{p}' = 2m^2 - 2EE' + 2\vec{p}\vec{p}'$$

$$\approx 2m^2 - 2EE'(1 - \cos(\vec{p}, \vec{p}')) \text{ (für rel. Teilchen)}$$

ersieht man, daß $\boldsymbol{q}^2 \neq 0$, d. h. daß es sich nicht um ein echtes Photon mit $\boldsymbol{q}^2 = 0$, handeln kann. Man spricht von einem virtuellen (intermediären) Photon. Virtuelle Teilchen existieren und machen sich indirekt bemerkbar, lassen sich aber nicht direkt in einem Detektor nachweisen. Sie leben gemäß der *Heisenberg*schen Unschärferelation nur für eine sehr kurze Zeit $\Delta t \approx \hbar / E$, wobei E die Energie des virtuellen Teilchens ist. Für virtuelle Teilchen ist generell $\boldsymbol{q}^2 \neq m^2$ (m = Masse des nachweisbaren (reellen) Teilchens. Dabei kann $\boldsymbol{q}^2 > 0$ (zeitartig) und $\boldsymbol{q}^2 < 0$ (raumartig) sein. Dreht man das obige Diagramm um 90°, so ändert sich seine Topologie nicht. Das ursprünglich auslaufende Proton $\boldsymbol{p}'$ und das ursprünglich einlaufende Elektron e bewegen sich jetzt in der Zeit rückwärts (siehe unten). Faßt man ein zeitlich rückwärts (d. h. in negativer Zeitrichtung) laufendes Teilchen als ein sich in positiver

Fortsetzung Kasten 3

Zeitrichtung bewegendes Antiteilchen auf, so stellt das gedrehte Diagramm einen anderen beobachtbaren Wechselwirkungsprozeß dar: Proton und Antiproton laufen aufeinander zu, vernichten sich („Paarvernichtung" oder „Annihilation") und bilden ein virtuelles Photon ($\boldsymbol{q} = (2E,\vec{0}) = (\sqrt{s},\vec{0})$ und $\boldsymbol{q}^2 = s$, wenn E die Energie von Proton und Antiproton im Schwerpunktssystem ist; ein ruhendes Photon mit einer Masse $m_\gamma = \sqrt{s}$!), das in ein Elektron-Positron-Paar zerfällt („Paarbildung"). Es ist eine bemerkenswerte Eigenschaft von *Feynman*-Graphen, daß die Linien sowohl Teilchen als auch Antiteilchen darstellen können und zwischen beiden prinzipiell kein Unterschied besteht. Quellen und Senken des eine Wechselwirkung bewirkenden Feldes sind Ladungen, die in den *Feynman*-Graphen den Knoten zuzuordnen sind, wo die Feldquanten an die freien Teilchen bzw. Antiteilchen koppeln. Neben der elektrischen Ladung der Elektromagnetischen Wechselwirkung haben wir bereits die Farbladung der Starken Wechselwirkung kennengelernt. Auch die Schwache Wechselwirkung entspringt einer Ladung, der schwachen Ladung. Die durch die Ladungen bedingte Ankopplung der intermediären Feldbosonen an

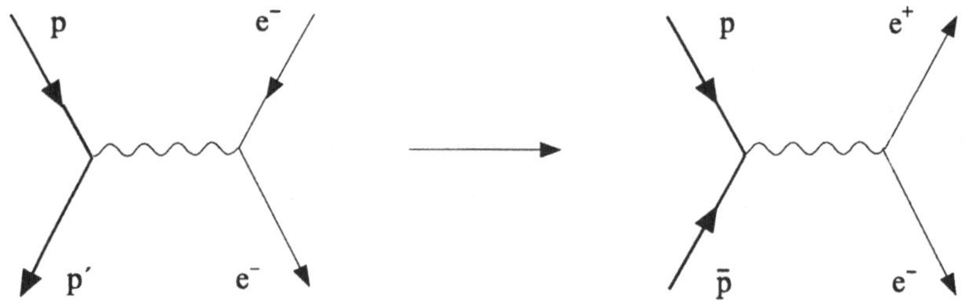

die wechselwirkenden Teilchen wird in den *Feynman*-Regeln durch sog. Kopplungskonstanten berücksichtigt, deren Werte die Stärke einer Kraft im wesentlichen bestimmen (vergl. Tabelle II.1

Fortsetzung Kasten 3

und Fußnote 2). Mit jedem Vertex eines *Feynman*-Graphen ist eine Kopplungskonstante verbunden.

Der bis hierher diskutierte Typ von *Feynman*-Diagrammen entspricht der niedrigsten Ordnung von Störungsrechnung. Wechselwirkungsdiagramme höherer Ordnung weisen mehr als zwei Vertizes auf. So kann z. B. eines der wechselwirkenden Teilchen vorübergehend ein Feldquant emittieren und selbst wieder absorbieren (siehe unten) oder ein intermediäres Boson dissoziiert zwischenzeitlich in ein Teilchen-Antiteilchen-Paar, das anschließend gleich wieder annihiliert (siehe unten). Letzterer Prozeß spielt in der Atom-, Kern- und Teilchenphysik immerhin eine so große Rolle, daß man für ihn eigens einen Namen erfunden hat: Vakumpolarisation. Diagramme höherer Ordnung lassen sich leicht finden und zeichnen, ihre numerische Behandlung stößt allerdings bald an die Grenzen der Leistungsfähigkeit von Computern und der Ausdauer der theoretischen Physiker.

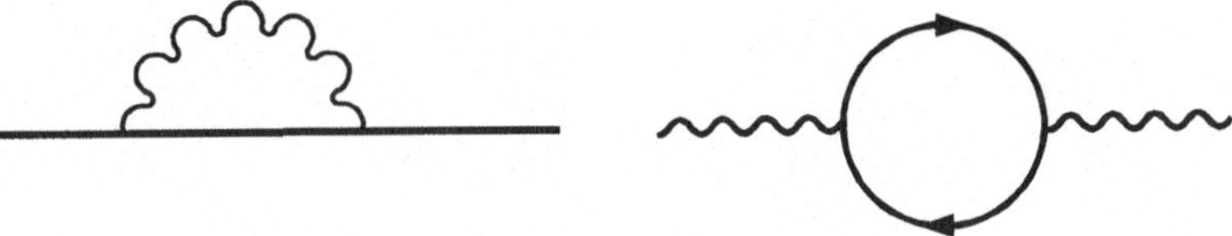

In diesem Buch wird wegen ihrer Aussagekraft von der *Feynman*schen Bildersprache reger Gebrauch gemacht. Vor Berechnungen bleibt der Leser verschont.

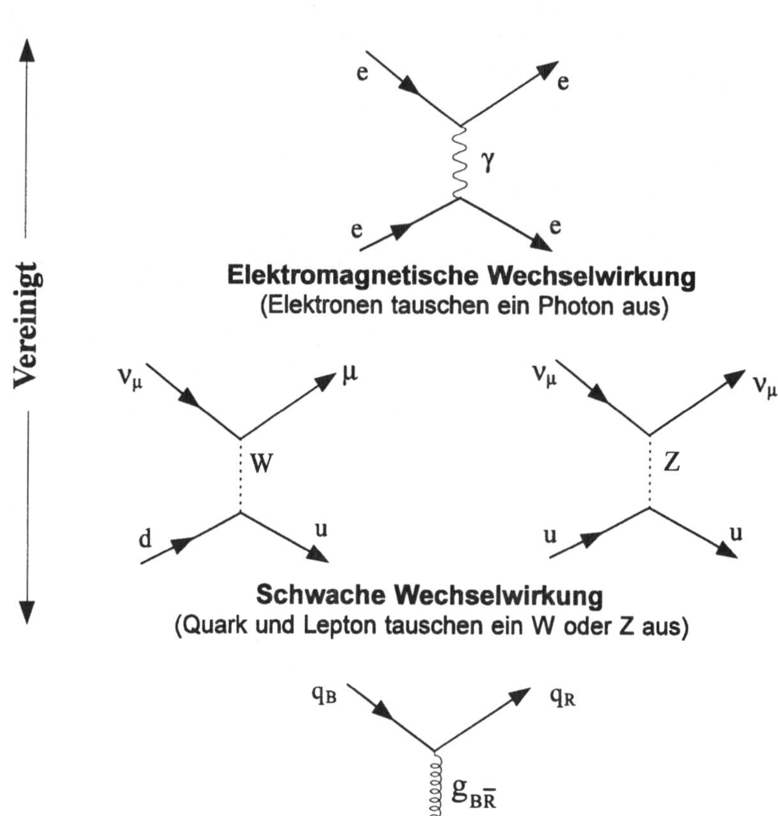

Abb.II.1: *Feynman*-Graphen niedrigster Ordnung für die drei fundamentalen Wechselwirkungen

2 Die Geschichte der Quarks

Der Teilchenzoo der Hadronen

Die Vektorbosonen, die bei Wechselwirkungsprozessen als virtuelle intermediäre Teilchen auftreten, können auch als reelle Teilchen existieren und lassen sich experimentell erzeugen und nachweisen. Das reelle Photon z. B. ist uns als Lichtquant wohlbekannt. Die Reichweite einer Wechselwirkung ist abhängig von der Masse der reellen Bosonen, die als virtuelle Teilchen die Wechselwirkung vermitteln: Je größer die Masse des Austauschteilchens ist, desto kürzer ist die Reichweite.

Aus der kurzen Reichweite der Kernkraft (Nukleon-Nukleon-Wechselwirkung) schloß der Japaner *Hideki Yukawa* 1935 auf die Existenz neuer Teilchen, die etwa 200mal so schwer sein sollten wie das Elektron [Yukawa 1935]. Diese Teilchen wurden 1947 durch *Lattes, Muirhead, Occhialini* und *Powell* in der oberen Erdatmosphäre erstmals nachgewiesen [Lattes 1947]. Man nannte sie Pi-Mesonen oder Pionen ($\pi^{\pm}$, m = 139,6 MeV/c^2). Sie werden in der Lufthülle durch Wechselwirkung hochenergetischer Protonen der kosmischen Strahlung mit den Atomkernen der Stickstoff- und Sauerstoffatome erzeugt. Bereits ein Jahr später gelang es in Berkeley/Kalifornien, geladene Pionen an einem Protonenbeschleuniger künstlich zu erzeugen. Das elektrisch neutrale Pion π^0 war schwieriger zu entdecken, da es eine wesentlich kürzere Lebensdauer besitzt, und weil es als ungeladenes Teilchen keine Ionisationsspuren hinterläßt. Es konnte 1950 zum ersten Mal eindeutig durch seinen Zerfall in zwei Photonen identifiziert werden [Carlson 1950].

Mit der Inbetriebnahme der ersten großen Protonenbeschleuniger in den fünfziger und sechziger Jahren und der Verfeinerung der Meßtechnik durch die Entwicklung neuer Detektortechnologien setzte die Entdeckung einer wahren Flut neuer Teilchen ein. Die meisten von ihnen lebten nur extrem kurz und zerfielen in die bereits bekannten stabilen oder relativ langlebigen Hadronen. Andere wiesen überraschenderweise eine viel zu lange Lebensdauer auf, als daß ihr Zerfall über die Starke Wechselwirkung, vermittels derer sie erzeugt wurden, ablaufen konnte. Wegen dieser unerklärlichen Extravaganz sprach man bei solchen Teilchen von „seltsamen Teilchen" („strange particles").

Die an den Beschleunigern experimentierenden Physiker verloren bei dieser Teilchenflut bald den Überblick, und die Theoretiker konnten bei ihrem Bemühen, die neuen Phänomene zu deuten, mit der stürmischen Entwicklung nicht mehr Schritt halten. So ist es verständlich, daß Ende der fünfziger Jahre z.B. eine Art Demokratiemodell der Elementarteilchen diskutiert wurde: Weil man im „Zoo" der Elementarteilchen (was hieß hier schon noch elementar?) keine hierarchische Struktur erkannte, verfiel man auf die Idee, jedes Hadron könne irgendwie aus einer Kombination von anderen Hadronen bestehen. Damit war ausgeschlossen, eines der Teilchen als elementarer anzusehen als andere („bootstrap"-Hypothese [Chew 1961, 1962]).

Mysteriöse Ordnungsschemata der Hadronen

Auf der Suche nach Ordnungsschemata im Zoo der hadronischen Teilchen fielen zunächst Gruppen von Teilchen mit fast gleicher Masse und unterschiedlicher Ladung ins Auge. Es ließen sich Paare (Dublette), Dreier-(Triplette) und Vierer-(Quadruplette) Konfigurationen ausmachen. So bilden z.B. die beiden Nukleonen Proton (p) und Neutron (n) ein Dublett, die Pionen π^+, π^0, π^- ein Triplett und die Deltateilchen ein Quadruplett (Δ^-, Δ^0, Δ^+, Δ^{++}). Faßt man die Mitglieder eines solchen Ladungsmultipletts als verschiedene Ladungszustände ein und desselben Teilchens in einem abstrakten Raum auf, so lassen sich die Multiplette mathematisch beschreiben wie der Eigendrehimpuls (Spin) eines Teilchens.

Der Spin $\vec{J}$ eines Teilchens hat $2J + 1$ Orientierungsmöglichkeiten im Ortsraum, wobei J die Spinquantenzahl bezeichnet. Die verschiedenen Orientierungszustände werden durch die dritte Komponente J_3 des Spins $\vec{J}$ gekennzeichnet. Im magnetfeldfreien Raum sind alle $2J + 1$ Zustände energetisch entartet. Keine Spinrichtung ist ausgezeichnet. In Analogie zum Spin kann man einem Teilchenmultiplett eine Quantenzahl I (Isopin; ισο = Vorsilbe für gleich) zuordnen, wenn das Multiplett $2I + 1$ Teilchen enthält. Die elektrische Ladung Q eines Isospin-Multiplettmitgliedes ist durch die dritte Komponente I_3 des Isospinvektors $\vec{I}$ über

$$Q = \left(I_3 + \frac{1}{2} A \right) e$$

festgelegt. A ist die sog. Baryonenzahl, die für Baryonen den Wert 1 (bzw. für Antibaryonen den Wert −1) und für Mesonen den Wert 0 hat (siehe III,1). Für das Nukleonendublett z.B. ist

$$I = \frac{1}{2},\ I_3 = \pm\frac{1}{2},\ A = 1,\ Q = \begin{cases} \left(+\frac{1}{2} + \frac{1}{2} \right) e \text{ für p} \\ \left(-\frac{1}{2} + \frac{1}{2} \right) e \text{ für n} \end{cases}$$

Für das Pionentriplett ist

$$I = 1,\ I_3 = -1{,}0{,}+1 \text{ und } A = 0, \text{ usw.}$$

Ohne Berücksichtigung der Ladung wären die Teilchen eines Isospinmultipletts hinsichtlich der Starken Wechselwirkung ununterscheidbar; ihre Massen wären exakt gleich. Für die beobachtete Aufhebung der Massenentartung ist das elektrische Feld verantwortlich.

Nach der Entdeckung der „seltsamen Teilchen“ fand man im Jahre 1962 ein umfassenderes Ordnungsschema, bei dem Isospinmultiplette zu „Supermultipletten“ zusammengefaßt wurden. Zu einem Supermultiplett gehören Teilchen mit einheitlichem Spin, die sich in zwei Quantenzahlen unterscheiden: der dritten Komponente des Isospins I_3 (gleichbedeutend mit der Ladung) und der „Seltsamheit“ oder „strangeness“. Vorgeschlagen wurden solche Supermultiplette unabhängig voneinander von *Murray Gell-Mann* vom California Institute of Technology und von *Yuval Ne'eman* von der Universität Tel Aviv [Gell-Mann 1964]. Die Seltsamheit S eines Multipletts innerhalb eines Supermultipletts erwies sich dabei als

Differenz der doppelten mittleren Ladung $\overline{Q}$ des Multipletts und der Baryonenzahl A:

$$S = 2\overline{Q} - A = Y - A \ .$$

$Y = 2Q = S + A$ heißt Hyperladung. Die Ladung Q eines Multiplettmitgliedes ist nach *M. Gell-Mann* und *K. Nishijima* jetzt

$$Q = (I_3 + \frac{1}{2} Y)e = \left(I_3 + \frac{1}{2}(S + A) \right) e \ .$$

(Erweiterung der obigen Beziehung auf Teilchen mit Seltsamheit)

Durch Anwendung der mathematischen Theorie der *Lie*-Gruppen (siehe III,3) konnten *Gell-Mann* und *Ne'eman* zeigen, daß alle hadronischen Supermultiplette, von denen es, wie sich empirisch herausstellte, nur Singulette, Oktette und Dekuplette gab, Darstellungen einer speziellen Gruppe, SU(3) (= Gruppe der speziellen unitären Transformationen in einem abstrakten dreidimensionalen Raum), verkörperten (siehe III,3). Nach dieser SU(3)-Symmetrie bilden z.B. Mesonen mit Spin 0 ein Oktett und ein Singulett. Graphisch dargestellt erzeugt das Oktett in einem I_3-Y-Koordinatensystem ein regelmäßiges Sechseck mit je einem Teilchen an den Ecken und zwei Teilchen im Mittelpunkt (siehe Abbildung II.2a). Das Singulett hat seinen Platz ebenfalls im Ursprung des Koordinatensystems. Für Mesonen mit Spin 1 und Baryonen mit Spin 1/2 (Abbildung II.2b) ergibt sich dieselbe Darstellung. Die Baryonen mit Spin 3/2 bilden eine Zehnerfamilie (Dekuplett). Sie ist in Abbildung II.2c dargestellt. Nach dem Standardmodell sind die „seltsamen Teilchen" Hadronen, die das s-Quark enthalten.

Die Geburt des Quarkmodells

Trotz des großen Erfolgs der SU(3)-Klassifikation der Hadronen, kulminierend in der Vorhersage des Ω^--Teilchens, das daraufhin 1964 im Brookhaven National Laboratory (USA) entdeckt wurde und tatsächlich alle prophezeiten Eigenschaften aufwies [Barnes 1964, Fowler 1964], umgab die phänomenologische Theorie des „Achtfachen Weges"[7] [Gell-Mann 1964a] etwas Mystisches. Niemand verstand, warum die Natur nur drei Darstellungsformen (Singulette, Oktette und Dekuplette) zuließ, obwohl mathematisch auch 3er- und 6er-Darstellungen der SU(3)-Gruppe möglich waren. Man spürte irgendwie, daß sich hinter den regelmäßigen Vielecken der Teilchenfamilien-Darstellungen eine tiefere physikalische Struktur verbarg.

1963 gelang den Amerikanern *Murray Gell-Mann* und *George Zweig*, beide am California Institute of Technology, unabhängig voneinander, den Schleier der SU(3)-Darstellungen zu lüften und eine physikalische Interpretation in Form des Quarkmodells vorzuschlagen [Gell-Mann 1964b, Zweig 1964]. Die beiden Physiker fanden heraus, daß man die Supermultiplettstrukturen der Hadronen erklären kann, wenn man annimmt, daß die Hadronen aus fundamentaleren Bausteinen, die *Gell-Mann* „Quarks" nannte[8] , aufgebaut sind. Es genügten drei verschiedene Quarks und ihre Antipartner, um alle damals bekannten Hadronen mit allen ihren Eigenschaften zu konstruieren. Es waren dies die drei leichtesten der heute bekannten Quarks: u, d und s. Wie bereits in II,1 ausgeführt, werden nach diesem Modell alle Mesonen aus einem Quark und einem Antiquark aufgebaut, während sich die Baryonen aus drei Quarks und die Antibaryonen aus drei Antiquarks zusammensetzen. In Abbildung II.2´ ist die Quarkzusammensetzung der Mitglieder der Supermultiplette von Abbildung II.2 eingetragen.

---

[7] Die Gruppe der speziellen unitären Transformationen SU(3) läßt sich durch 8 dreidimensionale linear unabhängige hermitesche Matrizen (Verallgemeinerung der 3 *Pauli*-Matrizen zur quantenmechanischen Behandlung des Spins von Spin 1/2-Teilchen) erzeugen. Ihnen sind durch Vertauschungsrelationen 8 Gruppenkonstanten zugeordnet. Wegen dieser 8 charakteristischen Parameter der SU(3)-Gruppe wurde in Assoziation der buddhistischen Heilslehre, wonach der Pfad der Überwindung des Leidens über 8 Stufen in einen Zustand vollkommener Versenkung führt, vom „achtfachen Weg" gesprochen.

[8] Bei der Namensgebung erinnerte sich *Gell-Mann* an einen Ausdruck von *James Joyce*, der in einem seiner Werke schreibt, daß drei Dreikäsehochs (quarks) ebensoviel wert seien wie ein richtiger Mann. *Gell-Mann* kannte angeblich auch die deutsche Bedeutung von „Quark".

Die erwähnte relativ lange Lebensdauer der „seltsamen“ Teilchen, die das s-Quark enthalten, erklärt das Quarkmodell damit, daß beim Zerfall eines „seltsamen“ Teilchens ein s-Quark in ein u- oder d-Quark übergeht, eine Familienuntreue, die nur der Schwachen Wechselwirkung zugemutet wird (siehe II,6); für die Starke Wechselwirkung ist der Quarktyp oder das Quarkaroma eine Erhaltungsgröße.

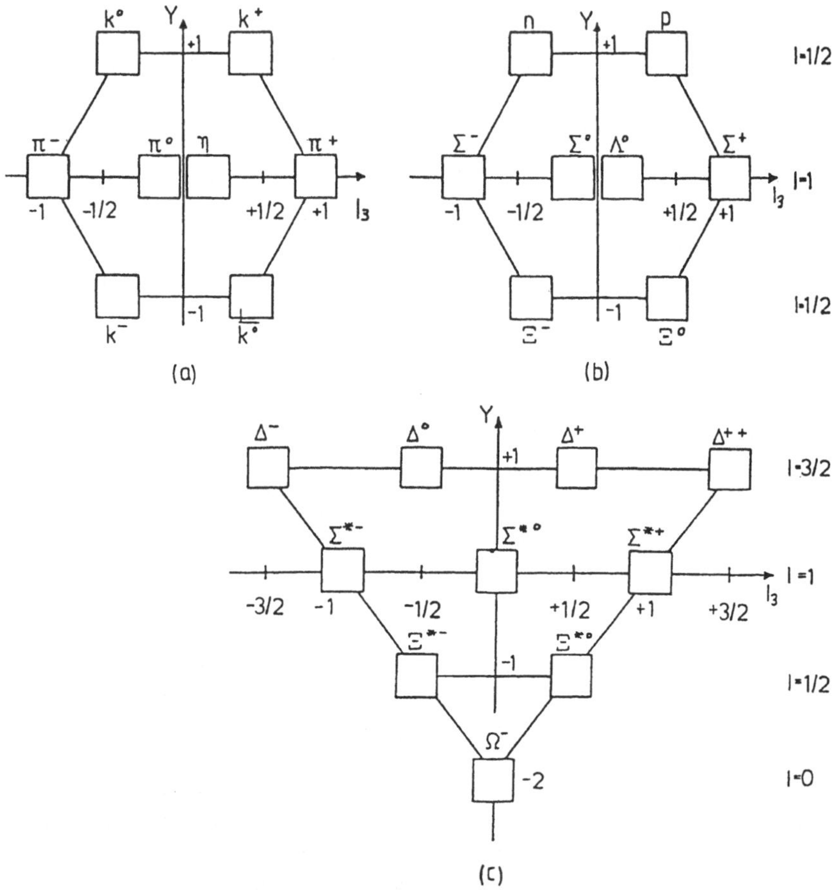

Abb. II.2a-c: Beispiele von Supermultipletten:
(a) Oktett von Mesonen mit Spin 0
(b) Oktett von Baryonen mit Spin 1/2
(c) Dekuplett von Baryonen mit Spin 3/2

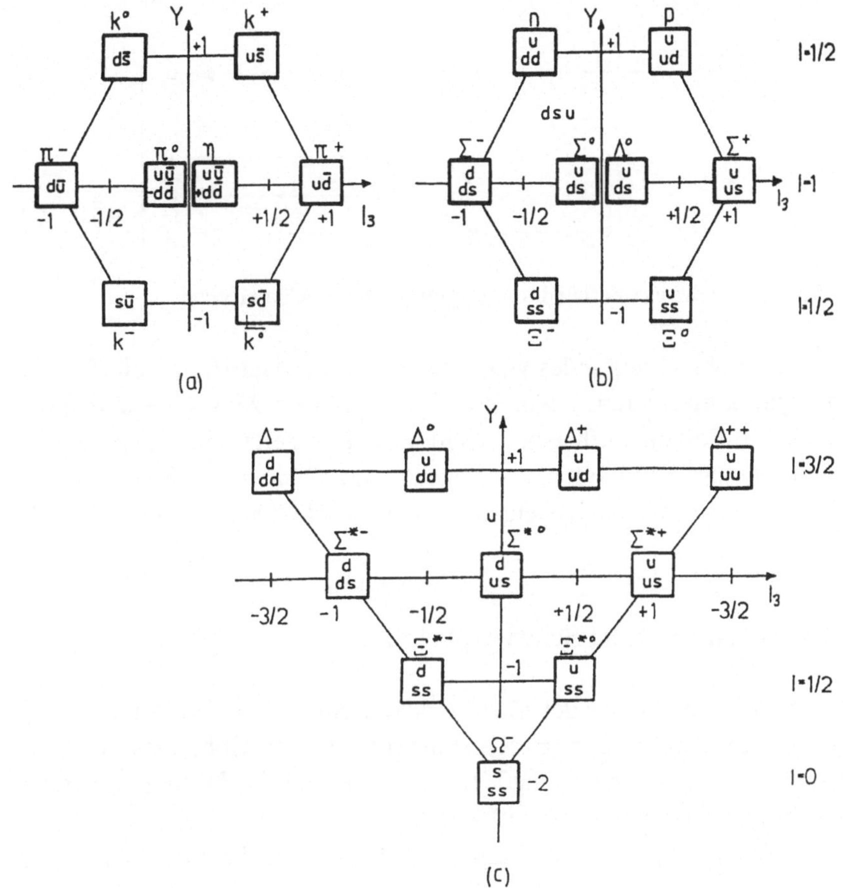

Abb. II.2´: Quarkzusammensetzung der Hadronen von Abb. II.2 (Interpretation der Supermultiplette durch das Quarkmodell)

Beispiel:
Das Λ-Baryon ($\Lambda = (u,d,s)$) zerfällt bevorzugt in ein Proton (p = (uud)) und ein negativ geladenes Pion (π^- = ($d\bar{u}$)). Hierbei wird ein($u\bar{u}$)-Paar erzeugt und das s-Quark in ein d-Quark umgewandelt. Der Λ-Zerfall wird in einem Quarkdiagramm, das nicht mit einem *Feynman*-Graphen verwechselt werden darf, in Abbildung II.3 veranschaulicht.

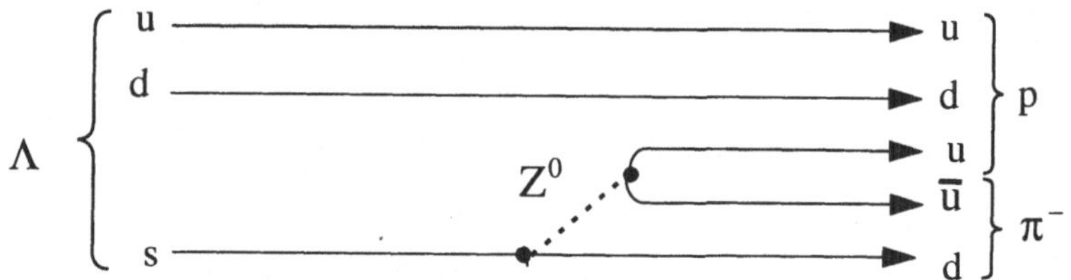

Abb. II.3: Schwacher Zerfall des Λ-Baryons nach dem Quarkmodell

Mit der Entdeckung jedes weiteren Quarks und der Hadronen, die dieses Quark enthielten, ließen sich immer höhere Mesonen- und Baryonen-Multiplette aufbauen. Abbildung II.4 zeigt ein Baryonen-20-plett, dessen Mitglieder aus jeweils drei Quarks der ersten beiden Quarkgenerationen aufgebaut sind [Particle Data Group 1994, S. 1321].

„Farbe" überwindet Schwierigkeiten

Nach der Aufstellung des Quarkmodells durch *Gell-Mann* und *Zweig* wurde an den großen Beschleunigern, in der Höhenstrahlung, in Meerwasser-, Gesteins- und Luftproben und in Meteoritengestein erfolglos nach den Quarks gefahndet.

Quarks, die von außen auf die Erde treffen, können sich wegen der Ladungserhaltung (vergl. „Drittelladungen" der Quarks, II,1) nicht in normale Teilchen umwandeln und sollten sich daher im Laufe der Erdgeschichte in der Erdatmosphäre, im Meer und in der Erdkruste angesammelt haben. Sie sollten von den Atomen der Materie in *Bohr*sche Bahnen eingefangen worden sein und Atome mit nicht ganzzahliger Ladungszahl und ungewöhnlichen chemischen und physikalischen Eigenschaften gebildet haben. Zur Aufspürung solcher Quarkatome hat man u.a. die *Millikan*sche Öltröpfchenmethode wiederbelebt.

Neben dem Unbehagen, das von den gescheiterten Versuchen, freie Quarks nachzuweisen, ausging, bereitete das *Pauli*-Prinzip dem Quarkmodell große Schwierigkeiten. Als *Fermi*teilchen mit Spin 1/2 dürfen sich zwei Quarks nicht in exakt dem gleichen Quantenzustand befinden. Es gibt aber Baryonen (z.B. Δ^{++} = (uuu) oder Ω^{-} = (sss) (siehe Abb. II.2′ (c)), deren drei Quarkkonstituenten nach dem Quarkmodell gleich und ununterscheidbar sind und die durch eine vollkommen symmetrische Wellenfunktion[9] hinsichtlich Ortskoordinaten, Drehimpuls (l = 0 Bahndrehimpulse und parallel ausgerichtete Spins der Quarks (Gesamtspinquantenzahl J = 3/2)) und Isospin beschrieben werden müssen, d. h., daß alle drei Quarks exakt den gleichen Quantenzustand einnehmen. Dies widerspricht dem *Pauli*schen Ausschließungsprinzip. Denn danach muß die Gesamtwellenfunktion eines Systems von drei *Fermi*teilchen antisymmetrisch[9] sein.

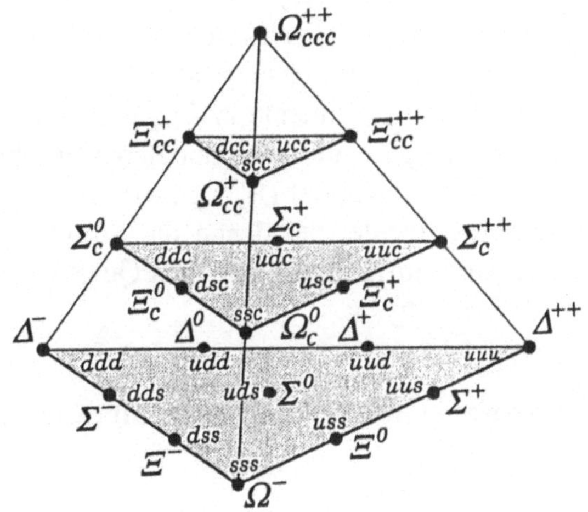

Abb. II.4: Ein Baryonen-20-plett, gebildet aus Quarks der beiden ersten Quarkfamilien

Das Quarkmodell konnte von den in den USA wirkenden Physikern *Oscar W. Greenberg* von der Maryland Universität im College

[9] Die Wellenfunktion eines Systems von Teilchen heißt in der Quantenmechanik symmetrisch, wenn sie sich bei Vertauschen von zwei Teilchen nicht ändert. Sie heißt antisymmetrisch, wenn sie bei Vertauschung zweier Teilchen das Vorzeichen wechselt. Ein System von *Fermi*teilchen ist nach dem Ausschließungsprinzip von *Pauli* stets antisymmetrisch.

Park, *Moo-Young Han* von der Duke Universität und *Yoichiro Nambu* von der Universität Chicago [Greenberg 1964, Han 1965] dadurch mit dem *Pauli*-Prinzip in Einklang gebracht werden, daß für die Quarks ein weiterer Freiheitsgrad möglicher Zustände eingeführt wurde. Jedes Quark bzw. Antiquark kann demnach in drei verschiedenen Zuständen vorkommen, für die sich – wie wir schon wissen – die unglückliche Bezeichnung „Farbe“ eingebürgert hat. Wie in II,1 ausgeführt, entsprechen die Farbzustände der Quarks den elektrischen Zuständen geladener Teilchen. Ähnlich wie die elektrische Ladung die Ursache der Elektromagnetischen Wechselwirkung ist, zeichnet die „Farbladung“ der Quarks verantwortlich für die Starke Wechselwirkung der Quarks untereinander.

Daß es sich bei den farbgeladenen Quarks nicht um fiktive mathematische Objekte, sondern um real existierende Bausteine der Materie handelt, haben zahlreiche Experimente in den letzten dreißig Jahren überzeugend offenbart. Einigen von ihnen und deren Ergebnissen ist exemplarisch das nächste Teilkapitel (II,3) gewidmet. Die Ergebnisse aller Hochenergieexperimente, bei denen die Struktur von Hadronen eine Rolle spielt, sind im Einklang mit dem Quarkkonzept des Standardmodells der Teilchenphysik.

„Quarkonia“ und zwei schwere Quarks; Hadronen mit „Charm“ und „Beauty“

Im Zusammenhang mit theoretischen Bemühungen, eine einheitliche Theorie der Elektromagnetischen und der Schwachen Wechselwirkung zu schaffen, forderten *James Bjorken* und *S. Lee Glashow* bereits 1964 die Existenz eines vierten Quarks. Es wurde zehn Jahre später gleichzeitig an zwei verschiedenen Beschleunigereinrichtungen entdeckt: am Proton-Synchrotron im Brookhaven National Laboratory in Upton (New York) [Aubert 1974] und an den Elektron-Positron-Speicherringen SPEAR in Stanford (Kalifornien) [Augustin 1974]. Die Rede ist hier vom „Charm“-Quark (c), das sich in beiden Experimenten indirekt in Form einer extrem scharfen Resonanz, dem Ψ- oder J-Teilchen (im weiteren oft Ψ/J genannt) zu erkennen gab (siehe

Abb. II.18). Das Ψ/J-Teilchen entpuppte sich als gebundenes System eines $c\bar{c}$-Paares mit einer Masse von 3100 MeV/c^2 analog zu den bekannten Mesonen $\rho(u\bar{u})$, $\omega^0(d\bar{d})$ oder $\phi^0(s\bar{s})$. Aus der Ψ/J-Masse leitet sich eine effektive Masse des Charm-Quarks von etwa 1500 MeV/c^2 ab. Die Lebensdauer ist etwa 1000mal größer als man von einem so schweren Teilchen erwarten würde, sollte es durch die Starke Wechselwirkung zerfallen. Wegen der Erhaltung der Farbladung und der Quarkflavour bei der Starken Wechselwirkung kann das $c\bar{c}$-System nicht vermittels der Starken Kraft zerfallen. Es wandelt sich durch Annihilation, einen Prozeß der Elektromagnetischen Wechselwirkung, in ein Lepton-Antilepton-Paar (e^+e^-, $\mu^+\mu^-$, $\tau^+\tau^-$) oder ein Quark-Antiquark-Paar anderen Aromas um. Die Wahrscheinlichkeit der Paarvernichtung ist um so geringer, je größer die Masse des Teilchen-Antiteilchen-Paares ist.

Das Ψ/J-Meson kann als analoges System zum wasserstoffähnlichen Positronium, einem Wasserstoffatom, bei dem das Proton durch ein Positron (e^+) ersetzt wurde, angesehen werden. Wenn diese Parallele wirklich zutreffend ist, dann müssen auch Anregungszustände des „Charmoniums" existieren. Man hat unmittelbar nach der Entdeckung des Ψ/J- Mesons die Suche nach Anregungszuständen gestartet und in rascher Folge eine Schar neuer Teilchen gefunden, die es gestatten, ein ganzes Termschema des Charmoniums aufzustellen, das in bester Übereinstimmung mit quantenmechanischen Rechnungen ist. Die Spektren von Quark-Antiquark-Atomen („Quarkonia") zählen heute zu den eindrucksvollsten Beweisen der Existenz realer Quarks. Die Quark-Atomspektroskopie soll deshalb im Mittelpunkt des Kapitels II,4 stehen.

Das Charmaroma der Charmonium-Teilchen ist wegen der $c\bar{c}$-Zusammensetzung neutral. Um zu beweisen, daß es sich bei dem 4. Quark wirklich um ein Quark mit neuem Aroma, nämlich „Charm" handelt, mußte die Existenz von Mesonen und Baryonen mit einer von Null verschiedenen Charmquantenzahl, also gleichsam charmante Hadronen, sichergestellt werden. Es brach an den Großbeschleunigern die Jagd nach „Charm" aus. Die Charmteilchen mußten als Teilchen-Antiteilchen-Paare durch Stoßprozesse der Starken oder Elektromagnetischen Wechselwirkung erzeugt werden können und über die

Schwache Wechselwirkung analog zu den „seltsamen" Teilchen nach relativ langer Zeit ($\tau \approx 10^{-13}$ s) in leichtere Teilchen zerfallen. Die Experimente erwiesen sich als äußerst schwierig. Die erste Gruppe, die fündig wurde, war die von *Gerson Goldhaber* und *François Pierre* an den SPEAR-Speicherringen des SLAC. Sie identifizierte im Frühjahr 1976 das leichteste Charmmeson, das neutrale D^0, eine $c\bar{u}$-Kombination. Es folgten weltweit weitere Charmhadronen, wie z.B. $D^+(c\bar{d})$, $D^-(\bar{c}d)$, $F^+(c\bar{s})$, $F^-(\bar{c}s)$, $\Lambda_c(udc)$ u.a. [Trilling 1981].

Durch die sensationellen Entdeckungen der vorhergesagten Charmoniumzustände und der Hadronen mit Charm konnte sich das Quarkmodell endgültig durchsetzen. Die ausgezeichnete Übereinstimmung zwischen Modell und Experiment vermochte letzte Zweifel an der Realität der Quarks und dem Stellenwert des Quarkmodells auszuräumen.

Die Urheber des Charm-Rausches („Novemberrevolution" des Jahres 1974), die Leiter der beiden Forschungsgruppen, welche das Ψ/J-Teilchen entdeckt hatten, *Samuel Ting* (Brookhaven, „J") und *Burton Richter* (Stanford, „Ψ") erhielten „für die Entdeckung eines schweren Elementarteilchens neuer Art" den Nobelpreis für Physik des Jahres 1976.

Die Geschichte der Entdeckung des Charm-Quarks und der Charm-Teilchen wiederholte sich in fast gleicher Weise mit dem Bottom-Quark, nachdem am *Fermi* National Laboratory 1978 das bis dahin schwerste Meson, das Υ (Υpsilon)-Teilchen mit einer Masse von 9,46 GeV/c^2 entdeckt wurde. Das Υ-Meson, das etwa zehnmal so schwer ist wie das Proton, wurde von einer Arbeitsgruppe unter der Leitung von *Leon Ledermann* in einem Experiment gefunden, bei dem man 400 GeV-Protonen auf schwere Kerne schoß und unter dem Wust von Reaktionsprodukten nach $\mu^+\mu^-$-Paaren suchte [Herb 1977]:

$$p + N \rightarrow X + \mu^+ + \mu^- .$$

N steht für Nukleon und X faßt alle hadronischen Reaktionsprodukte, die neben dem Myonpaar auftreten und insgesamt die Baryonenzahl $A = 2$ aufweisen, zusammen.

Das Experiment entspricht dem von *S. Ting*, in dem das J-Meson entdeckt wurde (siehe oben). Wie das Ψ/J-Teilchen trat auch das ϒ als Resonanz im Erzeugungsquerschnitt für Myonpaare (Abbildung II.5) in Erscheinung. Es war sofort klar, daß das neue superschwere Meson wegen der geringen Energieunschärfe und der korrespondierenden langen Lebensdauer nicht aus den bekannten Quarks zusammengesetzt sein konnte. Als man weitere Resonanzen bei 10.02 GeV (ϒ′) und 10.35 GeV (ϒ″) fand, die als Anregungszustände des ϒpsilon-Mesons interpretiert werden konnten, stand fest, daß es sich um Quarkoniumzustände eines fünften Quarks mit neuem Aroma, „Bottom“ oder „Beauty“ (B) genannt (b-Quark), handelt.

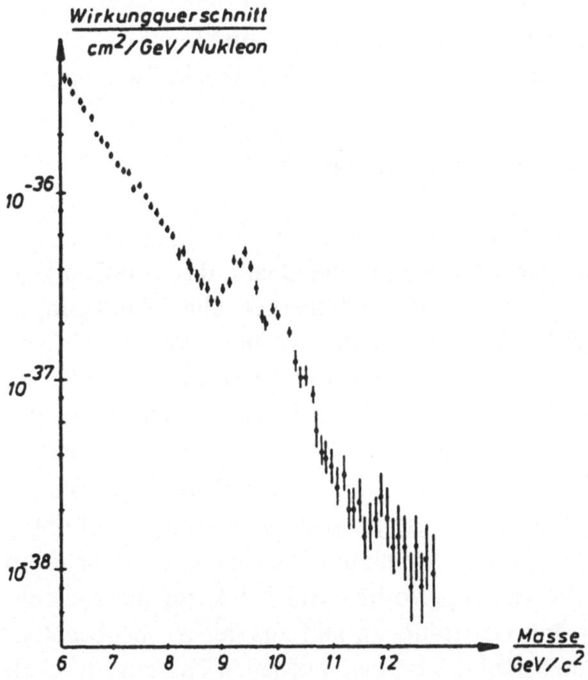

Abb. II.5: ϒ-Resonanzen im Massenspektrum von Myon-Paaren aus der Wechselwirkung von 400 GeV Protonen mit einem Target (Daten der *Ledermann*-Gruppe [Abb. 7.3, Hilscher 1980])

Etwa ein Jahr nach *Ledermanns* Entdeckung am Fermi-Laboratorium konnten das ϒ-Meson und seine angeregten Zustände auch am e^+e^--Speicherring DORIS bei DESY in Hamburg nachgewiesen werden, wo sie durch e^+e^--Annihilation erzeugt wurden (vergl. Abbildung II.18):

$$e^+e^- \to \gamma^* \to b\bar{b} = \Upsilon$$

Gerade zur rechten Zeit wurde 1979 an der Cornell University von ITHAKA (New York) ein neuer e^+e^--Speicherring (CESR) in Betrieb genommen, dessen Energie ausreichte, um die erwarteten Bottom-Mesonen zu erzeugen: $B^-(b\bar{u})$, $B^0(b\bar{d})$, $B^+(\bar{b}u)$, $\bar{B}^0(\bar{b}d)$, $B_s^0(b\bar{s})$, $\bar{B}_s^0(\bar{b}s)$. Die relative Stabilität der B-Mesonen demonstriert wie im Fall der D- und F-Mesonen erneut die Erhaltung des Quarkaromas bei der Starken und Elektromagnetischen Wechselwirkung.

Top, die Wette gilt: Quarks im Sechserpack

Nach der Entdeckung von Hadronen, die das b-Quark enthielten, gab es kaum noch Zweifel, daß auch das sechste Quark, das Top-Quark (t) existieren mußte. Symmetriegründe und theoretische Überlegungen zur Deutung der *CP*-Verletzung der Schwachen Wechselwirkung (siehe II,6) sprachen für die Vollständigkeit der dritten Familie der Quarks. Dennoch: das Standardmodell hatte die Bewährungsprobe des eindeutigen Nachweises des t-Quarks noch zu bestehen. Nicht von ungefähr stand die Suche nach dem Top-Quark auf der Liste der geplanten Forschungsvorhaben für die jüngste Generation der Großbeschleuniger (siehe I,3) mit ihren Mammutdetektoren obenan, hatte im wahrsten Sinne des Wortes Toppriorität. Ein Blick auf die Massenwerte der Quarks der drei Generationen läßt aus der zu beobachtenden Systematik vermuten, daß das t-Quark auf jeden Fall eine deutlich höhere Masse als das b-Quark besitzen sollte. Leider ist das Standardmodell bis heute nicht in der Lage, die aktuellen Massen der fundamentalen Teilchen tatsächlich zu erklären und vorherzusagen. Mangels konkreter Hinweise entsprangen in Fachkreisen gehandelte Werte der Top-Masse zunächst dem Bereich der Spekulation. Doch im Laufe der Zeit begann sich das Top-Quark in zahlreichen Experimenten, die das Standardmodell testeten, indirekt bemerkbar zu machen. Immer präzisere Daten aus Experimenten der tiefinelastischen Lepton-Nukleon-Streuung (siehe II,3) und e^+e^--Annihilationsexperimenten ermöglichten eine immer engere Eingrenzung des Bereichs für den wahrscheinlichen Wert der Top-Masse. Ursache hierfür sind die sog. Strahlungskorrekturen, die dann zum Tragen kommen, wenn charakteristische Parameter des Standardmodells mit hinreichend hoher Genauigkeit bestimmt werden sollen. Zu diesen gehören u.a. die Massen der intermediären Vektorbosonen der Schwachen Wechselwirkung $W^\pm$ und Z^0, die u. a. über Strahlungskorrekturen von den Massen der schwersten Quarks b und t abhängen [Amaldi 1987]. Die beiden *Feynman*-Diagramme in Abbildung II.6 stellen die führenden Strahlungskorrekturen zur W^+ - und Z^0 -Masse dar (vergl. Kasten 3).

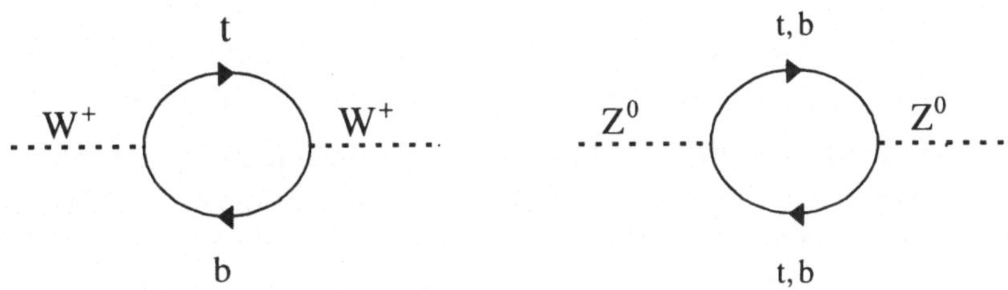

Abb. II.6: *Feynman*-Graphen zur Strahlungskorrektur von W- und Z-Masse.

Nach der Entdeckung von $W^\pm$ und Z^0 im Jahre 1983 (Nobelpreis 1984) am $Sp\bar{p}S$, das eigens dafür konzipiert und gebaut worden war (siehe II,6), sind die Eigenschaften dieser Vektorbosonen genau studiert worden. Eines der wesentlichen Bestimmungsziele der derzeit größten e^+e^- Speicherringe, LEP am CERN (siehe I,3), besteht darin, möglichst viele Z^0-Teilchen zu erzeugen und genauestens zu vermessen (vergleiche auch IV,6), um die Elektroschwache Theorie des Standardmodells, eine einheitliche Behandlung der Elektromagnetischen und der Schwachen Kraft (siehe III,3), zu testen. Bis November

1994 hatten die vier Experimentiergruppen am LEP mehr als zwölf Millionen Z^0-Zerfälle [CERN 1995] registriert. Ein sorgfältiges Herausfiltern von Standardmodell-Parametern aus den Meßdaten lieferte u. a. die folgenden Werte [LEP 1993, Schaile 1994]:

$$M_{Z^0} = 91{,}187 \pm 0{,}007 \text{ GeV} / \text{c}^2$$

$$M_{\text{Top}} = 166^{+19}_{-22} \text{ GeV} / \text{c}^2$$

Schließt man die $p\bar{p}$-Streudaten und Daten der Neutrino-Streuexperimente in die Analyse ein, resultiert für die Top-Masse der Wert

$$M_{\text{Top}} = 164^{+18}_{-21} \text{ GeV} / \text{c}^2 .$$

Auf Grund der Erhaltung der Flavour bei Prozessen der Starken Wechselwirkung kann das Top-Quark nur in Form von $t\bar{t}$-Paaren erzeugt werden. Damit ist ganz klar, daß derzeit nur eine einzige Kollisionsmaschine in der Welt die erforderliche Energie bereitstellt: der Proton-Antiproton-Collider TEVATRON am *Fermi*-Laboratorium (FNAL) in der Nähe von Chicago (USA) mit einer $p\bar{p}$-Schwerpunktsenergie von $\sqrt{s} = 1{,}8$ TeV. Nach dem Standardmodell zerfällt ein Top-Quark fast ausschließlich in ein W-Boson und ein Bottom-Quark. Wenn die Top-Masse größer ist als die Summe der Massen von W und b, etwa 85 GeV/c^2, ist das W-Boson reell. Es zerfällt entweder in ein geladenes Lepton und ein Neutrino (bzw. Antineutrino) oder in ein Quark und ein Antiquark. Da freie Quarks nach dem Standardmodell nicht existieren, geben sich die auftretenden Quarks in Form von Bündeln von Hadronen, sog. Jets, zu erkennen, deren Schwerpunkt sich in Richtung der ursprünglichen Quarks bewegt. Abbildung II.7 zeigt das baumartige *Feynman*-Diagramm der $t\bar{t}$-Erzeugung mit den nachfolgenden Zerfällen.

Im Sommer 1992 nahm eine 400 Wissenschaftler umfassende Forschergruppe, die sich aus 34 Instituten der USA, Japan und Europa rekrutiert (siehe Titelseite der ersten Veröffentlichung zur Evidenz der Top-Quark-Erzeugung, Abbildung II.8), mit dem CDF-Detektor (**C**ollider **D**etector at **F**ermilab, Abbildung II.9) am TEVATRON die Jagd nach dem Top-Quark auf. Nach zehn Monaten Datennahme von

August 1992 bis Mai 1993 und etwa einem Jahr fieberhafter Datenanalyse präsentierte die Kollaboration im April 1994 in betont zurückhaltender Form die vorläufigen Ergebnisse [Abe 1994]:

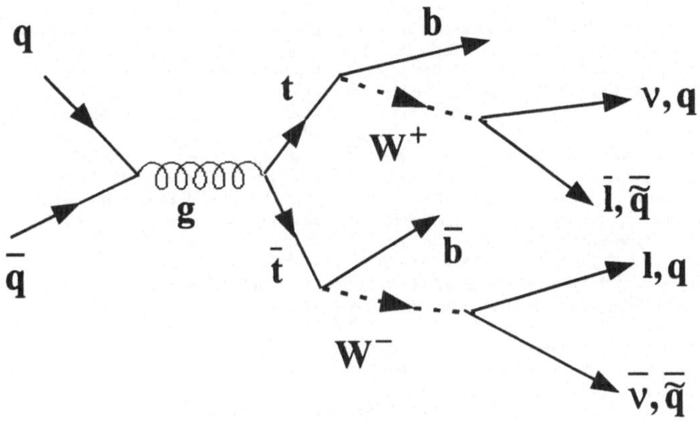

Abb. II.7: $t\bar{t}$-Erzeugung und Zerfallsketten von t und $\bar{t}$ ($l, \bar{l}$ steht für elektrisch geladene Leptonen und Antileptonen)

12 Quark-Antiquark-Annihilationsereignisse hinterließen in dem CDF-Detektor „Fingerabdrücke“, die mit sehr hoher Wahrscheinlichkeit die Produktion von $t\bar{t}$-Paaren zu erkennen geben. Die Gruppe bezifferte die Wahrscheinlichkeit, daß es sich bei den herausgefilterten Kandidaten um Untergrundereignisse handeln könnte, die den Zerfall eines $t\bar{t}$-Paares vorgaukeln, mit 0,26%. „Die Statistik ist zu gering, um die Existenz des Top-Quarks als gesichert anzusehen, jedoch läßt eine natürliche Interpretation der sich aus dem Untergrund abhebenden Ereignisse nur die $t\bar{t}$-Produktion zu.“ Der Wert der Top-Masse wird mit

$$m_{\mathrm{Top}} = 174 \pm 10 \, \left({}^{+13}_{-12}\right) \, \mathrm{GeV} / c^2$$

angegeben, wobei der erste Fehler der statistische und der in Klammern gesetzte Fehler der systematische ist. Bei der Suche nach topverdächtigen Zerfällen wurden nur solche Ereignisse berücksichtigt, deren Signatur im Detektor gemäß Abbildung II.7 den Zerfall der

Evidence for top quark production in $\bar{p}p$ collisions at $\sqrt{s} = 1.8$ TeV

F. Abe,[13] M. G. Albrow,[7] S. R. Amendolia,[23] D. Amidei,[16] J. Antos,[28] C. Anway-Wiese,[4]
G. Apollinari,[26] H. Areti,[7] P. Auchincloss,[25] M. Austern,[14] F. Azfar,[21] P. Azzi,[20] N. Bacchetta,[18]
W. Badgett,[16] M. W. Bailey,[24] J. Bao,[34] P. de Barbaro,[25] A. Barbaro-Galtieri,[14] V. E. Barnes,[24] B. A. Barnett,[12]
P. Bartalini,[23] G. Bauer,[15] T. Baumann,[9] F. Bedeschi,[23] S. Behrends,[2] S. Belforte,[23] G. Bellettini,[23]
J. Bellinger,[33] D. Benjamin,[32] J. Benlloch,[15] J. Bensinger,[2] D. Benton,[21] A. Beretvas,[7] J. P. Berge,[7]
S. Bertolucci,[8] A. Bhatti,[26] K. Biery,[11] M. Binkley,[7] F. Bird,[29] D. Bisello,[20] R. E. Blair,[1]
C. Blocker,[29] A. Bodek,[25] V. Bolognesi,[23] D. Bortoletto,[24] C. Boswell,[12] T. Boulos,[14] G. Brandenburg,[9]
E. Buckley-Geer,[7] H. S. Budd,[25] K. Burkett,[16] G. Busetto,[20] A. Byon-Wagner,[7] K. L. Byrum,[1] C. Campagnari,[7]
M. Campbell,[16] A. Caner,[7] W. Carithers,[14] D. Carlsmith,[33] A. Castro,[20] Y. Cen,[21] F. Cervelli,[23]
J. Chapman,[16] M.-T. Cheng,[28] G. Chiarelli,[8] T. Chikamatsu,[31] S. Cihangir,[7] A. G. Clark,[23] M. Cobal,[23]
M. Contreras,[5] J. Conway,[27] J. Cooper,[7] M. Cordelli,[8] D. P. Coupal,[29] D. Crane,[7] J. D. Cunningham,[2]
T. Daniels,[15] F. DeJongh,[7] S. Delchamps,[7] S. Dell'Agnello,[23] M. Dell'Orso,[23] L. Demortier,[26] B. Denby,[23]
M. Deninno,[3] P. F. Derwent,[16] T. Devlin,[27] M. Dickson,[25] S. Donati,[23] R. B. Drucker,[14] A. Dunn,[16]
K. Einsweiler,[14] J. E. Elias,[7] R. Ely,[14] E. Engels, Jr.,[22] S. Eno,[5] D. Errede,[10] S. Errede,[10]
Q. Fan,[25] B. Farhat,[15] I. Fiori,[3] B. Flaugher,[7] G. W. Foster,[7] M. Franklin,[9] M. Frautschi,[18]
J. Freeman,[7] J. Friedman,[15] H. Frisch,[5] A. Fry,[29] T. A. Fuess,[1] Y. Fukui,[13] S. Funaki,[31]
G. Gagliardi,[23] S. Galeotti,[23] M. Gallinaro,[20] A. F. Garfinkel,[24] S. Geer,[7] D. W. Gerdes,[16] P. Giannetti,[23]
N. Giokaris,[26] P. Giromini,[8] L. Gladney,[21] D. Glenzinski,[12] M. Gold,[18] J. Gonzalez,[21] A. Gordon,[9]
A. T. Goshaw,[6] K. Goulianos,[26] H. Grassmann,[6] A. Grewal,[21] G. Grieco,[23] L. Groer,[27] C. Grosso-Pilcher,[5]
C. Haber,[14] S. R. Hahn,[7] R. Hamilton,[9] R. Handler,[33] R. M. Hans,[34] K. Hara,[31] B. Harral,[21]
R. M. Harris,[7] S. A. Hauger,[6] J. Hauser,[4] C. Hawk,[27] J. Heinrich,[21] D. Hennessy,[6] R. Hollebeek,[21]
L. Holloway,[10] A. Hölscher,[11] S. Hong,[16] G. Houk,[21] P. Hu,[22] B. T. Huffman,[22] R. Hughes,[25]
P. Hurst,[9] J. Huston,[17] J. Huth,[9] J. Hylen,[7] M. Incagli,[23] J. Incandela,[7] H. Iso,[31]
H. Jensen,[7] C. P. Jessop,[9] U. Joshi,[7] R. W. Kadel,[14] E. Kajfasz,[7,*] T. Kamon,[30] T. Kaneko,[31]
D. A. Kardelis,[10] H. Kasha,[34] Y. Kato,[19] L. Keeble,[30] R. D. Kennedy,[27] R. Kephart,[7] P. Kesten,[14]
D. Kestenbaum,[9] R. M. Keup,[10] H. Keutelian,[7] F. Keyvan,[4] D. H. Kim,[7] H. S. Kim,[11] S. B. Kim,[16]
S. H. Kim,[31] Y. K. Kim,[14] L. Kirsch,[2] P. Koehn,[25] K. Kondo,[31] J. Konigsberg,[9] S. Kopp,[5]
K. Kordas,[11] W. Koska,[7] E. Kovacs,[7,*] W. Kowald,[6] M. Krasberg,[16] J. Kroll,[7] M. Kruse,[24]
S. E. Kuhlmann,[1] E. Kuns,[27] A. T. Laasanen,[24] S. Lammel,[4] J. I. Lamoureux,[33] T. LeCompte,[10] S. Leone,[23]
J. D. Lewis,[7] P. Limon,[7] M. Lindgren,[4] T. M. Liss,[10] N. Lockyer,[21] O. Long,[21] M. Loreti,[20]
E. H. Low,[21] J. Lu,[30] D. Lucchesi,[23] C. B. Luchini,[10] P. Lukens,[7] J. Lys,[14] P. Maas,[33]
K. Maeshima,[7] A. Maghakian,[26] P. Maksimovic,[15] M. Mangano,[23] J. Mansour,[17] M. Mariotti,[23] J. P. Marriner,[7]
A. Martin,[10] J. A. J. Matthews,[18] R. Mattingly,[2] P. McIntyre,[30] P. Melese,[26] A. Menzione,[23] E. Meschi,[23]
G. Michail,[9] S. Mikamo,[13] M. Miller,[5] R. Miller,[17] T. Mimashi,[31] S. Miscetti,[8] M. Mishina,[13]
H. Mitsushio,[31] S. Miyashita,[31] Y. Morita,[13] S. Moulding,[26] J. Mueller,[27] A. Mukherjee,[7] T. Muller,[4]
P. Musgrave,[11] L. F. Nakae,[29] I. Nakano,[31] C. Nelson,[7] D. Neuberger,[4] C. Newman-Holmes,[7] L. Nodulman,[1]
S. Ogawa,[31] S. H. Oh,[6] K. E. Ohl,[34] R. Oishi,[31] T. Okusawa,[19] C. Pagliarone,[23] R. Paoletti,[23]
V. Papadimitriou,[7] S. Park,[7] J. Patrick,[7] G. Pauletta,[23] M. Paulini,[14] L. Pescara,[20] M. D. Peters,[14]
T. J. Phillips,[6] G. Piacentino,[3] M. Pillai,[25] R. Plunkett,[7] L. Pondrom,[33] N. Produit,[14] J. Proudfoot,[1]
F. Ptohos,[9] G. Punzi,[23] K. Ragan,[11] F. Rimondi,[3] L. Ristori,[23] M. Roach-Bellino,[32] W. J. Robertson,[6]
T. Rodrigo,[7] J. Romano,[5] L. Rosenson,[15] W. K. Sakumoto,[25] D. Saltzberg,[5] A. Sansoni,[8] V. Scarpine,[30]
A. Schindler,[14] P. Schlabach,[9] E. E. Schmidt,[7] M. P. Schmidt,[34] O. Schneider,[14] G. F. Sciacca,[23] A. Scribano,[23]
S. Segler,[7] S. Seidel,[18] Y. Seiya,[31] G. Sganos,[11] A. Sgolacchia,[3] M. Shapiro,[14] N. M. Shaw,[24]
Q. Shen,[24] P. F. Shepard,[22] M. Shimojima,[31] M. Shochet,[5] J. Siegrist,[29] A. Sill,[7,*] P. Sinervo,[11]
P. Singh,[22] J. Skarha,[12] K. Sliwa,[32] D. A. Smith,[23] F. D. Snider,[12] L. Song,[7] T. Song,[16]
J. Spalding,[7] L. Spiegel,[7] P. Sphicas,[15] A. Spies,[12] L. Stanco,[20] J. Steele,[33] A. Stefanini,[23]
K. Strahl,[11] J. Strait,[7] D. Stuart,[7] G. Sullivan,[5] K. Sumorok,[15] R. L. Swartz, Jr.,[10] T. Takahashi,[19]
K. Takikawa,[31] F. Tartarelli,[23] W. Taylor,[11] Y. Teramoto,[19] S. Tether,[15] D. Theriot,[7] J. Thomas,[29]
T. L. Thomas,[18] R. Thun,[16] M. Timko,[32] P. Tipton,[25] A. Titov,[26] S. Tkaczyk,[7] K. Tollefson,[25] A. Tollestrup,[7]
J. Tonnison,[24] J. F. de Troconiz,[9] J. Tseng,[12] M. Turcotte,[29] N. Turini,[3] N. Uemura,[31] F. Ukegawa,[21]
G. Unal,[21] S. van den Brink,[22] S. Vejcik III,[16] R. Vidal,[7] M. Vondracek,[10] R. G. Wagner,[1] R. L. Wagner,[7]

---

[*] Visitors.

N. Wainer,[7] R. C. Walker,[25] G. Wang,[23] J. Wang,[5] M. J. Wang,[28] Q. F. Wang,[26] A. Warburton,[11] G. Watts,[25] T. Watts,[27] R. Webb,[30] C. Wendt,[33] H. Wenzel,[14] W. C. Wester III,[14] T. Westhusing,[10] A. B. Wicklund,[1] R. Wilkinson,[21] H. H. Williams,[21] P. Wilson,[5] B. L. Winer,[25] J. Wolinski,[30] D. Y. Wu,[16] X. Wu,[23] J. Wyss,[20] A. Yagil,[7] W. Yao,[14] K. Yasuoka,[31] Y. Ye,[11] G. P. Yeh,[7] P. Yeh,[28] M. Yin,[6] J. Yoh,[7] T. Yoshida,[19] D. Yovanovitch,[7] I. Yu,[34] J. C. Yun,[7] A. Zanetti,[23] F. Zetti,[23] L. Zhang,[33] S. Zhang,[15] W. Zhang,[21] and S. Zucchelli[3]

(CDF Collaboration)

[1]*Argonne National Laboratory, Argonne, Illinois 60439*
[2]*Brandeis University, Waltham, Massachusetts 02254*
[3]*Istituto Nazionale di Fisica Nucleare, University of Bologna, I-40126 Bologna, Italy*
[4]*University of California at Los Angeles, Los Angeles, California 90024*
[5]*University of Chicago, Chicago, Illinois 60637*
[6]*Duke University, Durham, North Carolina 27708*
[7]*Fermi National Accelerator Laboratory, Batavia, Illinois 60510*
[8]*Laboratori Nazionali di Frascati, Istituto Nazionale di Fisica Nucleare, I-00044 Frascati, Italy*
[9]*Harvard University, Cambridge, Massachusetts 02138*
[10]*University of Illinois, Urbana, Illinois 61801*
[11]*Institute of Particle Physics, McGill University, Montreal, Canada H3A 2T8 and University of Toronto, Toronto, Canada M5S 1A7*
[12]*The Johns Hopkins University, Baltimore, Maryland 21218*
[13]*National Laboratory for High Energy Physics (KEK), Tsukuba, Ibaraki 305, Japan*
[14]*Lawrence Berkeley Laboratory, Berkeley, California 94720*
[15]*Massachusetts Institute of Technology, Cambridge, Massachusetts 02139*
[16]*University of Michigan, Ann Arbor, Michigan 48109*
[17]*Michigan State University, East Lansing, Michigan 48824*
[18]*University of New Mexico, Albuquerque, New Mexico 87131*
[19]*Osaka City University, Osaka 588, Japan*
[20]*Universita di Padova, Instituto Nazionale di Fisica Nucleare, Sezione di Padova, I-35131 Padova, Italy*
[21]*University of Pennsylvania, Philadelphia, Pennsylvania 19104*
[22]*University of Pittsburgh, Pittsburgh, Pennsylvania 15260*
[23]*Istituto Nazionale di Fisica Nucleare, University and Scuola Normale Superiore of Pisa, I-56100 Pisa, Italy*
[24]*Purdue University, West Lafayette, Indiana 47907*
[25]*University of Rochester, Rochester, New York 14627*
[26]*Rockefeller University, New York, New York 10021*
[27]*Rutgers University, Piscataway, New Jersey 08854*
[28]*Academia Sinica, Taiwan 11529, Republic of China*
[29]*Superconducting Super Collider Laboratory, Dallas, Texas 75237*
[30]*Texas A&M University, College Station, Texas 77843*
[31]*University of Tsukuba, Tsukuba, Ibaraki 305, Japan*
[32]*Tufts University, Medford, Massachusetts 02155*
[33]*University of Wisconsin, Madison, Wisconsin 53706*
[34]*Yale University, New Haven, Connecticut 06511*

(Received 25 April 1994)

We present the results of a search for the top quark in 19.3 pb^{-1} of $\bar{p}p$ collisions at $\sqrt{s}=1.8$ TeV. The data were collected at the Fermilab Tevatron collider using the Collider Detector at Fermilab (CDF). The search includes standard model $t\bar{t}$ decays to final states $ee\nu\bar{\nu}$, $e\mu\nu\bar{\nu}$, and $\mu\mu\nu\bar{\nu}$ as well as $e+\nu+$jets or $\mu+\nu+$jets. In the $(e,\mu)+\nu+$jets channel we search for b quarks from t decays via secondary vertex identification and via semileptonic decays of the b and cascade c quarks. In the dilepton final states we find two events with a background of $0.56^{+0.25}_{-0.13}$ events. In the $e,\mu+\nu+$jets channel with a b identified via a secondary vertex, we find six events with a background of 2.3 ± 0.3. With a b identified via a semileptonic decay, we find seven events with a background of 3.1 ± 0.3. The secondary vertex and semileptonic-decay samples have three events in common. The probability that the observed yield is consistent with the background is estimated to be 0.26%. The statistics are too limited to firmly establish the existence of the top quark; however, a natural interpretation of the excess is that it is due to $t\bar{t}$ production. We present several cross-checks. Some support this hypothesis; others do not. Under the assumption that the excess yield over background is due to $t\bar{t}$, constrained fitting on a subset of the events yields a mass of $174\pm10^{+13}_{-12}$ GeV/c^2 for the top quark. The $t\bar{t}$ cross section, using this top quark mass to compute the acceptance, is measured to be $13.9^{+6.1}_{-4.8}$ pb.

Abb. II.8: Titelseiten der Publikation über die wahrscheinliche Entdeckung des Top-Quarks [Abe 1994]

beiden W-Bosonen (aus dem t- bzw. $\bar{t}$-Zerfall) entweder in je ein Elektron oder Myon (Endzustände $ee\nu\bar{\nu}$, $e\mu\nu\bar{\nu}$ und $\mu\mu\nu\bar{\nu}$) oder in ein geladenes Lepton (e,μ) und einen Jet (Endzustände $e\nu + \text{Jet}$ und $\mu\nu + \text{Jet}$) verrät. D. h. mit anderen Worten, daß nur rein leptonische oder halbleptonische W-Zerfälle im Verein mit den beiden Jets des b- und $\bar{b}$-Quarks zur Identifizierung einer $t\bar{t}$-Produktion herangezogen wurden. Rein hadronische Zerfälle von $t\bar{t}$-Paaren, die 44% aller Zerfälle ausmachen, können nicht zum Nachweis der $t\bar{t}$-Produktion herangezogen werden, weil sich ihre Jetstruktur nicht von derjenigen der meisten Proton-Antiproton-Streuprozesse unterscheiden läßt, die sich also nicht deutlich aus dem Untergrund abheben. Leptonische oder semileptonische Zerfallsereignisse, bei denen als geladenes Lepton ein Tauon auftritt, das seinerseits hadronisch zerfällt, wurden wegen der mangelhaften Unterscheidbarkeit gegenüber dem Untergrund ebenfalls in der Analyse nicht berücksichtigt.

Abb. II.9: Installation des CDF-Detektors am TEVATRON des FNAL

Die Erzeugungsrate der $t\bar{t}$-Kandidaten der CDF-Kollaboration entspricht den theoretischen Erwartungen des Standardmodells. Der von ihr angegebene vorläufige Wert für die Masse des Top-Quarks ist in guter Übereinstimmung mit dem, der aus den oben erwähnten Präzisionsexperimenten zur Elektroschwachen Wechselwirkung indirekt abgeleitet werden konnte. Das Standardmodell hat offensichtlich eine weitere entscheidende Bewährungsprobe bestanden. Wie sagte doch *Carlo Rubbia*? „The Standard Model is working too well" [Rubbia 1993]!

Inzwischen hat sich die Zahl der Top-Ereignisse wesentlich erhöht. Auch in einem zweiten Detektor einer anderen Kollaboration am TEVATRON sind Top-Quarks gesichtet worden [Abe 1995, Abachi 1995].

3 Die Quarks sind keine mathematische Fiktion: einige „Existenzbeweise"

Im letzten Kapitel wurde bereits darauf hingewiesen, daß die Ergebnisse aller Experimente, die seit der Ausarbeitung des Quarkmodells mit dem Ziel durchgeführt wurden, dessen Aussagen im Rahmen des Standardmodells zu überprüfen, in sich widerspruchsfrei sind und im Einklang mit dem Modell stehen. Insofern könnten alle experimentellen Befunde zur Quarkstruktur der hadronischen Materie als „Beweis" für die Existenz der Quarks herangezogen werden. Eindrucksvoll und von besonderem Interesse sind allerdings die Pionierexperimente, die dem Quarkmodell zum Durchbruch verhalfen und auch die hartnäckigsten Skeptiker überzeugten, daß es sich bei den Quarks nicht um mathematische Fiktionen, sondern um real existierende fundamentale Bausteine der hadronischen Materie handelt. Auf einige dieser Pionierleistungen wollen wir in diesem Kapitel exemplarisch näher eingehen und uns von der Realität der Quarks überzeugen lassen.

Tiefinelastische Lepton-Nukleon-Streuung – Es leben *Rutherford* und die Neutrinos!

Den ersten Hinweis auf eine körnige Struktur des Protons lieferte 1970 ein Experiment an dem 3,2 km langen Elektron-Linearbeschleuniger am SLAC in Stanford/USA (SLAC = Stanford Linear Accelerator Center), bei dem Elektronen (e) mit einer Energie von 20 GeV auf Protonen (p) geschossen und an ihnen gestreut wurden [Breidenbach 1969, Kendall 1971, Miller 1972,]. Bei der ep-Wechselwirkung „zerplatzt" das Proton in der Regel durch den großen Impulsübertrag, und es wird ein Schwall von Sekundärteilchen erzeugt. Gemessen wurde der zweifach differentielle Wirkungsquerschnitt bezüglich Energie und Winkel des gestreuten Elektrons $d^2\sigma / d\Omega dE'$ der Reaktion

$$e + p \rightarrow e' + X .$$

e steht für das einfallende Elektron, p für Proton, e´ für das unter dem Winkel θ in das Raumwinkelelement $d\Omega$ gestreute Elektron und X für die Summe aller bei der Zerstörung des Protons erzeugten Sekundärteilchen (mit der Gesamtbaryonenzahl $A = 1$).

Die meisten Elektronen durchquerten erwartungsgemäß das Target, ohne ihre Richtung wesentlich zu ändern. Doch war die Zahl der unter großen Winkeln gestreuten Elektronen überraschend groß. Sie ließ sich dadurch erklären, daß man annahm, das Proton bestehe aus mehreren punktförmigen geladenen Objekten, die *Richard Feynman* „Partonen" nannte. An diesen Partonen werden – so sah es aus – die einfallenden Elektronen durch Austausch von virtuellen Photonen elastisch gestreut. An das gestoßene Parton wird dabei ein hoher Viererimpuls (Erklärung in Kasten 7) übertragen. Als Folge davon durchquert es mit hoher Energie das Proton und wechselwirkt dabei über die Starke Kraft mit anderen Konstituenten des Protons, was letztendlich zur Produktion von Sekundärhadronen führt.

Es soll im folgenden verständlich gemacht werden, auf welche Weise die Streudaten die soeben geäußerte Hypothese einer *Rutherford*-Streuung von Elektronen an Partonen tatsächlich belegen, und daß die Partonen mit den Quarks des Quarkmodells identisch sind. Dazu ist es notwendig, kurz auf einige Ausdrücke differentieller Wirkungsquerschnitte einzugehen, weil für die „beweisführende" Argumentation die genaue Form einiger Querschnittsformeln von entscheidender Bedeutung ist. Schließlich eignen sich Wirkungsquerschnitte in hervorragender Weise, theoretische Vorhersagen quantitativ experimentell zu überprüfen.

Der einfach differentielle Wirkungsquerschnitt für die Streuung relativistischer Elektronen ($v/c = \beta \approx 1$) an einer punktförmigen Ladung Ze („*Mott*-Streuung") lautet:

$$\left(\frac{d\sigma}{d\Omega}\right)_{\text{Mott}} = \frac{Z^2\alpha^2\cos^2\frac{\theta}{2}}{4E^2\sin^4\frac{\theta}{2}} = \frac{4Z^2\alpha^2E'^2\cos^2\frac{\theta}{2}}{Q^4}$$

$$\text{mit } Q^2 = 4EE'\sin^2\frac{\theta}{2};\ \alpha = \frac{e^2}{4\pi} = \frac{1}{137}$$

(Feinstrukturkonstante)

E, E' sind die Laborenergien des Elektrons vor und nach der Streuung, θ ist der Streuwinkel des Elektrons im Laborsystem. Die Bedeutung von Q geht aus Abbildung II.10 hervor.

Im Fall einer statischen Punktladung ist $E = E'$. Im nichtrelativistischen Grenzfall ($\beta \to 0$) geht dieser Ausdruck in die bekannte *Rutherford*-Streuformel über:

$$\left(\frac{d\sigma}{d\Omega}\right)_{\text{Rutherford}} = \frac{Z^2\alpha^2}{16E_{\text{kin}}^2\sin^4\frac{\theta}{2}}$$

Die Streuung relativistischer Elektronen an einem punktförmigen Spin 1/2-Teilchen der Masse M und Ladung e (z.B. $e\mu \to e\mu$) wird, angepaßt an die experimentelle Situation, am besten erfaßt durch den zweifach differentiellen Wirkungsquerschnitt

$$\frac{d^2\sigma}{dE'd\Omega} = \left(\frac{d\sigma}{d\Omega}\right)_{\text{Mott}} \left\{1 + \frac{Q^2}{2M^2}\tan^2\frac{\theta}{2}\right\} \delta\left(\nu - \frac{Q^2}{2M}\right) \qquad (*)$$

Die Deltafunktion stellt die Energieerhaltung sicher: $W^2 = M^2 = \quad M^2 + 2M\nu - Q^2$ (siehe Berechnung zur 4-Impuls-Erhaltung unter Abbildung II.10). Der Streuvorgang wird in Abbildung II.10(a) veranschaulicht.

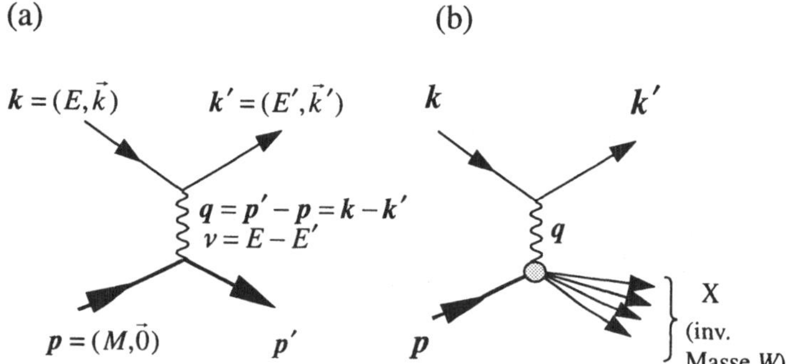

Abb. II.10: *Feynman*-Graphen zur Lepton-Nukleon-Streuung
(a) Elastische ep-Streuung
(b) Tiefinelastische ep-Streuung

Erläuternde 4-Impuls-Berechnungen:

$$\begin{aligned} \boldsymbol{q}^2 &= (\boldsymbol{k} - \boldsymbol{k}')^2 = (E - E')^2 - (\vec{k} - \vec{k}')^2 \\ &= (E - E')^2 - \vec{k}^2 - \vec{k}'^2 + 2\vec{k}\vec{k}' \\ &= E^2 + E'^2 - 2EE' - E^2 - E'^2 + 2EE'\cos\theta \\ &= -4EE'\sin^2\frac{\theta}{2}; \; (c = 1;\; m_{\text{e}} \approx 0;\; |\vec{k}| \approx E; |\vec{k}'| \approx E') \end{aligned}$$

$$Q^2 = -q^2 = 4EE'\sin^2\frac{\theta}{2};\ (p+q)^2 = p'^2$$

$$p^2 + q^2 + 2pq = p'^2$$

$$M^2 + q^2 + 2pq = W^2;$$

$$2pq = 2(M,\vec{0})(k - k')$$

$$= 2M(E - E') = 2M\nu$$

$$(p+q)^2 = W^2 = M^2 + 2M\nu - Q^2$$

Werden relativistische Elektronen elastisch an einem ausgedehnten Spin 1/2-Teilchen der Masse M und der Ladung e (z. B. ep → ep) gestreut, beschreibt man die Abweichung von der Punktförmigkeit durch zwei „Formfaktoren" G_E und G_M, welche die Verteilung der elektrischen Ladung und des magnetischen Moments des Targetteilchens berücksichtigen. Unter Verwendung der sog. Strukturfunktionen W_1^{el} und W_2^{el} schreiben wir den zweifach differentiellen Wirkungsquerschnitt in der Form

$$\frac{d^2\sigma}{dE'd\Omega} = \left(\frac{d\sigma}{d\Omega}\right)_{\text{Mott}} \left\{W_2^{el}(Q^2) + 2W_1^{el}(Q^2)\tan^2\frac{\theta}{2}\right\}$$

$$\text{mit } W_2^{el}(Q^2) = \frac{G_E^2(Q^2) + \tau\, G_M^2(Q^2)}{1+\tau}\,\delta\left(\nu - \frac{Q^2}{2M}\right);\ \tau = \frac{Q^2}{4M^2}$$

$$\text{und } 2W_1^{el}(Q^2) = \tau\, G_M^2(Q^2)\,\delta\left(\nu - \frac{Q^2}{2M}\right)$$

Je größer die Energie des Elektrons wird, um so unwahrscheinlicher wird die elastische Streuung. Bei hohen q^2-Werten nimmt das Proton vielmehr „innere" Energie auf und „zerplatzt" unter Emission eines Schwalls neu erzeugter Teilchen mit der Gesamtmasse W (Abb. II.10(b)). Anstelle der einen unabhängigen Variablen $q^2 = -Q^2$ treten wegen des neuen Freiheitsgrades W zwei Unabhängige auf, für die man üblicherweise Q^2 und ν wählt. Der zweifach differentielle Wirkungsquerschnitt für die inelastische Streuung relativistischer Elektronen an einem Proton (ep $\to$ eX) läßt sich dann in einer zur elastischen Streuung analogen Form (siehe oben) darstellen, wobei die Strukturfunktionen jetzt von den beiden kinematischen Variablen Q^2 und ν abhängen.

$$\frac{d^2\sigma}{dE'd\Omega} = \left(\frac{d\sigma}{d\Omega}\right)_{\text{Mott}} \left\{ W_2^{\text{inel}}(Q^2,\nu) + 2W_1^{\text{inel}}(Q^2,\nu)\tan^2\frac{\theta}{2} \right\} \qquad (**)$$

Wenn das „Zerplatzen" des Protons dadurch geschieht, daß das Elektron an einem punktförmigen Parton tief im Innern des Protons elastisch unter großem Energie- und Impulsübertrag gestreut wird, muß für $Q^2 \to \infty$ der Ausdruck für den inelastischen Wirkungsquerschnitt (**) formal in die elastische Form (*) der Streuung an einer punktförmigen Ladung übergehen, wobei M durch eine effektive Masse m des Partons zu ersetzen ist[10], d.h.

$$2W_1^{\text{inel}}(Q^2,\nu) \to \frac{Q^2}{2m^2}\delta\left(\nu - \frac{Q^2}{2m}\right) \text{ bzw. } 2mW_1^{\text{inel}} \to \frac{Q^2}{2m\nu}\delta\left(1 - \frac{Q^2}{2m\nu}\right)$$

und

$$W_2^{\text{inel}}(Q^2,\nu) \to \delta\left(\nu - \frac{Q^2}{2m}\right) \text{ bzw. } \nu W_2^{\text{inel}} \to \delta\left(1 - \frac{Q^2}{2m\nu}\right)$$

Mit [11] $m = x \cdot M$ und $\omega = 2M\nu / Q^2$ wird

$$\delta\left(1 - \frac{Q^2}{2m\nu}\right) = x\delta\left(x - \frac{Q^2}{2M\nu}\right) = x\delta\left(x - \frac{1}{\omega}\right)$$

[10] Die effektive Masse m ist wegen der Bindung des Partons und der Wechselwirkung mit den anderen Partonen keine eindeutig definierte Größe.

[11] Der Massenbruch $x = m / M$ stellt auch den Bruchteil des Protonimpulses dar, den ein Parton im Fall sehr hoher Laborenergien trägt:

$$p_{\text{Parton}} = x \cdot p_{\text{p}};\ E_{\text{Parton}} = x \cdot E_{\text{p}};\ m = \sqrt{x^2E_{\text{p}}^2 - x^2p_{\text{p}}^2} = x \cdot M .$$

Wegen $p_{\text{p}} \to \infty$ konnten oben Transversalkomponenten ($\perp$ zur Bewegungsrichtung des Protons) des Partonimpulses vernachlässigt werden (Reduzierung auf ein eindimensionales Problem).

νW_2^{inel} geht in einen Formfaktor $F_2(\omega)$ über, der nicht mehr von Q^2 und ν getrennt, sondern nur noch vom Quotient $1/\omega = Q^2/2M\nu$, der beiden Variablen Q^2 und ν abhängt. Genau dieses Verhalten wird experimentell beobachtet, wie man aus Abbildung II.11 zweifelsfrei erkennt. Bei festem ω (hier $\omega = 4$) ist νW_2^{inel} unabhängig von Q^2 (nach [Halzen 1984]).

Entsprechend geht MW_1^{inel} über in $F_1(\omega) = (1/2\omega x) \cdot \delta(x - 1/\omega)$ und es gilt die Beziehung

$F_2 = 2xF_1$ (*Callan-Gross*-Relation),

die experimentell ebenfalls bestätigt ist.

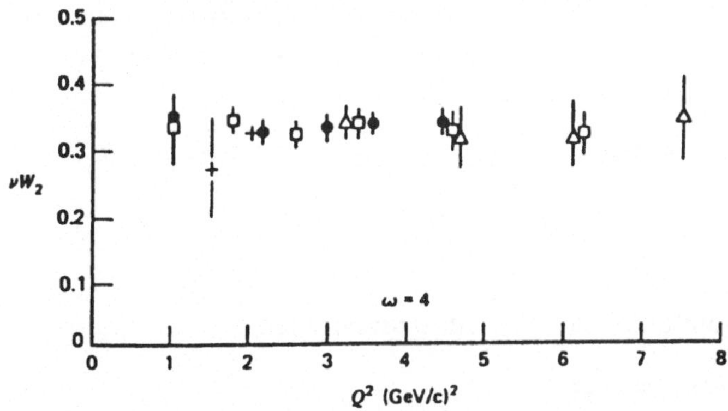

Abb. II.11: Formfaktor νW_2^{ep} aus der Elektron-Proton-Streuung bei hohen Energien als Funktion von $Q^2 = -q^2$ für $\omega = 4$ (siehe Text, [Fig. 9.2, Halzen 1984])

Bleibt zu klären, ob die *Feynman*schen Partonen mit den Quarks von *Gell-Mann* und *Zweig* identisch sind. Dabei werden sich die Ergebnisse der tiefinelastischen Neutrino-Nukleon-Streuung als entscheidende Hilfe erweisen.

Das charakteristische Merkmal der Quarks sind ihre „Drittel-Ladungen" ($-\frac{1}{3}e$ und $\frac{2}{3}e$). Ersetzt man in den Streuformeln e durch ze (z=Bruchzahl) und summiert man inkohärent über die Beiträge möglicher (hypothetischer) Quarktypen, wobei die Verteilung der Quarkimpulse (oder effektiven Quarkmassen) durch Wahrscheinlichkeitsdichte-Funktionen $f_i(x)$ berücksichtigt werden mögen, so erhält man für den Formfaktor F_2 bei hohem 4-Impulsübertrag $\boldsymbol{q}$

$$F_2(\omega) = \int_0^1 \sum_i z_i^2 f_i(x) x \delta\left(x - \frac{1}{\omega}\right) dx = \sum_i z_i^2 f_i(\omega) \frac{1}{\omega}$$

oder, da $\omega = 1/x$,

$$F_2(x) = \sum_i z_i^2 x f_i(x),$$

wobei über alle Quark- und eventuell Antiquarkarten summiert wird.

Nach dem Standard-Quarkmodell setzt sich das Proton p aus zwei up-Quarks (u) und einem down-Quark (d), das Neutron n aus zwei d-Quarks und einem u-Quark zusammen:

$$\mathrm{p} = (\mathrm{uud}); \quad \mathrm{n} = (\mathrm{ddu})$$

$$z_\mathrm{u} = \frac{2}{3}; \; z_\mathrm{d} = -\frac{1}{3}$$

Die Quark-Dichtefunktionen $f_i(x)$ für p und n seien

$$u^\mathrm{p}(x) = d^\mathrm{n}(x) = u(x)$$

$$d^\mathrm{p}(x) = u^\mathrm{n}(x) = d(x)\,.$$

Streut man Elektronen an Kernen mit gleicher Zahl Protonen wie Neutronen, so bestimmt man einen effektiven Nukleonformfaktor F_2^{eN}, der das arithmetische Mittel von Proton- und Neutronformfaktor ist. Außerdem sei zugelassen, daß sich im Nukleon vorübergehend spontan gebildete virtuelle Quark-Antiquark-Paare aufhalten mögen. Mit diesen Annahmen ergibt sich ein Nukleonformfaktor F_2^{eN} von

$$F_2^{\mathrm{eN}} = \frac{1}{2}(F_2^{\mathrm{ep}} + F_2^{\mathrm{en}}) = \frac{1}{2} x \left[\left(\frac{2}{3}\right)^2 + \left(\frac{1}{3}\right)^2\right] (u(x) + d(x) + \overline{u}(x) + \overline{d}(x))$$

Mit den Abkürzungen

$$Q(x) = u(x) + d(x) \text{ und } \overline{Q}(x) = \overline{u}(x) + \overline{d}(x)$$

wird

$$F_2^{\mathrm{eN}}(x) = \frac{5}{18} x(Q(x) + \overline{Q}(x))$$

wobei $Q(x)$ und $\overline{Q}(x)$ die Quark- und Antiquark-Dichtefunktion und $x = 1/\omega = Q^2/2M\nu$ bedeuten. Der Faktor 5/18 ist spezifisch für das zugrundgelegte Quarkmodell.

Für den letzten Schritt unserer Beweisführung, daß die Partonen mit den Quarks identisch sind, ziehen wir noch andere Lepton-Nukleon-Streudaten hinzu.

Wenn die tiefinelastische eN-Streuung tatsächlich auf die elastische Streuung an den Quarks im Innern des Nukleons zurückzuführen ist und F_2^{eN} die Verteilung des Quarkimpulses beschreibt, so sollte das gleiche Phänomen auch mit anderen Probeteilchen wie z.B. Myonen oder Neutrinos zu beobachten sein. Besonders Neutrinos sollten noch wesentlich besser geeignet sein als Elektronen, da sie als neutrale Leptonen nur über die Schwache Kraft mit den Quarks wechselwirken können, und die Schwache Wechselwirkung eine äußerst kurze Reichweite (punktförmige Wechselwirkung) hat. Voraussetzung ist natürlich, daß die Quarks überhaupt auf die Schwache Kraft ansprechen.

Experimente zur tiefinelastischen Lepton-Nukleon-Streuung wurden in der Tat nicht nur mit Elektronen sondern auch mit Myonen und Neutrinos durchgeführt. Die exzellente Übereinstimmung der Neutrinodaten mit den Elektrondaten, die beide auf zwei verschiedenen Fundamentalkräften beruhen, räumte alle Zweifel beiseite, daß die Partonen nicht mit den Quarks identisch sein könnten, wie jetzt gezeigt werden soll.

Geht man von der Elektromagnetischen Wechselwirkung zur Schwachen Wechselwirkung über, so muß man zur Berechnung von

Wirkungsquerschnitten im wesentlichen die Feinstrukturkonstante α durch die universelle *Fermi*-Konstante G_F ersetzen.

Genauer:

$$\frac{4\pi\alpha^2}{q^4} \text{ muß durch } \frac{G_F^{\,2}}{4\pi} \text{ ersetzt werden.}$$

Die quantenfeldtheoretische Berechnung des zweifach differentiellen Wirkungsquerschnitts liefert für den 2. Formfaktor den Ausdruck

$$F_2^{\nu N} = x(Q(x) + \overline{Q}(x))$$

Er unterscheidet sich von F_2^{eN} (siehe oben) lediglich durch den Faktor 5/18, der von den charakteristischen Quarkladungen herrührt, da Neutrinos elektrisch neutral sind. Macht die Vorstellung von der elastischen Lepton-Quark-Streuung als mikroskopische Beschreibung der tiefinelastischen Lepton-Nukleon-Streuung einen Sinn, so muß der Formfaktor F_2^{eN} nach Multiplikation mit 18/5 in den Formfaktor $F_2^{\nu N}(x)$ übergehen. Ein experimentell leicht nachprüfbares Ergebnis! Abbildung II.12 bestätigt in eindrucksvoller Weise die Vermutungen (nach Halzen 1984]). Die durchgezogene Kurve stellt die beste Anpassung an die SLAC-Daten für $18/5 \cdot F_2^{eN}$ dar, und die diskreten Meßpunkte geben die Ergebnisse für $F_2^{\nu N}(x)$ wieder, die an der Blasenkammer „Gargamelle" bei CERN gewonnen wurden. Beide Datensätze entstammen dem gleichen q^2-Bereich.

Das Integral $\int_0^1 F_2^{\nu N}(x)dx$ sollte 1 ergeben. Tatsächlich beträgt die Fläche unter der Kurve in Abbildung II.12 nur etwa 0,5. Das deutet darauf hin, daß im Nukleon weitere Konstituenten enthalten sind, die weder elektromagnetisch noch schwach wechselwirken. Es sind dies die Gluonen (vergl. II,1), die Vermittlerteilchen der Starken Kraft, welche die Quarks im Nukleon zusammenhält. Die oben berücksichtigten Quark-Antiquark-Paare entstehen durch virtuelle Gluon-Paarbildung analog zur elektromagnetischen Elektron-Positron-Paarbildung eines Photons. Die Experimente zur tiefinelastischen

Lepton-Nukleon-Streuung haben nicht nur zur Sicherung der Quarks als reale Bausteine des Nukleons, sondern darüber hinaus auch zur Aufklärung der Quarkdynamik (siehe QCD-Theorie in II,5) beigetragen.

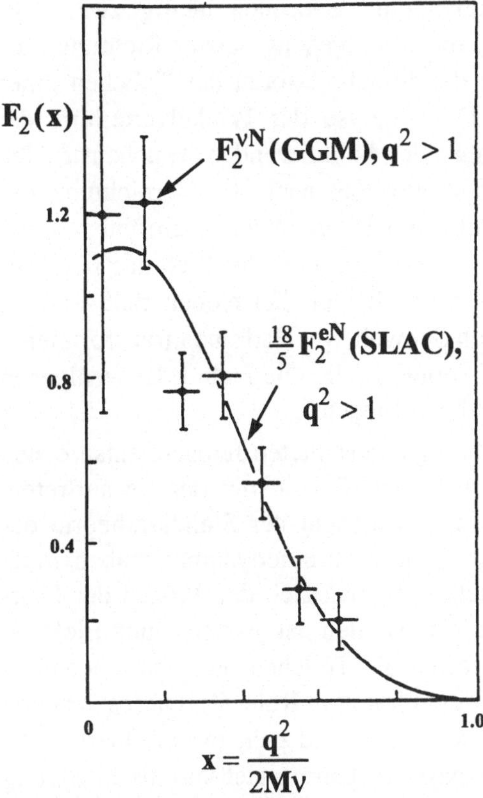

Abb. II.12: Vergleich des Formfaktors $F_2^{\nu N}(x)$ (Gargamelle-Daten, CERN) mit $18/5 \cdot F_2^{eN}(x)$ (SLAC-Daten) im gleichen q^2-Bereich (nach Fig. 11.7 [Bethge 1986])

Jets, Jets, Jets ...

Beim Frontalzusammenstoß von Elektronen mit Positronen in e^+e^--Kollisionsmaschinen, wie z.B. dem PETRA-Speicherring am DESY oder dem LEP-Speicherring bei CERN, werden bei sehr hohen Strahlenergien Hadronen produziert. Man beobachtet, daß die durch e^+e^--Vernichtung (Annihilation) erzeugten Hadronen häufig zwei enge Teilchenbündel (Jets) bilden, die in entgegengesetzter Richtung auseinanderfliegen. Die Summe der Impulsvektoren der Teilchen eines Jets definiert die Jetachse. Die Analyse der Winkelverteilung der Jetachsen relativ zur Richtung der kollidierenden Teilchenstrahlen (e^+e^-) weist eindeutig darauf hin, daß nach der Vernichtung des e^+e^--Paares zwei Teilchen mit Spin 1/2 entstanden sein müssen, die aufgrund der Impulserhaltung in entgegengesetzter Richtung den Entstehungsort verließen. Jedes dieser beiden Fermionen muß sich in einem Sekundärprozeß in einen Schwall von Hadronen transformieren (man sagt, in Hadronen fragmentieren), die alle mehr oder weniger in Richtung des Primärteilchens davonfliegen.

Die bei der e^+e^--Vernichtung beobachteten Jetpaare entsprechen in ihren Eigenschaften und in der Häufigkeit, mit der sie auftreten, genau den Erwartungen, die man aufgrund der Standardtheorie der Starken Wechselwirkung, der Quantenchromodynamik, haben muß. Abbildung II.13 veranschaulicht, wie man sich den Prozeß der Paarvernichtung und Jeterzeugung vorzustellen hat. Positron und Elektron zerstrahlen beim Zusammentreffen als Teilchen und Antiteilchen in ein virtuelles (oder intermediäres) Photon in Ruhe (!). Dieses virtuelle Photon hoher Masse lebt nur sehr kurz und geht in ein Quark-Antiquark-Paar über. Was danach passiert, kann gleichsam als Erklärung dafür herangezogen werden, warum es bis heute nicht gelungen ist, ein Quark als freies Teilchen zu isolieren: Quark und Antiquark ziehen sich wechselseitig an. Während die Kraft bei sehr kleinen Abständen unbedeutend gering ist (quasi kräftefreie Teilchen), nimmt sie mit zunehmender Entfernung zunächst zu und bleibt dann in etwa konstant, so daß die potentielle Energie mit zunehmendem Abstand prinzipiell über alle Grenzen wachsen kann. Doch dazu kommt es in Wirklichkeit nie. Bevor die urspüngliche kinetische Energie der

Wechselwirkungspartner – wie groß auch immer sie sein mag – vollständig in potentielle Energie umgesetzt ist, wird sie durch Erzeugung von neuen Quark-Antiquark-Paaren abgebaut. Je mehr Energie in das ursprüngliche $q\overline{q}$-System hineingepumpt wird, desto mehr $q\overline{q}$-Paare werden zusätzlich erzeugt. Die neugebildeten Quarks und Antiquarks gruppieren sich in der Folge zu realen Hadronen um ($q\overline{q}$-Paare als Mesonen, qqq-Systeme zu Baryonen bzw. $\overline{qqq}$-Tripel zu Antibaryonen), welche die beobachteten Teilchenbündel bilden.

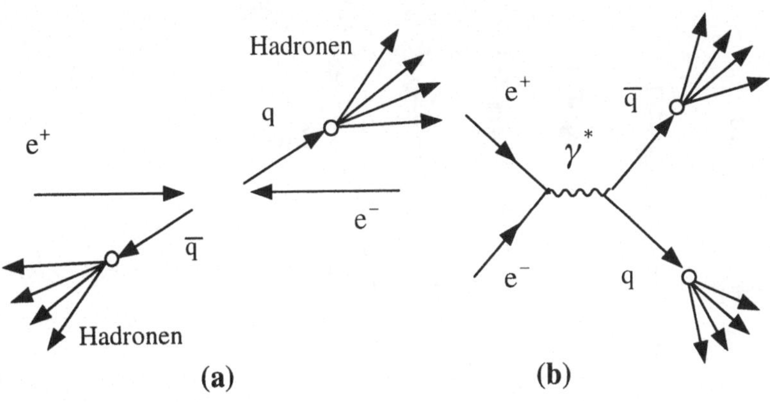

Abb. II.13: Erzeugung von Hadron-Jets durch e^+e^--Paarvernichtung
(a) Symbolische Darstellung im Schwerpunktssystem
(b) *Feynman*-Graph

Das Kraftfeld zwischen zwei Quarks oder zwischen einem Quark und einem Antiquark verhält sich etwa so, als befänden sich beide Teilchen an den Enden eines Gummibandes (vergleiche Abbildung II.14). Solange der Abstand der Teilchen kleiner ist als die Länge des ungespannten Bandes, bewegen sie sich kräftefrei. Entfernen sich beide Teilchen voneinander, wird das Gummiband zunehmend gespannt. Die Spannenergie wächst etwa linear mit der Entfernung an. Irgendwann wird die Belastbarkeitsgrenze erreicht, das Band reißt und an den freien Enden entsteht je ein Quark und ein Antiquark. Abbildung II.14 illustriert symbolisch, wie das Bemühen, ein Quark von einem Antiquark zu trennen, zur Schaffung eines weiteren Mesons führt. Abbildung II.15(a) zeigt ein Doppeljet-Ereignis, das von der JADE-Gruppe am PETRA-Speicherring aufgenommen wurde [Naroska 1987].

Die „asymptotische Freiheit“ (so heißt der Fachterminus in der QCD-Theorie, siehe II,5) der Quarks bei kleinen Abständen erklärt auch, warum die tiefinelastische Lepton-Nukleon-Streuung (siehe oben) auf eine elastische Streuung des Leptons an einem quasi freien Quark im Innern des Nukleons zurückgeführt werden kann.

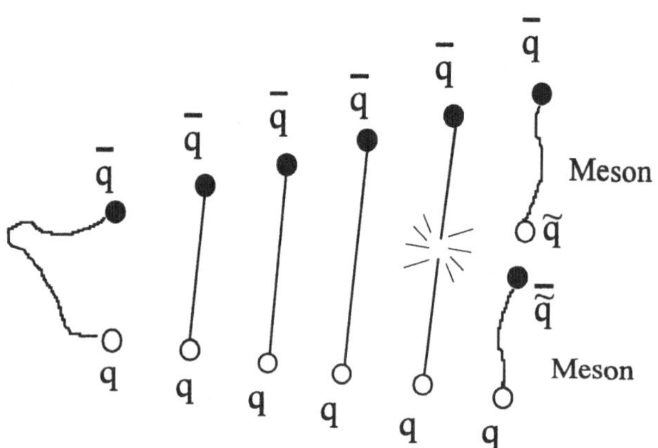

Abb.II.14: Symbolische Darstellung des Versuchs, ein $q\bar{q}$-Paar zu trennen

Auch bei tiefinelastischen Streuprozessen treten häufig Jet-Ereignisse auf, deren Ursache nach den obigen Ausführungen evident ist: Bei der elastischen Streuung des Leptons kann an das Rückstoßquark ein hoher 4-Impuls übertragen werden, der aber nicht zur Befreiung aus dem Quarkverband des Nukleons, sondern zur Produktion von Sekundärhadronen führt. Teilchenproduktion mit Jetformierungen kann auch bei Proton-Antiproton-Vernichtungsstößen (z.B. an der $p\bar{p}$-Superkollisionsmaschine $Sp\bar{p}S$ am CERN) und bei Proton-Proton-Kollisionen bei hohen Energien (z.B. an den Proton-Speicherringen ISR des CERN) beobachtet werden. Während die $p\bar{p}$-Annihilation analog zur e^+e^--Zerstrahlung abläuft, entstehen die Jets bei pp-Stößen dadurch, daß bei der Durchdringung der beiden frontal aufeinandertreffenden Protonen zwei Quarks unter großem Winkel elastisch aneinander streuen.

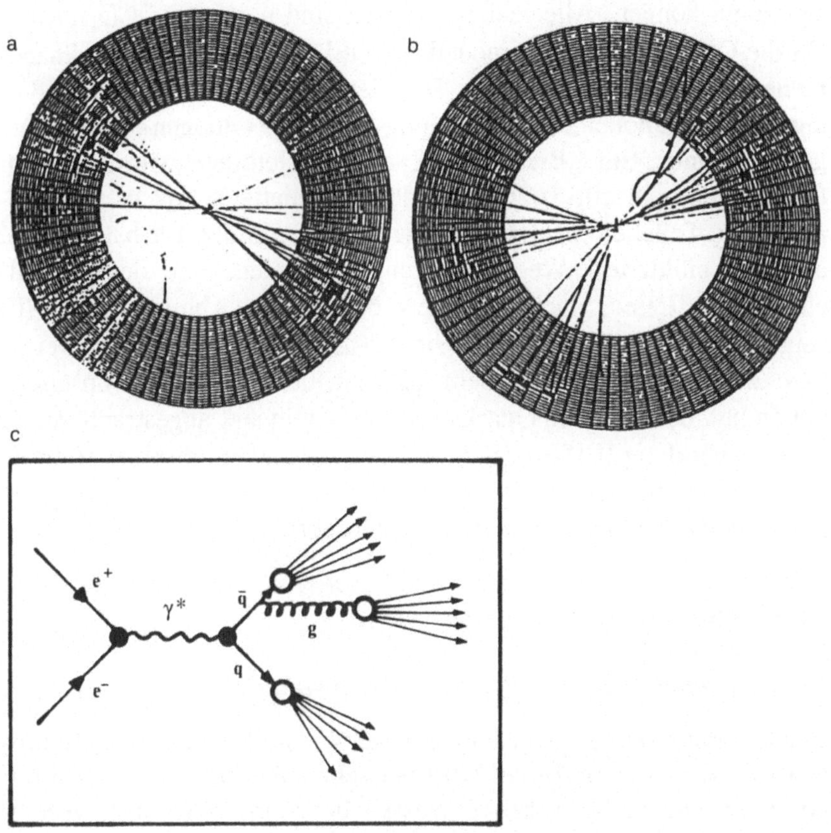

Abb. II.15: Jet-Ereignisse bei der Hadronenerzeugung am e^+e^--Speicherring PETRA/DESY, aufgenommen mit dem JADE-Detektor (nach [Naroska 1987])

(a) Doppeljet-Ereignis

(b) Dreifachjet-Ereignis

(c) *Feynman*-Graph zu (b)

Die die Starke Kraft vermittelnden Feldquanten der QCD sind die Gluonen, die dem Photon der QED entsprechen. Während das Photon zwar an die elektrische Ladung koppelt, selbst aber keine Ladung trägt, koppeln die Gluonen nicht nur an die der elektrischen Ladung entsprechenden Farbladung der Quarks, sondern sind selbst Träger von Farbladungen. Dies hat gemäß der QCD-Theorie (siehe II,5) zur Folge, daß auch Gluonen, wie die Quarks, nicht als freie Teilchen existieren können. Alle realen Teilchen sind nach der QCD farblos. Da die QCD das Analogiemodell zur QED darstellt und viele Phänomene ihre Parallelen in beiden Theorien haben, ist es denkbar, daß es analog zur Photonen-Bremsstrahlung auch eine Gluonen-Abstrahlung geben könnte. Ein „Bremsgluon“ müßte allerdings wie ein flüchtendes Quark in ein Teilchenbündel fragmentieren, da es als farbgeladenes Teilchen nicht frei existieren kann. In der Tat hat man bei allen geschilderten Wechselwirkungsreaktionen, bei denen Teilchenjets auftreten, auch Gluonjets beobachtet. Abbildung II.15(b) zeigt ein Paradebeispiel eines Tripeljet-Ereignisses des JADE-Detektors. Zwei Jets gehören zu dem $q\bar{q}$-Paar, der dritte rührt von einem Gluon her, das von dem Quark oder dem Antiquark abgestrahlt wurde (siehe Abbildung II.15(c)). Solche Extrajets sind ein direkter Hinweis auf die Existenz der Feldquanten der Starken Wechselwirkung und eine bedeutende Bestätigung der QCD-Theorie.

Vergleich von Wirkungsquerschnitten

Proton-Proton- und Pion-Proton-Wechselwirkung

Der Gesamtwirkungsquerschnitt für die Wechselwirkung von Hadronen mit irgendeinem Target wird bei sehr hohen Energien praktisch nur noch von inelastischen Prozessen bestimmt. Wie oben gezeigt wurde, können tiefinelastische Streuprozesse mit der elastischen Streuung der punktförmigen Konstituenten von Geschoßteilchen und Targetnukleonen erklärt werden. Sind die Hadronen aus punktförmigen Quarks aufgebaut, so ist zu erwarten, daß bei sehr hohen Energien die Wahrscheinlichkeit für eine Wechselwirkungsreaktion verschiedener Hadronen mit einem bestimmten Target proportional zur Zahl der Konstituentenquarks der betreffenden Hadronen sein sollte. Unter der Annahme, daß die Starke Wechselwirkung nicht zwischen den verschiedenen Quarktypen unterscheidet (Aromainvarianz), sollte das Verhältnis der totalen Wirkungsquerschnitte von Mesonen zu Baryonen mit steigender Energie dem Wert $\frac{2}{3}$ zustreben, da nach dem Standard-Quarkmodell alle Mesonen aus einem $q\bar{q}$-Valenzpaar und alle Baryonen aus drei Valenzquarks bestehen. Aus Abbildung II.16 ist abzulesen, daß die vom Quarkmodell vorhergesagte Tendenz tatsächlich beobachtet wird.

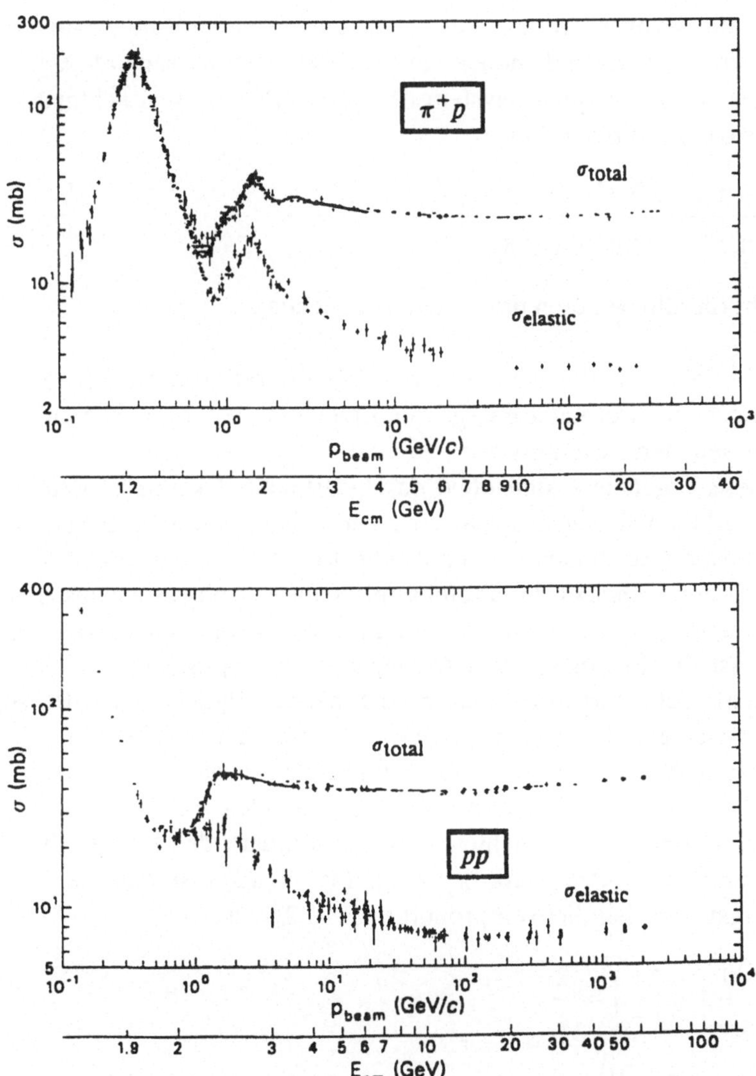

Abb. II.16: Der totale Wirkungsquerschnitt für π^+p- und pp-Streuung. $\sigma(\pi^+p)/\sigma(pp) \approx 2/3$ bei $s = 10^3$ GeV^2 = Verhältnis der Anzahlen der Valenzquarks (nach [Particle Data Group 1988])

Am FNAL und am CERN wurden 1979 in einer Reihe von Experimenten Protonen mit Pionen von etwa 200 GeV Laborenergie bombardiert. Unter den Reaktionsprodukten wurden hochenergetische Paare von Myonen, $\mu^+\mu^-$, gefunden. Die Produktionsrate war bei negativen Pionen und hohen invarianten Paarmassen $M(\mu^+\mu^-)$ (Energie im Schwerpunktssystem der $\mu^+\mu^-$-Paare) etwa achtmal so hoch wie bei positiven Pionen:

$$\frac{\sigma(\pi^+ p \to X\mu^+\mu^-)}{\sigma(\pi^- p \to X\mu^+\mu^-)} \approx \frac{1}{8}$$

(X steht für alle weiteren produzierten Teilchen).

Darüber hinaus stellte man fest, daß bei Proton-Proton-Kollisionen bei gleicher Schwerpunktsenergie die Erzeugung von Myonpaaren ein weitaus selteneres Ereignis war.

Diese Ergebnisse sind ohne das Quarkmodell kaum zu deuten. Das Quarkmodell dagegen hält eine verblüffend einfache Erklärung („*Drell-Yan*-Mechanismus") bereit: Die Myonen werden durch Vernichtung eines Quarks des Protons mit seinem Antipartner aus dem Pion erzeugt ($q\bar{q}$-Annihilation). Da Protonen keine Antiquarks enthalten, ist die Erzeugung von Myonpaaren bei pp-Stößen praktisch ausgeschlossen. Was das Verhältnis 1:8 bei den Pionen anbetrifft, so ist zu beachten, daß der Wirkungsquerschnitt der Annihilation bei hohen Energien proportional zur Summe der Quadrate der elektrischen Ladung der sich gegenseitig vernichtenden Teilchen ist. Bei einer $\pi^+ p$-Reaktion vernichten sich das d Quark des Protons (p = (uud)) und das $\bar{d}$-Antiquark des Pions ($\pi^+ = (u\bar{d})$), so daß die Vernichtungswahrscheinlichkeit proportional zu 2/9 ist:

$$\left(-\frac{1}{3}\right)^2 + \left(\frac{1}{3}\right)^2 = \frac{2}{9}$$

Im Falle der π^-p-Reaktion ($\pi^- = (\bar{u}d)$) vernichten sich u und $\bar{u}$ mit einer zu 16/9 proportionalen Wahrscheinlichkeit:

$$2\left[\left(-\frac{2}{3}\right)^2+\left(\frac{2}{3}\right)^2\right]=\frac{16}{9}.$$

Der Faktor 2 vor der eckigen Klammer rührt daher, daß das Proton zwei u-Quarks enthält, die sich mit dem $\bar{u}$ des Pions vernichten können. Das Verhältnis der beiden Wahrscheinlichkeiten beträgt 1:8, wie vom Quarkmodell gefordert. Abbildung II.17 zeigt eindeutig, wie sich das Verhältnis der Wirkungsquerschnitte für hohe invariante Massen $M(\mu^+\mu^-)$ auf den Wert des Quarkmodells einpendelt [Stroynowski 1981].

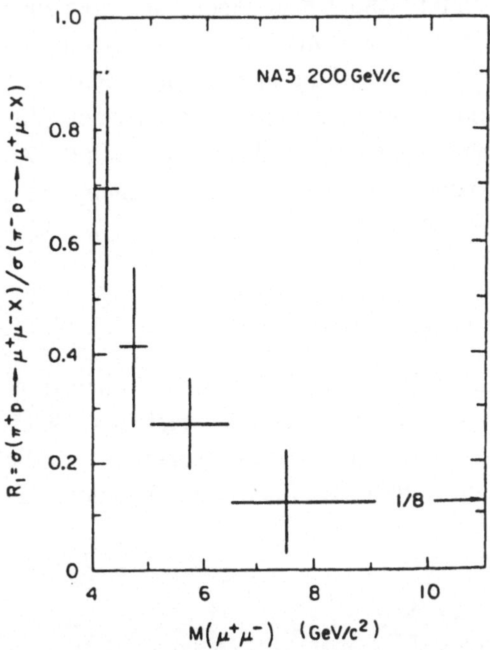

Abb. II.17: Verhältnis der Produktionsquerschnitte für $\mu^+\mu^-$-Paare bei der $\pi^{\pm}p$ inelastischen Streuung in Abhängigkeit von der invarianten Masse $M(\mu^+\mu^-)$ der erzeugten $\mu^+\mu^-$-Paare (nach [Stroynowski 1981])

Leptonen- und Hadronenerzeugung durch Elektron-Positron-Vernichtung

Auch der Wirkungsquerschnitt der Paarerzeugung ist proportional zur Summe der Ladungsquadrate des produzierten Teilchens und seines Antiteilchens. Die oben ausgeführte Diskussion der Jetereignisse basierte auf der Vorstellung, daß bei e^+e^--Kollisionen Hadronen über den Zwischenprozeß der Quark-Antiquark-Paarerzeugung produziert werden:

$$e^+e^- \to \gamma^* \to q\overline{q} \to \text{Hadronen}\,.$$

Im Endzustand der Paarvernichtung findet man neben Hadronen auch Leptonpaare ($e^+e^-, \mu^+\mu^-, \tau^+\tau^-$). Nimmt man im Partonmodell eine punktförmige Wechselwirkung zwischen dem intermediären Photon γ^* und dem erzeugten Lepton- oder Quarkpaar an, sollte sich der Wirkungsquerschnitt für die Erzeugung eines $q\overline{q}$-Paares nur durch den Faktor des Ladungsquadrates von demjenigen für die Erzeugung eines $\mu^+\mu^-$-Paares unterscheiden. Ist die Ladung von q gleich *ze* (*z* gebrochen), sollte

$$\sigma(e^+e^- \to q\overline{q}) = z^2 \cdot \sigma(e^+e^- \to \mu^+\mu^-)$$

sein. Nimmt man weiterhin an, daß alle $q\overline{q}$-Paare in Hadronen fragmentieren, wie es die Nichtexistenz freier Quarks nach der QCD-Theorie nahelegt, so ergibt sich der totale Wirkungsquerschnitt für die Erzeugung von Hadronen durch Summation über alle möglichen $q\overline{q}$-Paare: Die Messung des Verhältnisses

$$R = \frac{\sigma(e^+e^- \to \text{Hadronen})}{\sigma(e^+e^- \to \mu^+\mu^-)} = \sum_i z_i^2$$

gestattet somit unmittelbar, eine Aussage über die Zahl der Quarks unterschiedlichen Aromas und deren Ladungszahlen zu machen.

Da im Standard-Quarkmodell von *Gell-Mann* und *Zweig* nicht alle Quarktypen die gleiche Masse besitzen, muß der experimentelle Wert von *R* außer von den Quarkladungen auch von der e^+e^--Schwerpunktsenergie abhängen. Die Summe der Ladungszahl-Quadrate $\sum_i z_i^2$ erstreckt sich jeweils nur über diejenigen Quarktypen, die bei gegebener Energie $\sqrt{s}$ erzeugt werden können. Für die drei leichtesten Quarks u, d und s ergäbe sich

$$R(\mathrm{u,d,s}) = \left(\frac{2}{3}\right)^2 + \left(-\frac{1}{3}\right)^2 + \left(-\frac{1}{3}\right)^2 = \frac{2}{3}$$

Bei Hinzunahme der in jüngerer Zeit entdeckten schweren Quarks c und b erhielte man

$$R(\mathrm{u,d,s,c,b}) = \left(\frac{2}{3}\right) + \left(\frac{2}{3}\right)^2 + \left(-\frac{1}{3}\right)^2 = \frac{11}{9}$$

Das 6. Quark t erhöht den Wert für *R* auf $\frac{5}{3}$. Die bislang zur Verfügung stehenden Schwerpunktsenergien der größten e^+e^--Kollisionsmaschinen reichen noch nicht aus, *R* im Energiebereich der Top-Quark-Masse messen zu können.

Zum Vergleich mit diesen Voraussagen des einfachen Quarkmodells sind in Abbildung II.18 die experimentellen Daten für *R* über der Schwerpunktsenergie nach [Bethge 1986] aufgetragen. Es fallen zwei charakteristische Merkmale ins Auge: Scharfe Nadelspitzen, deren Maximalwerte aus der Vertikalskala herausfallen und ein stufenförmiges Kontinuum. Die diskreten Spitzen sind Quarkonium-Resonanzen (siehe II,4). Die Entdeckung dieser $q\bar{q}$-Resonanzen und ihrer Anregungszustände, die das Quarkmodell voraussagte, stellte einen sehr starken Hinweis auf die real existierenden Quarkteilchen dar. Die konstanten Plateaus in Abbildung II.18 entsprechen ebenfalls den Erwartungen des Quarkmodells. Immer dann, wenn die Schwerpunktsenergie ausreicht, ein weiteres schwereres Quarkpaar $q\bar{q}$ zu erzeugen, erhöht sich die Zahl der Summanden von *R* um eins, und der Wert von *R* springt um den Betrag dieses Summanden; es beginnt eine neue Stufe.

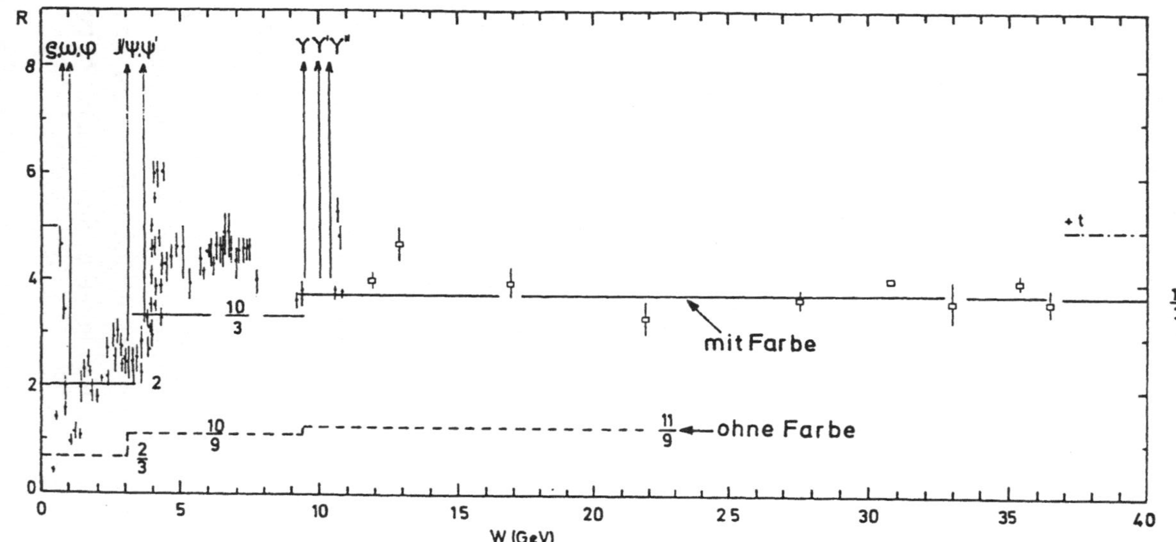

Abb. II.18: Das Verhältnis R der Wirkungsquerschnitte für Hadronenerzeugung und Myonen-Paarerzeugung durch e^+e^--Annihilation in Abhängigkeit von der Schwerpunktsenergie $W = \sqrt{s}$ (nach Fig. 12.7 von [Bethge 1986])

Aber: Die oben berechneten theoretischen Stufenwerte (gestrichelte Kurve in Abbildung II.18) liegen viel tiefer als die gemessenen Werte. Diese Diskrepanz verschwindet, wenn man, wie aus theoretischen Gründen lange Zeit vor Inbetriebnahme der großen e^+e^--Kollisionsmaschinen gefordert wurde (vergl. II,2 und II,5), jeden Quarktypus in drei Varianten („Farben") vorkommen läßt. Die drei (üblicherweise gewählten) Farben rot, grün und blau entsprechen, wie bereits erwähnt, drei Quantenzahlen der Starken Ladung, welche die Ursache der Starken Kraft ist. Hier genügt es festzustellen, daß sich mit der Einführung der Farbquantenzahlen die Zahl der Quarks und damit auch die Stufenwerte von R in Abbildung II.18 verdreifachen. Durch den Faktor 3 wird eine auffallend gute Übereinstimmung mit den experimentellen Werten besonders oberhalb des Resonanzbereichs (12–40 GeV) erzielt. Im Bereich zwischen den Resonanzen J/ψ und Υ liegt der Wert $R(\mathrm{u, d, s, c}) = 10/3$ aber deutlich unter den Meßdaten. Ursachen für diese Abweichung sind die Paarerzeugung des superschweren Leptons τ mit einer Masse von 1,8 GeV/c^2, das vorwiegend in Hadronen zerfällt und ein hadronisches $q\bar{q}$-Ereignis vortäuscht, und die Wechselwirkung der erzeugten Quarks untereinander, die bei der obigen Abschätzung von R nicht berücksichtigt wurde. Die Wechselwirkung der Quarks erfolgt, wie wir schon wissen, durch Austausch von Gluonen, die an die Farbladungen ankoppeln. Bei Berücksichtigung des Gluonfeldes erhält R einen Korrekturfaktor, in den die Kopplungskonstante der Farbkraft $\alpha_S(E)$, die mit wachsender Energie abnimmt, eingeht (vergleiche III,3):

$$R = 3\sum_i z_i^2 \left(1 + \frac{\alpha_s(E)}{\pi}\right)$$

Der im Quarkmodell mit Farbe gedeutete energieabhängige Wert von R kann als überzeugender Hinweis auf die drei Farbfreiheitsgrade der Quarks gewertet werden.

Es sei abschließend noch darauf hingewiesen, daß die Einführung der Farbeigenschaft der Quarks die Ausführungen über die tiefinelastischen Lepton-Nukleon-Streuprozesse (siehe oben) nicht signifikant beeinflußt, da diese Prozesse über die Elektromagnetische und die Schwache Wechselwirkung ablaufen, die hinsichtlich der „Quarkfarbe“ blind sind. Leptonen koppeln nicht an das Gluonenfeld, „spüren“ also die Starke Kraft, die von der Farbladung ausgeht, nicht.

4 Atomphysik bei höchsten Energien

Im letzten Kapitel wurde auf einen weiteren „Beweis“ zur Existenz der Quarks hingewiesen, dem wegen seiner erkenntnistheoretischen und didaktischen Bedeutung nun ein eigenes Kapitel gewidmet werden soll. Es geht um die prinzipielle Ähnlichkeit von Hadronen als gebundene Systeme von Quarks bzw. Antiquarks und den gewöhnlichen Atomen, aus denen die uns umgebende Materie aufgebaut ist.

Die Quarks sind über die Starke Kraft aneinander gebunden. Sie bilden einfache atomähnliche Systeme, die sich in der Natur als Mesonen (Quark-Antiquark-Systeme) und Baryonen (3-Quark-Systeme) manifestieren. Atome lassen sich anregen. Die Anregungsenergien sind quantisiert. Angeregte Atome geben die aufgenommene Energie in Form von Energiequanten wieder ab. Spektroskopische Untersuchungen (d.h. Energievermessung der ausgesandten Strahlung) geben Auskunft über die innere Dynamik atomarer Systeme.

Wie das Linienspektrum und das Termschema des Wasserstoffatoms die Coulombkraft und Eigenschaften von Elektron und Proton widerspiegeln, offenbart die Spektralanalyse der Hadronen nicht nur die Existenz sondern auch die Natur der Quarks und ihrer Wechselwirkung.

Wie sich die Bilder gleichen! Die drei Ebenen der Spektroskopie

Viktor F. Weisskopf hat 1968 in „Scientific American“ [Weisskopf 1968] einen brillianten Aufsatz mit dem Titel „The Three Spectroscopies“ verfaßt, der genau von der Thematik handelt, die uns in diesem Kapitel beschäftigen soll. Was mit den drei Spektroskopien gemeint ist, erläutert *Weisskopf* in Form eines Resümees der zur damaligen Zeit vorliegenden Forschungsergebnisse zur Struktur der Materie in der Einleitung der erwähnten Arbeit (in freier Übersetzung) so:

„Es ist heute klar, daß die Konstituenten der Materie – Atome und Moleküle – Energie in Form von Quanten oder Energiepaketen aufnehmen und abgeben. Die bekanntesten Quanten sind die Photonen. Es handelt sich dabei um jene Strahlungspakete, die wir als sichtbares Licht wahrnehmen und bei denen wir von Röntgen- und Gammastrahlen sprechen, wenn sie hochenergetisch sind, und von Radiowellen, wenn sie wenig Energie besitzen. Atome und Moleküle, die auf irgendeine Weise durch Energieaufnahme angeregt wurden, fallen in einen energetisch tieferen Zustand zurück und emittieren dabei ein oder mehrere Photonen. Das Studium solcher Emissionen durch Spektroskopiker (d.h. durch die Vermessung der Energie der emittierten Quanten[12]) führte im ersten Quartal unseres Jahrhunderts zu einem vollständigen Verständnis der Atomhülle. Die angeregten Atomzustände und die von ihnen emittierten Quanten stellen die erste von den drei, wie ich es nenne, Spektroskopien dar.
Als es technisch möglich wurde, den Atomkern durch Einsatz von Neutronenquellen oder Teilchenbeschleunigern anzuregen, fand man heraus, daß auch der Kern beim Übergang in einen tieferen Energiezustand Quanten aussendet. Diese Quanten werden nicht nur von Photonen sehr hoher Energie (Gammastrahlen) gebildet, sondern umfassen auch eine neue Art von Strahlen: Leptonenpaare, bestehend aus einem Elektron und einem ungeladenen Teilchen mit verschwindend kleiner Masse, dem Elektronneutrino (genau: Elektronantineutrino[12]). Die angeregten Zustände und die Quantenemissionen des Atomkerns stellen die zweite der drei Spektroskopien dar.
Die dritte Spektroskopie wurde lange Zeit nicht als solche erkannt (siehe II,2[12]). Statt dessen gingen die Teilchenphysiker an den leistungsfähigen Beschleunigern, die nach dem Zweiten Weltkrieg gebaut wurden, davon aus, daß es sich bei den beobachteten Reaktionsprodukten, die beim Zusammenstoß hochenergetischer Protonen mit anderen Protonen oder mit Neutronen in Form von Schauern erzeugt wurden, um neue Elementarteilchen handelte, die praktisch unmittelbar nach der Entstehung in stabilere Formen zerfielen. Um 1958 zählte man besorgt etwa 30 'elementare' Teilchen. Innerhalb

[12] Anmerkung des Autors

weniger Jahre war diese Zahl dann sogar auf über 100 angestiegen. Langsam dämmerte es den Physikern, daß es vernünftiger sei, das, was durch die neuen Beschleuniger aufgedeckt wurde, als eine weitere Spektroskopie anzusehen und die Übergangsformen als einen neuen Satz von Anregungszuständen zu betrachten anstatt sie neue Teilchen zu nennen. Wenn diese angeregten Zustände in energieärmere Zustände zerfallen, emittieren sie nicht nur Quanten wie Photonen und Leptonpaare sondern auch neue Arten von Quanten mit erheblicher Masse. Die dritte Spektroskopie schließt also die Quanten der beiden vorangegangenen Spektroskopien mit ein, steuert aber darüberhinaus ihre eigenen spezifischen Quanten bei."

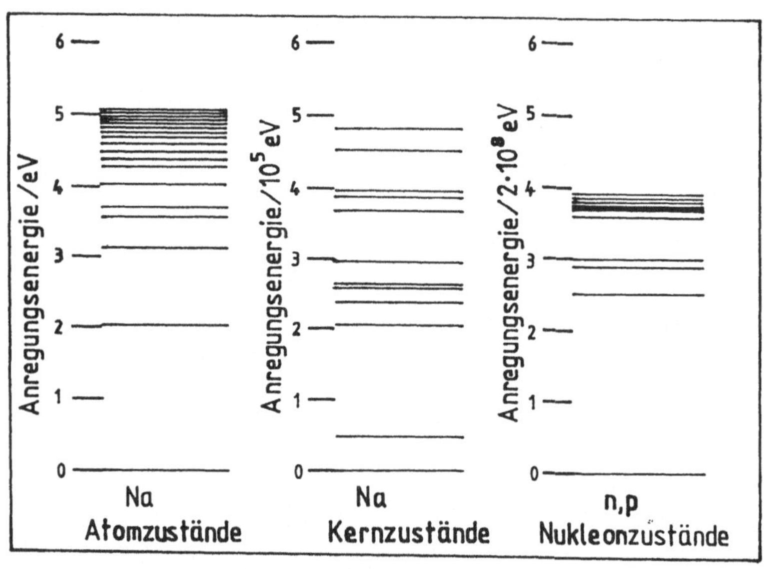

Abb. II.19: Beispiele von Termschemata (unvollständig) für die drei Spektroskopieebenen (nach [Weisskopf 1968, Particle Data Group 1988])

Abbildung II.19 zeigt je ein Beispiel für die diskreten Energieniveaus von Anregungszuständen auf den drei von *Weisskopf* vorgestellten Spektroskopieebenen. Solche sog. Termschemata spiegeln die innere Dynamik des betrachteten Systems wider: Aus der Tatsache des Auftretens diskreter Energien allein schon folgt, daß das System weder punktförmig noch ausgedehnt starr sein kann. Es muß vielmehr aus kleineren Konstituenten aufgebaut sein, die sich in einem (u. U. sehr komplizierten) Kraftfeld bewegen. Handelt es sich dabei um ein konservatives Feld[13], so läßt sich das Kraftfeld $\vec{F}$ durch ein (einfacher zu handhabendes) skalares Potentialfeld V ersetzen:

$$\vec{F} = -\vec{\nabla} V$$

Da wir hier von gebundenen Systemen sprechen, muß das Potentialfeld eine Mulde bilden, in der die Konstituententeilchen „gefangen" gehalten werden. Es lassen sich hierbei grundsätzlich zwei Fälle unterscheiden:

a) Nichteinschließendes Potential:

Ein Teilchen wird in der Potentialmulde nur bis zu einer bestimmten Maximalenergie festgehalten. Bei Überschreiten dieser Schwellenenergie bewegt sich ein Konstituententeilchen frei und entfernt sich von dem System, zu dem es gehörte.

Beispiel:

Das Elektron des Wasserstoffatoms im Coulomb-Potentialtrichter. Die maximale Anregungsenergie des H-Atoms (Ionisationsenergie) beträgt 13,6 eV.

b) Einschließendes Potential („Confinement Potential"):

Wie hoch auch immer die Anregungsenergie sein mag, die in der Potentialmulde festgehaltenen Teilchen sind dort für alle Zeit eingeschlossen.

Beispiele:

- Harmonischer Oszillator ($V \propto r^2$; lineares Kraftgesetz)
- Linear ansteigendes Potential ($V = V_0 + Kr$; konstante Kraft)

---

[13] Für ein konservatives Kraftfeld $\vec{F}$ verschwindet die Arbeit längs eines geschlossenen Weges: $\oint \vec{F} d\vec{s} = 0$.

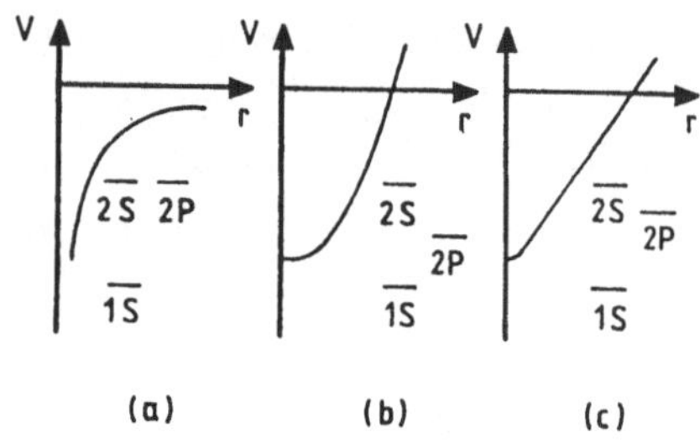

Abb. II.20: Potentialverlauf und niedrigste drei Energieniveaus für verschiedene Kraftfelder zwischen zwei Teilchen (s. Text): (a) Coulombkraft, (b) Lineares Kraftgesetz, (c) Konstante Kraft

Abbildung II.20 zeigt die drei niedrigsten Energieniveaus eines Systems aus zwei aneinander gebundenen Teilchen für die drei in a) und b) als Beispiele angeführten Potentialverläufe. Zwischen den beiden Teilchen wirkt in Abbildung II.20(a) die Coulombkraft, in Abbildung II.20(b) eine mit dem Teilchenabstand linear variierende Kraft und in Abbildung II.20(c) eine vom Teilchenabstand unabhängige konstante Kraft. Die Bezeichnungen der Energieniveaus in der Abbildung II.20 werden im nächsten Unterkapitel erklärt. Auffallend ist, daß in allen drei Fällen die gleichen Zustände auftreten, die genaue Lage der Energieniveaus jedoch deutlich verschieden ist. Das Energieniveauschema (Termschema) offenbart das zugrundeliegende Kraftgesetz. Genau hierin liegt die Bedeutung spektroskopischer Untersuchungen. Die präzise experimentelle Bestimmung der Anregungsenergien gestattet das Aufspüren der inneren Dynamik eines Systems.

In praxi werden dazu geeignet parametrisierte Potentialfunktionen in die dynamischen Grundgleichungen (*Schrödinger*-Gleichung, *Dirac*-Gleichung oder *Lagrange*-Gleichung) eingesetzt, die Energieeigenwerte berechnet und diese mit den experimentellen Werten verglichen. Die Parameter werden solange variiert, bis die Übereinstimmung der berechneten und gemessenen Energiewerte für alle bekannten Energiewerte gleichzeitig optimal ist. Spektroskopische Untersuchungen halfen, die fundamentalen Kräfte der Natur zu ergründen.

Quantenzahlen zur Wiederholung

Bevor wir atomähnliche Systeme bei sehr hohen Energien betrachten, wollen wir einige wichtige Resultate der Anwendung der nichtrelativistischen Quantenmechanik auf atomare Systeme ins Gedächtnis zurückrufen und zusammenstellen. Wir beschränken uns dabei auf ein Einteilchenmodell[14] und nehmen an, daß sich jedes Teilchen in einem kugelsymmetrischen, also nur vom Abstand r vom Nullpunkt abhängigen Potential $V(r)$ bewege, das von allen Teilchen des betrachteten Systems erzeugt wird. Ferner möge es sich um *Fermi*teilchen (Spin $\frac{1}{2}$-Teilchen, siehe unten) handeln, die dem *Pauli*schen Ausschließungsprinzip unterworfen sind Magnetische Wechselwirkungen über Bahn- und Eigendrehimpuls mögen durch $V(r)$ noch nicht berücksichtigt sein.

Die Eigenfunktionen (Einteilchen-Wellenfunktionen) $\psi_{\mathrm{n,l,m}}$ und die Energieeigenwerte $E_{\mathrm{n,l}}$ hängen ab von

- der Hauptquantenzahl $n(=1, 2, 3,...)$ mit $(n-1)$ = Zahl der Knotenebenen von ψ;
- der Bahndrehimpuls-Quantenzahl l $(= 0,1, 2,..., n-1)$, wobei der Eigenwert des Quadrates des Drehimpulsvektors $l^2 = \hbar^2 l(l+1)$ ist ($\hbar = h/2\pi$); (genauer: ist $\hat{l}$ der Drehimpulsoperator, so gilt: $\hat{l}^2\psi = \hbar^2 l(l+1)\psi$)
- der Richtungsquantenzahl m_l $(= -l, -l+1, ..., 0, 1, ..., l-1, l)$, welche die Orientierung von $\vec{l}$ im Ortsraum relativ zur dritten (z)-Achse eines kartesischen Koordinatensystems angibt: $l_z = m_l\hbar$.

Im Sprachgebrauch der modernen Physik hat sich die Laborjargon-Formulierung durchgesetzt, die einem Teilchen den „Drehimpuls l" (l ist dimensionslos!) zuordnet, wenn die maximale z-Komponente

[14] Besteht ein gebundenes System aus mehreren Teilchen, so soll die Wechselwirkung eines jeden Teilchens mit allen anderen Teilchen des Systems durch eine summarische Potentialfunktion V, ein effektives Potentialfeld, in dem sich jedes Teilchen bewegt, beschrieben werden.

l_z von $\vec{l} = (l_x, l_y, l_z)$ gleich $l\,\hbar$ beträgt. Dasselbe gilt auch für den Eigendrehimpuls (Spin) $\vec{s}$: $\vec{s}^2 = \hbar^2 s(s+1)$; $s_z = m_s\hbar$, $s_{z\,\max} = s\hbar$.

Man spricht also z.B. von Spin $\frac{1}{2}$-Teilchen, wenn $s_{z\,\max} = \frac{1}{2}\hbar$ oder von Teilchen mit Drehimpuls 3, wenn $l_{z\,\max} = 3\hbar$ ist, etc. Aus Traditionsgründen verwendet man zur Charakterisierung von Quantenzuständen mit $l = 0, 1, 2, 3, \ldots$ die Buchstaben *s, p, d, f, ...* . Handelt es sich bei dem betrachteten System um elektrisch geladene Teilchen, so ist mit dem Drehimpuls ein magnetisches Moment verbunden (auch wenn das System insgesamt elektrisch neutral ist). Durch magnetische Wechselwirkung „koppeln“ die Einzeldrehimpulse zu einem Gesamtdrehimpuls $\vec{J}$ des Systems und verändern seine Gesamtenergie (= Summe der Einteilchenenergien) gegenüber dem Fall ohne Kopplung. Die Einzeldrehimpulse können auf zwei verschiedene Weisen zum Gesamtdrehimpuls koppeln, je nachdem welche Wechselwirkungen dominieren.

jj-Kopplung

Spin und Bahndrehimpuls jedes Teilchens koppeln zunächst zu einem Teilchen-Gesamtdrehimpuls $\vec{j}$: $\vec{j} = \vec{l} + \vec{s}$.
Die Gesamtdrehimpulse der Einzelteilchen koppeln zum Drehimpuls des Systems:

$$\vec{J} = \sum_i \vec{j}_i$$

LS-Kopplung

Die Bahndrehimpulse $\vec{l}_i$ koppeln untereinander zu einem Gesamtbahndrehimpuls

$$\vec{L} = \sum_i \vec{l}_i$$

und die Spins bilden ihrerseits einen Gesamteigendrehimpuls

$$\vec{S} = \sum_i \vec{s}_i$$

Beide Drehimpulse $\vec{L}$ und $\vec{S}$ addieren sich zu $\vec{J}$:

$$\vec{J} = \vec{L} + \vec{S}$$

Im Fall der *LS*-Kopplung sind die möglichen *J*-Quantenzahlen bei festen *L*- und *S*-Werten nach den Regeln der Quantenmechanik

$$|L - S| \leq J \leq L + S\,.$$

Demnach können verschiedene *L, S*-Kombinationen denselben *J*-Wert ergeben. Zur eindeutigen Beschreibung des Drehimpulszustandes des Teilchensystems müssen folglich alle drei Quantenzahlen *L, S* und *J* angegeben werden. In der Atomphysik verwendet man traditionsgemäß zur Charakterisierung der Drehimpulssituation eines atomaren Systems die folgende Schreibweise:

$${}^{2S+1}L_J$$

Man versieht also die Bahndrehimpuls-Quantenzahl *L* (ausgedrückt durch einen der Buchstaben (*S, P, D, F*, ... für *L* = 0, 1, 2, 3, ...) mit einem rechten unteren und einem linken oberen Index. (2*S* + 1) heißt üblicherweise „Multiplizität“, die verbal mit Singulett (*S* = 0), Dublett (*S* = 1/2), Triplett (*S* = 1), Quadruplett (*S* = 3/2), usw. ausgedrückt wird. Ein ${}^2P_{3/2}$-Zustand heißt in Worten „Dublett-P-Dreihalbe-Zustand“ und bedeutet (in der auch hier durchweg verwendeten Laborjargon-Formulierung): Der Gesamtspin beträgt 1/2, der Bahndrehimpuls 1 und Spin und Bahndrehimpuls sind parallel ausgerichtet, so daß sich *L* und *S* zu *J* = 3/2 addieren. Die *LS*-Kopplung führt bei atomaren Systemen zur Feinstrukturaufspaltung der Energieniveaus, die man sich als „inneren *Zeeman*-Effekt“ vorstellen kann. Sie beträgt z.B. beim 2*P*-Zustand des Na-Atoms (erster angeregter Zustand über dem ${}^2S_{1/2}$-Grundzustand) 1 Promille und führt zur Aufspaltung der intensiven gelben Na-Linie im sichtbaren Spektrum:

$$\lambda_1({}^2P_{3/2} \rightarrow {}^2S_{1/2}) = 589{,}5930 \text{ nm}$$

$$\lambda_2({}^2P_{1/2} \rightarrow {}^2S_{1/2}) = 588{,}9936 \text{ nm}$$

Dieser Exkurs in die quantenmechanische Beschreibung atomartiger Mehrteilchensysteme ist recht formalistisch ausgefallen. Durch Anwendung des Formalismus auf Quarkatome soll dieser im folgenden mit Leben erfüllt werden.

Zur vollständigen Festlegung von atomähnlichen Zuständen, wie wir sie anschließend behandeln wollen, fehlen eigentlich noch zwei multiplikative (nichtladungsähnliche) Quantenzahlen, die wir hier aus Platzgründen als didaktische Vereinfachung unerwähnt lassen müssen: Parität und Ladungskonjugation. Sie werden bei der Behandlung der Schwachen Wechselwirkung in II,6 und der Diskussion von Symmetrien in Kapitel III vorgestellt werden.

Quarkatome und Hadronenspektren

Nach dem Standard-Quarkmodell (siehe II,1 und II,2) sind Baryonen Teilchensysteme, die aus drei Valenzquarks (und einem „See“ virtueller Teilchen (Quark-Antiquark-Paare und Gluonen), der für unsere Betrachtungen hier zunächst unbeachtet bleiben soll) zusammengesetzt sind, während Mesonen stets aus einem Quark-Antiquark-Paar bestehen. Als Zweiteilchensysteme bilden Mesonen die einfachsten gebundenen Systeme, die außer in ihrem Grundzustand auch in angeregten Zuständen vorkommen sollten. Prinzipiell ähnlich sollten sich die Dreiteilchensysteme der Baryonen verhalten.

In der Tat lassen sich alle Hadronen phänomenologisch nach Grund- und-Anregungszuständen von Zwei- und Dreiquarksystemen klassifizieren. Die Zweiteilchensysteme der schweren Mesonen Ψ/J und Υ wurden quantitativ spektroskopiert und theoretisch sehr genau studiert. Die Ergebnisse dieser Forschungen haben entscheidend zur Konsolidierung des Standard-Quarkmodells und zur Entwicklung der Theorie der Starken Wechselwirkung beigetragen. Der enormen Bedeutung dieser Thematik für den Erkenntnisfortschritt in der Teilchenphysik Rechnung tragend, werden wir im nächsten Kapitel auf spezielle Quarkatom-Systeme („Quarkonia“) näher eingehen.

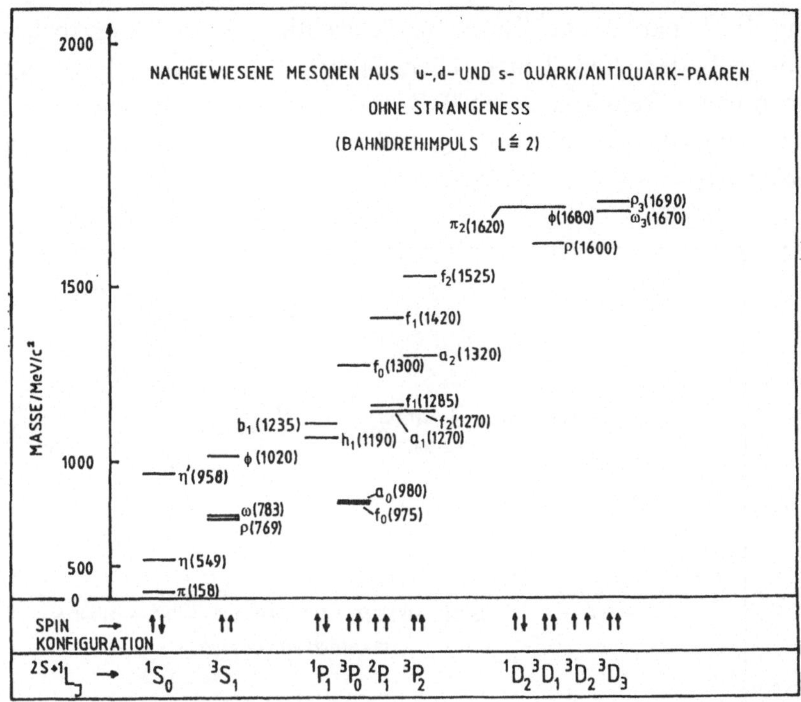

Abb. II.21: Termschema der Mesonen ohne Seltsamheit, bei denen die Quantenzahl des Bahndrehimpulses von Quark und Antiquark nicht größer als 2 ist (atomspektroskopische Darstellung)

Charakterisiert werden die hadronischen Zustände der Zwei- und Dreiteilchen-Quarksysteme nach der Anregungsenergie bzw. Masse[15] und den oben dargelegten Quantenzahlen. Zur Illustration hierzu ist in Abbildung II.21 das Termschema der hadronischen „Quarkatome" derjenigen Mesonen dargestellt, deren Quark-Antiquark-Konstituenten aus der Menge der drei leichtesten Quarks $\{u, d, s, \bar{u}, \bar{d}, \bar{s}\}$ stammen und deren „Seltsamheit" verschwindet (die also entweder kein Strangequark enthalten oder bei denen das Strangequark s nur in der Kombination $s\bar{s}$ vorkommt). Darüber hinaus wurden in der Abbil-

[15]Als Masse eines Teilchens wird gemäß der spez. Relativitätstheorie die Gesamtenergie im Schwerpunktssystem des Teilchens dividiert durch das Quadrat der Vakuumlichtgeschwindigkeit bezeichnet ($M = E_{CM}/c^2$).

dung II.21 nur solche Terme berücksichtigt, deren Gesamtbahndrehimpuls den Wert 2 nicht überschreitet. Das analoge Baryonenspektrum für Teilchen, deren 3 Konstituenten nur von den beiden leichtesten Quarkarten {u, d} gebildet werden, wird in Abbildung II.22 gezeigt.

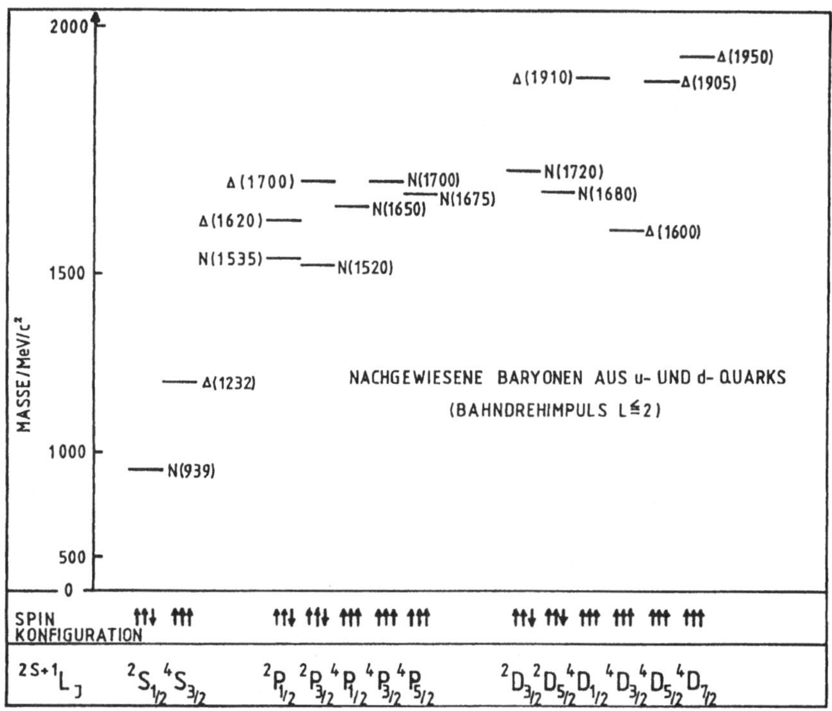

Abb. II.22: Termschema der Baryonen, die ausschließlich aus u- und d-Quarks (Valenzquarks) gebildet werden, wobei die Quantenzahl des Bahndrehimpulses der Konstituenten nicht größer als 2 ist (analog zu Abb. II.21)

In beiden Abbildungen wurden die durch Hadronen repräsentierten Zustände deutlich in Gruppen gleichen Bahndrehimpulses gegliedert. Übereinanderliegende Zustände mit gleicher $^{2S+1}L_J$-Konfiguration entsprechen Zuständen mit verschiedener Hauptquantenzahl („radiale Anregungen"). Die vertikale Massenskala ist linear im Quadrat der Massen. Neben den die Masse repräsentierenden horizontalen

Balken stehen die Teilchensymbole gemäß der aktuellen Notation. Die Zahlen in Klammern dahinter geben die Massenwerte in MeV/c^2 an [Particle Data Group 1988]. Bei beiden Hadronenspektren ist vorausgesetzt worden, daß u- und d-Quark-Massen gleich groß sind, und daß die Mitglieder eines Isospin-Multipletts (siehe II,2) gleiche Massen besitzen, also nicht getrennt in Erscheinung treten (Invarianz gegenüber Drehungen im Isospinraum). So steht z.B. für beide Nukleonen in Abbildung II.22 N(939). Die Brechung der Isospin-Symmetrie bei der Starken Wechselwirkung durch die Elektromagnetische Wechselwirkung ist – mit anderen Worten – in der Übersicht der Abbildungen II.21 und II.22 nicht berücksichtigt worden.

Positronium und Quarkonia

Bevor wir uns den Spektren der superschweren Mesonen zuwenden, die aus jeweils einem c- oder b-Quark und seinem dazugehörigen Antipartner zusammengesetzt sind, wollen wir zur Einstimmung in die neue Atomphysik zunächst gewissermaßen als „Vorbild" ein leichtes Atom betrachten, das ebenfalls von einem Teilchen-Antiteilchen-Paar gebildet wird: Ersetzt man im Wasserstoffatom das positiv geladene Proton durch das Antiteilchen des Elektrons, das Positron, so erhält man ein atomares Zweiteilchensystem, dessen Konstituenten gleich schwer sind. Es heißt Positronium und wurde 1951 von *M. Deutsch* zum erstenmal beobachtet [Deutsch 1951].

Das Positron-Elektron-Atom Positronium

Obwohl das Positron isoliert ein stabiles Teilchen ist, zerstrahlt es beim Zusammentreffen mit einem Elektron unter Emission von überwiegend zwei Gammaquanten von je 511 KeV Energie. Die Lebensdauer des Positroniums hängt davon ab, ob sich Elektron und Positron in einem Singulett-Zustand oder in einem Triplett-Zustand (siehe oben unter „Quantenzahlen") zusammenfinden. Die Lebensdauer des Singulett-Zustands, der wegen der niedrigeren Energie (siehe Abbildung II.23) am häufigsten gebildet wird, beträgt $8 \cdot 10^{-9}\,\mathrm{s}$. Der Triplett-Zustand lebt im Mittel $7 \cdot 10^{-6}\,s$. Er muß aus Gründen der Drehimpuls- und Paritätserhaltung mindestens in drei Quanten zerstrahlen. Abbildung II.23 vergleicht das Termschema des Positroniums mit dem des Bohrschen H-Atoms. Ohne Berücksichtigung der minutiösen Feinstrukturaufspaltung (beachte die Vergrößerungsfaktoren in Abb. II.23) unterscheiden sich die durch die Hauptquantenzahl festgelegten Energiewerte um einen Faktor 2 (vgl. rechte und linke Energieskala!), der natürlich durch die Gleichheit der Massen von Elektron und Positron bedingt ist[16]. Die bewußt verstärkt hervorgehobene Feinstrukturaufspaltung wird durch Spin-Spin- und Spin-Bahn-Kopplung (siehe oben) hervorgerufen.

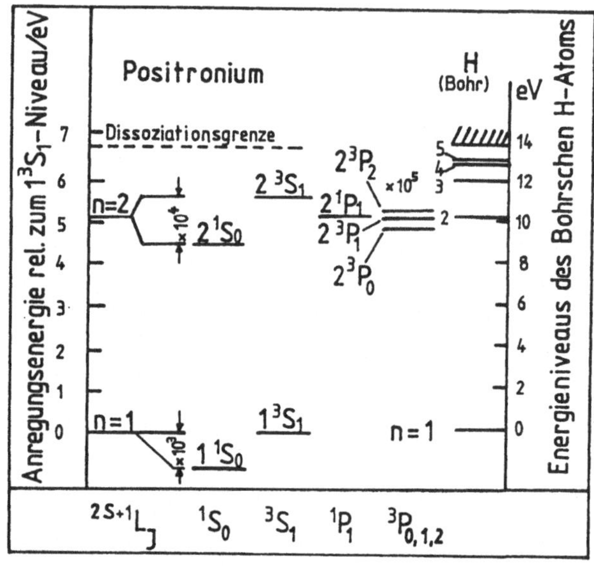

Abb. II.23: Energieniveaus von Positronium und Bohr-Wasserstoffatom. Die Feinstrukturaufspaltungen sind stark vergrößert ($\times 10^4$ bei 2S-Zustand und $\times 10^5$ bei 2P-Zustand).

---

[16] Die Bewegung von e^+ und e^- um den gemeinsamen Schwerpunkt verlangt die Ersetzung der Elektronmasse durch die reduzierte Masse μ in der Energieformel des *Bohr*schen Atommodells. Für $m_1 = m_2 = m$ ist $\mu = m/2$.

Das Positronium ist als Quasi-Wasserstoffatom der einfachste Prototyp eines gebundenen Zweiteilchensystems aus Materie und Antimaterie. In dieser Eigenschaft fungiert es als Mustersystem für ähnliche Teilchen-Antiteilchen-Konfigurationen.

Quarkonia: Charmonium und Bottomonium

Selten hat die Entdeckung eines neuen Teilchens unter den Hochenergiephysikern für so große Aufregung gesorgt wie die des Ψ/J-Teilchens (1974) und seiner Anregungszustände (siehe II,2). Warum?

Wie berichtet, erwies sich die Ψ/J-Resonanz als ein dem Positronium vergleichbares schweres Atom, das aus einem Charmquark c und seinem Antipartner $\bar{c}$ gebildet wird, und das deswegen „Charmonium" getauft wurde. Die Forderung einer vierten Quarkart mit dem neuen Aroma-Freiheitsgrad „Charm" lag bereits vor der Entdeckung des $c\bar{c}$-Mesons Ψ/J seit zehn Jahren auf dem Tisch. Die Identifizierung der $c\bar{c}$-Bindungszustände war zum einen also ein triumphaler Erfolg der Theorie, zum anderen bot dieses System zum erstenmal die einzigartige Chance, die durch Gluonaustausch vermittelte Starke Kraft an einem einfachen Modell, für das es ein wohlbekanntes Vorbild gibt, zu untersuchen: Wegen der großen Masse des Charmquarks von 1,5 GeV/c^2 bewegen sich nämlich die Bindungspartner c und $\bar{c}$ des Charmoniums nichtrelativistisch, weshalb sich die Dynamik des Systems quantenmechanisch durch die vertraute und erprobte nichtrelativistische *Schrödinger*-Gleichung beschreiben läßt. Die an einer Theorie der Starken Wechselwirkung (der QCD, siehe II,5) bastelnden Physiker hatten endlich die Möglichkeit, eine Potentialfunktion $V(r)$ so zu modellieren, daß die Eigenwerte des Hamiltonoperators der *Schrödinger*-Gleichung optimal mit den Anregungsenergien des Charmoniums, die sich im Experiment als eine Serie neuer Mesonen-Massen zu erkennen gaben, übereinstimmten.

Das Ψ/J-Teilchen (M = 3,097 GeV/c^2) ist dasjenige Teilchen mit der geringsten Masse einer ganzen Familie von Mesonen, die alle aus einem $c\bar{c}$-Paar bestehen. Einige dieser Mesonen haben die gleichen Quantenzahlen wie das Ψ/J und unterscheiden sich nur in der Masse.

Wir haben es hier mit den bereits erwähnten „radialen“ Anregungen (S-Zustände verschiedener Hauptquantenzahl) des Ψ/J-Mesons zu tun. Der erste angeregte S-Zustand Ψ(3,687 GeV/c^2) ist energiemäßig ebenso scharf wie der Grundzustand, weil seine Energie (Masse) unterhalb der Schwelle für den Zerfall in ein Charmmeson-Anticharmmeson-Paar ($D\overline{D}$-Paar) unter Erhaltung der Charmquantenzahl (ohne Aromaveränderung eines Quarks) liegt. Der nächsthöhergelegene S-Zustand Ψ(3,77 GeV/c^2) ist ein Meson mit normaler Breite (sehr kurzer Lebensdauer), da er gerade schon oberhalb der $D\overline{D}$-Schwelle liegt und ohne Aromaverlust über die Starke Wechselwirkung in das „charmante“ D-Meson $D^+ = c\overline{d}$, $D^- = \overline{c}d$, $D^0 = c\overline{u}$, $\overline{D}^0 = \overline{c}u$) und sein Antiteilchen $\overline{D}$ zerfallen kann. Über dem Ψ(3,77 GeV/c^2) sind weitere S-Zustände bekannt.

Bei den Ψ-Zuständen stehen die Spins von c und $\overline{c}$ parallel und der Bahndrehimpuls verschwindet (n^3S_1-Zustände). Es gibt aber auch – wie beim Positronium – $c\overline{c}$-Mesonen mit von Null verschiedenem Bahndrehimpuls und/oder antiparalleler Spinstellung der Quarkkonstituenten. Ihre Quantenzahlen stimmen nicht mit denen des Photons ($J^P = 1^-$) überein, weshalb sie auch nicht durch die Annihilation eines e^+e^--Paares (über den virtuellen Zwischenzustand eines Photons) erzeugt werden können. Sie entstehen durch Gammaübergänge aus den Ψ-Zuständen. Das Photonenspektrum des Charmoniums der Abbildung II.24 wurde mit einem riesigen kugelförmigen Szintillationsdetektor, der aus 732 NaJ(TI)-Kristallen bestand („Kristallball“), am SPEAR-Speicherring des SLAC aufgenommen [Bloom 1982]. Ähnliche Spektren wurden auch an anderen e^+e^--Kollisionsmaschinen gemessen. Zusammen mit den Daten über Teilchenzerfälle der Charmonium-Mesonen gestatten die Photonenspektren das in Abbildung II.25 gezeigte Massenspektrum der $c\overline{c}$-Mesonen, die Charmoniumzustände, eindeutig zu rekonstruieren [Bloom 1982, Fritsch 1985, Bethge 1986, Particle Data Group 1988].

Nach der Entdeckung des ϒ-Teilchens und seiner Identifizierung als gebundenes $b\overline{b}$-System stand fest, daß sich die Atomspektroskopie abermals wiederholen lasse, jetzt bei noch wesentlich höheren Energien bzw. Massen. Eine Reihe der aufgrund der Analogie mit dem

Charmonium vermuteten Bottomoniumzustände konnten inzwischen nachgewiesen werden [Fritsch 1985, Bethge 1986, Particle Data Group 1988], anderen ist man noch auf der Spur (Abbildung II.26).

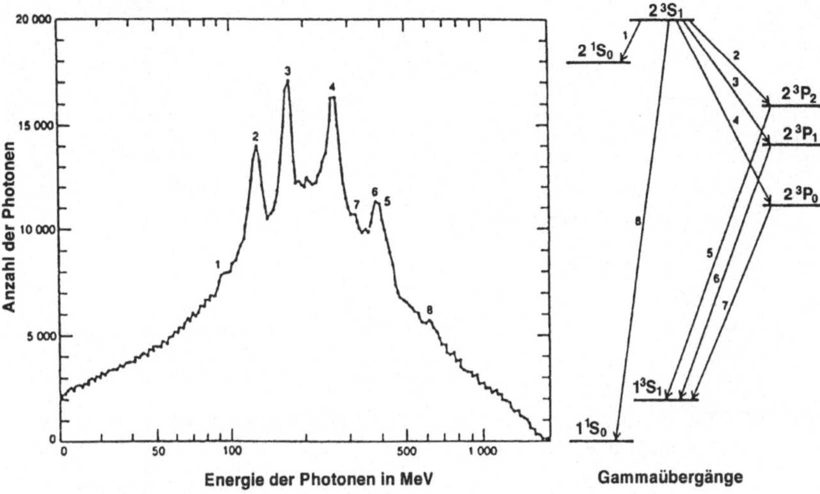

Abb. II.24: Photonenspektrum des Charmoniums (nach [Bloom 1982])

Die beste Anpassungsfunktion für das Interquarkpotential $V(r)$, die sowohl für das Charmonium als auch für das Bottomonium die aktuellen Energieniveaus optimal erzeugt, ist im Einklang mit den Aussagen über die Farbkraft der Quantenchromodynamik (siehe II,5). Sie stellt eine Kombination eines einfachen Coulombgesetzes für kleine Abstände (den Bereich der „asymptotischen Freiheit") mit einem linear ansteigenden attraktiven Potential für große Abstände dar. Letzteres bewirkt den Quarkeinschluß („confinement") und sorgt dafür, daß sich freie Quarks nicht erzeugen lassen:

$$V(r) = -\frac{4}{3}\frac{\alpha_S}{r} + K \cdot r$$

α_s und K sind Konstanten (α_s ist die Kopplungskonstante der Starken Kraft, siehe II,5)

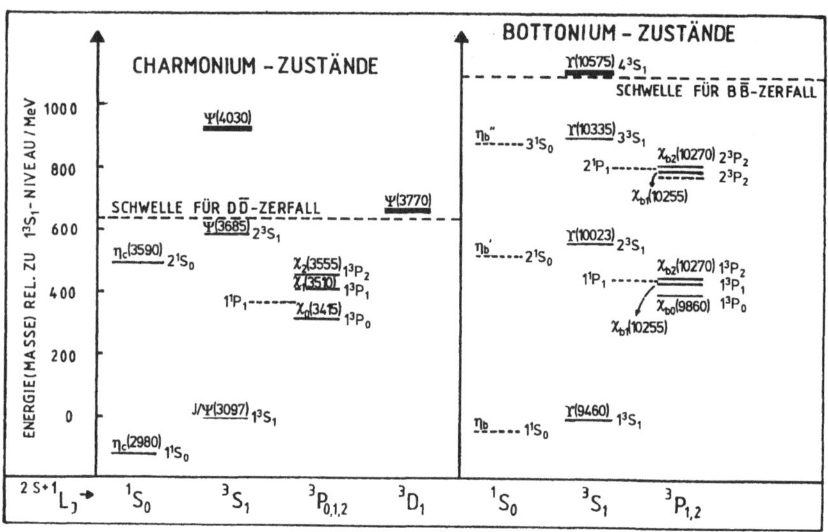

Abb. II.25/26: Termschemata von Charmonium und Bottomonium in atomspektroskopischer Darstellung

Obwohl also die Quarkonia-Massenspektra die Vorstellungen der QCD-Theorie über das Verhalten der Farbladungen (siehe II,5) zu bestätigen scheinen, muß doch fairerweise darauf hingewiesen werden, daß die gesicherten Massenterme nur einen begrenzten Bereich des Potentialverlaufs (0,1 – 1 fm) widerspiegeln, wie aus Abbildung II.27 zu entnehmen ist, die den $V(r)$-Verlauf wiedergibt. Eine detaillierte Diskussion des Interquarkpotentials findet der Leser z.B. in [Buchmueller 1985]. Allgemeinverständlich abgehandelt wird die Quarkonia-Thematik in [Bloom 1982].

5 Quantenchromodynamik (QCD), die Theorie der Starken Wechselwirkung

Im Rahmen des Standardmodells der Teilchenphysik ist die QCD die Theorie der Starken Kraft. Obwohl sie formal der Quantenelektrodynamik (QED), der Theorie der Elektromagnetischen Wechselwirkung, ähnelt, steht sie noch nicht auf vergleichbar sicheren Füßen[17]. Immerhin beschreibt sie die meisten Phänomene der Starken Wechselwirkung hinreichend genau und basiert auf einer (nicht gebrochenen) exakten Eichsymmetrie (siehe III,3).

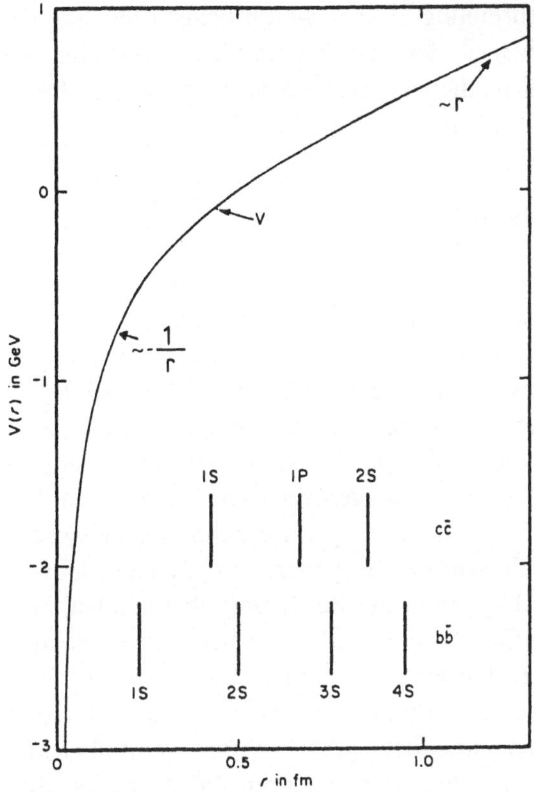

Abb. II.27: Quark-Antiquark-Potential, abgeleitet aus den spektroskopischen Daten der superschweren Quarkatome Charmonium und Bottomonium (nach Fig. 18 aus [Gottfried 1984])

---

[17]Die QED beschreibt alle elektromagnetischen Phänomene mit einer unglaublich hohen Präzision (theoretischer und experimenteller Wert des sog. g-Faktors des Elektrons unterscheiden sich z.B. erst in der zehnten Kommastelle!).

In den vorangehenden Kapiteln haben wir bereits eine Reihe charakteristischer Merkmale der Starken Kraft und deren theoretischer Deutung kennengelernt, so daß wir hier zunächst einmal die bisherigen Kenntnisse zusammenfassen und darüber hinaus einige Aspekte der Theorie etwas vertiefen wollen. Wir müssen uns dabei auf eine phänomenologische Beschreibung einiger wesentlicher Elemente der QCD beschränken, da wegen der relativ komplexen Struktur der Theorie eine mehr formal mathematische Betrachtung mit den Intentionen dieses Buches nicht vereinbar wäre.

Rote, grüne und blaue Quarks

Ausgangspunkt der QCD ist die Idee, daß die Quelle der Starken Kraft eine neue Art Ladung, die „Farbladung" oder kurz „Farbe" ist. Im Unterschied zur elektrischen Ladung kommt die Farbladung in drei Ausführungen vor. Es gibt also drei „Farben", die in der Regel mit rot (*r*), grün (*g*) und blau (*b*) bezeichnet werden. Träger der Farbladungen sind zunächst einmal die Quarks. Antiquarks sind mit entsprechenden „Antifarben" ($\bar{r},\bar{g},b$) ausgestattet. Es wurde schon darauf hingewiesen, daß durch die Einführung der drei Farbfreiheitsgrade Konflikte mit dem *Pauli*-Prinzip bei Baryonen von nur einer Quarksorte wie z.B. Ω^- (siehe II,2) durch die Forderung überwunden werden konnten, daß die drei Quarks sich in ihrer „Farbe" unterscheiden mußten. Die Addition der „Farben" rot, grün und blau ergibt (wie beim Farbfernsehen) weiß. Die Farbneutralität aller beobachtbaren Hadronen ist eine Grundannahme der QCD-Theorie. Wenn aber alle Hadronen „weiß" sind, heißt dies, daß die drei Valenzquarks aller Baryonen stets drei verschiedene „Farben" und Quark und Antiquark eines Mesons eine der drei „Farben" und die korrespondierende „Antifarbe" tragen müssen.

Beispiele:

Hadron	Farbkombination		
Proton p (= uud)	u	u	d
	r	g	b
	r	b	g
	b	g	r
Pos.Pion $\pi^+ (= u\bar{d})$	u	$\bar{d}$	
	r	$\bar{r}$	
	g	$\bar{g}$	
	b	$\bar{b}$	

Es wird fernerhin angenommen, daß unterschiedlich „gefärbte" Quarks des gleichen „Aromas" exakt die gleiche Masse haben und daß eine zyklische Vertauschung ($r \leftrightarrow g \leftrightarrow b \leftrightarrow r$) der „Farben" eines Quarksystems nichts an den Kraftverhältnissen oder der Dynamik ändert. Mit anderen Worten: der QCD liegt eine exakte Farbsymmetrie zugrunde (siehe III,3).

Farbkleber

Während nach der QED die Elektromagnetische Kraft zwischen zwei Ladungen durch den Austausch von Photonen hervorgerufen wird, beschreibt die QCD die Starke Kraft durch den Austausch von Gluonen („Klebeteilchen"), ebenfalls masselose Feldteilchen. Die Dreifachheit der Farbladung und die exakte Farbsymmetrie haben zur Konsequenz, daß die Gluonen, im Unterschied zum Photon, selbst auch „gefärbt" sind. Abbildung II.28 illustriert an zwei Beispielen die Wechselwirkung zweier Quarks durch Austausch je eines „Farbe" tragenden Gluons. Aus diesen Beispielen ist ersichtlich, daß Gluonen stets zweifarbig sein müssen, und zwar tragen sie Farbe und Antifarbe. Es gibt 9 Farbe-Antifarbe-Kombinationen: $r\bar{r}$, $g\bar{g}$, $b\bar{b}$, $r\bar{g}$, $r\bar{b}$, $g\bar{r}$, $g\bar{b}$, $b\bar{r}$, $b\bar{g}$. Jede Linearkombination ist prinzipiell ebenfalls ein möglicher Farbzustand eines Gluons. Die von der QCD gruppentheoretisch behandelte Farbsymmetrie ($SU(3)_{Farbe} \equiv SU(3)_C$) gliedert die neun Zweifarbenzustände in ein Oktett (ganz analog zu den Mesonenoktetts der Abbildung II.2(a) in II,2) und das farbneutrale Farbsingulett $r\bar{r}+g\bar{g}+b\bar{b}$, das invariant gegenüber einer zyklischen Vertauschung der drei „Farben“ ist. Farbsingulette sind nur als freie Teilchen nicht aber als virtuelle Feldquanten zugelassen. Deswegen gibt es in der QCD acht verschiedene Gluonen, deren Farbkomposition hier (ohne Beweis) nur erwähnt sei:

Das Oktett besteht aus den 6 „gefärbten“ Zuständen $r\bar{b}$, $r\bar{g}$, $g\bar{r}$, $g\bar{b}$, $b\bar{r}$, $b\bar{g}$ und den beiden farbneutralen Kombinationen

$$\frac{1}{\sqrt{2}}(g\bar{g}-r\bar{r}) \text{ und } \frac{1}{\sqrt{6}}(g\bar{g}+r\bar{r}-2b\bar{b}).$$

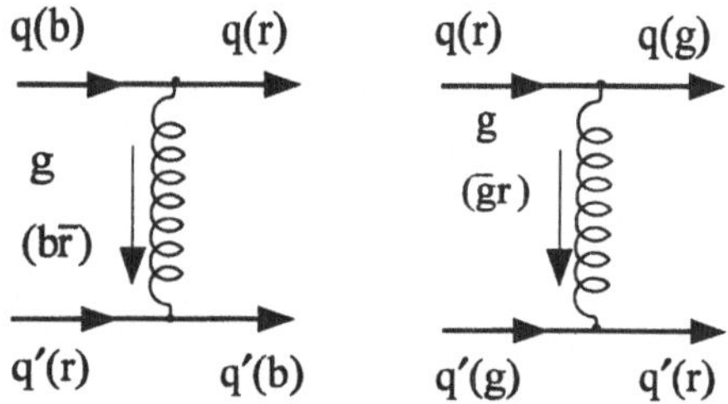

Abb. II.28: Starke Wechselwirkung durch Gluonenaustausch (q, q´ = Quarks, g = Gluon; (*r*), (*g*), (*b*) steht für die Farbladungen rot, grün und blau); symbolische Darstellung in Anlehnung an *Feynman*-Graphen

Da die Gluonen selbst Farbladungen tragen, können sie nicht nur von den Quarks emittiert und absorbiert werden, wie in den Beispielen der Abbildung II.28 gezeigt, sondern sie können auch unmittelbar mit ihresgleichen wechselwirken. Gluonen sind selbst Quellen des Starken Feldes. Felder als Quellen der gleichen Felder! Dieser Umstand macht die QCD weitaus komplexer und mathematisch aufwendiger als die QED. So sind innerhalb von Hadronen nicht nur virtuelle Quark-Antiquark-Paare als Zwischenzustände sondern auch Gluon-Gluon-Vakuumpolarisationszustände (siehe Abbildung II.29) vorstellbar. Auch sollten reelle Gluonen-Farbsingulette mit Mesoneneigenschaften (sog. Gluonenbälle) existieren.

Vakuum ist nicht Vakuum oder „laufende“ Kopplungskonstanten

Das Phänomen der Vakuumpolarisation (siehe Abbildung. II.29) ist letztendlich auch verantwortlich für fundamentale Unterschiede zwischen Elektromagnetischer und Starker Kraft. Bevor auf diesen zentralen Punkt der allgemeinen Quantenfeldtheorie eingegangen wird, wollen wir noch einmal die Begriffe „Stärke“ und „Reichweite“ einer Kraft aufgreifen. Es war bereits verschiedentlich davon die Rede, daß in der Quantenfeldtheorie die Kraftwirkung zwischen zwei Teilchen durch den Austausch virtueller Feldbosonen (Photonen, Gluonen, $W^{\pm}$, Z^0-Bosonen, Gravitonen oder auch Mesonen wie bei der Kernkraft[18] beschrieben wird. Emission und Absorption der Feldquanten geschehen in punktförmigen Raumgebieten, „Vertices“, (Punktwechselwirkung). Man spricht von punktförmiger Kopplung der Feldbosonen an die Quellen, die „Ladungen“ der wechselwirkenden Teilchen (vgl. Abbildung II.30). Die Stärke einer Fundamentalkraft hängt zum einen von der Stärke der Quelle, ausgedrückt durch eine „Kopplungskon-

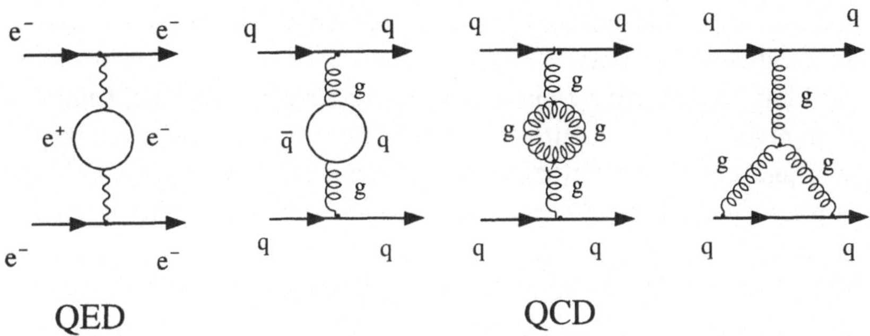

Abb. II.29: Vakuumpolarisationsdiagramme der QED und QCD

---

[18]Die Kernkraft zwischen den Nukleonen kann als eine Art Leckage oder Restwechselwirkung bzw. Überbleibsel der Starken Wechselwirkung zwischen den Quarks angesehen werden. Wir kennen einen vertrauten Parallelfall. Die Bindungskräfte zwischen den Atomen eines Moleküls oder intermolekulare Kräfte sind genaugenommen nichts anderes als Restwirkungen des elektromagnetischen Feldes innerhalb der nach außen an sich neutralen Atome. Die Molekülkräfte beruhen gewissermaßen auf atomaren Restfeldern.

stante“ ab, und zum anderen von der Masse des Vermittlerteilchens des „Propagators“, welche auch die Reichweite der Kraft bestimmt. Große Masse entspricht kleiner Reichweite (z.B. bei der Schwachen Kraft ($m_{W\pm} \approx 80$ GeV/c^2)); masselose Feldquanten vermitteln Kräfte unendlicher Reichweite (Elektromagnetische und Starke Kraft). Ein Kräftevergleich ist nur innerhalb des gemeinsamen Reichweitenbereichs möglich und sinnvoll.

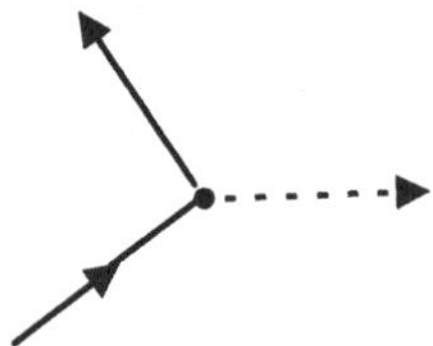

Abb. II.30: Punktförmige Kopplung der Feldbosonen

Betrachten wir nun zunächst den Einfluß der „Vakuumpolarisation“ auf die elektrische Ladung (z.B. eines Elektrons): Die von der Ladung emittierten und absorbierten virtuellen Photonen dissoziieren teilweise spontan für sehr kurze Zeiten in e^+e^--Paare (siehe Abbildung II.29). Eine (punktförmige) Ladung ist also nicht nur von ihrem eigenen Feld, sondern auch von einer Wolke von Ladungspaaren umgeben. Diese virtuellen e^+e^--Paare richten sich im Feld der Ladung wie die Dipole eines Dielektrikums im elektrischen Feld aus. Versucht man mit einer positiven Testladung die Ladung des Elektrons über die Coulombkraft zu messen, so hängt das Meßergebnis wegen der virtuellen Ladungswolke um die „nackte“ Elektronladung von der Entfernung zwischen Elektron und Testladung ab. In weiter Entfernung mißt man die tabellierte Elementarladung bzw. Kopplungskonstante e und die daraus sich ergebende *Sommerfeld*-Feinstrukturkonstante $\alpha = e^2/4\pi \approx 1/137{,}036$ Dringt die Testladung in die Positronenwolke in nächster Umgebung der „nackten“ Elektronladung ein, verringert sich die Abschirmwirkung durch die Positronen und der Wert der gemessenen Ladung steigt. Je näher die elektrische Probeladung an das „nackte“ Elektron herankommt, desto größer wird die Masse der virtuellen Photonen (kleine Reichweite entspricht großer Masse!) des Feldes. Im Schwerpunktssystem der Stoßpartner sind wegen $q^2 = m^2 = E^2$ hohe virtuelle Massen gleichbedeutend mit hohen 4-Impulsüberträgen (s. Kasten 7 zur Erklärung von „4-Impulsen") bzw. hohen Energien. Fazit: Die elektromagnetische Kopplungskonstante ist gar keine Konstante. Sie „läuft" mit der Energie („running coupling constant"). Je mehr sich die positive Testladung dem Elektron nähert, d. h. je größer die Schwerpunktsenergie des Elektron-Probeladung-Systems wird, desto größer wird die Feinstrukturkonstante α_E der Elektromagnetischen Wechselwirkung. Der Wert von α_E beträgt nach [Schaile 1994] bei der Energie der Z^0-Masse 1/128,82 anstelle von 1/137,04 bei sehr kleiner Energie.

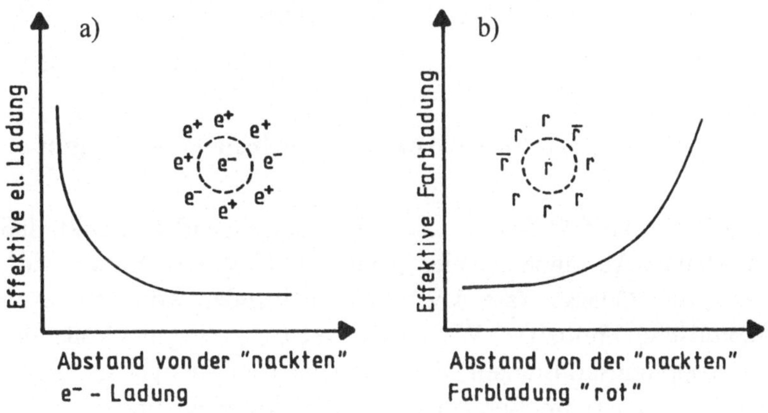

Abb. II.31: Auswirkungen
(a) der Vakuumpolarisation auf die effektive elektrische Ladung
(b) der Vakuumpolarisation und der Gluonen auf die effektive Farbladung

Den gleichen Abschirmeffekt sollte man auch bei der Farbladung eines Quarks erwarten. Die effektive Farbladung würde sich auch wie die elektrische Ladung beim Heranführen einer Testladung verändern, gäbe es neben der Quark-Paarbildung nicht auch eine geladene Gluonenwolke und die Gluon-Gluon-Paarbildung (Gluon $\rightarrow$ Gluonpaar, vgl. Abb. II.29). Die Gluonen, selbst Farbladungsträger, verschmieren die effektive Ladung des betrachteten Quarks. Eine sorgfältige Bilanzierung der Ladungsverteilung um ein „nacktes“ Quark, hervorgerufen durch einen „See“ virtueller Gluonen, Quarks und Antiquarks zeigt, daß der von der QED erwartete Effekt durch den Gluonenbeitrag genau umgekehrt wird: Je mehr sich die Farbprobeladung dem „nackten“ Quark nähert, desto geringer wird der registrierte Ladungswert in unserem Gedankenexperiment. Ein „rotes“ Quark verhält sich so, als sei es von zusätzlichen Rotladungen umgeben. Außerhalb dieser umgebenden Hülle gleicher Ladung erscheint der Testladung die Quarkladung größer als innerhalb (siehe Abbildung II.31). Die „Feinstrukturkonstante“ der Starken Wechselwirkung α_S ist – wie α_E – ebenfalls keine echte Konstante sondern eine „running constant“. Sie nimmt mit steigender Energie (genauer: Quark-Quark-Schwerpunktsenergie) – im Gegensatz zu α_E – ab. Experimentell gesichert ist: $\alpha_S(m_\tau \approx 1{,}8$ GeV$) \cong 0{,}36$ und $\alpha_S(m_{Z^0} \approx 91$ GeV$) \cong 0{,}12$ [Particle Data Group 1994].

Asymptotische Freiheit und warum es keine freien Quarks gibt

Der Antiabschirmeffekt des Starken Feldes eines Quarks bewirkt, daß bei sehr kleinen Abständen zweier Quarks die Kraft so schwach wird, daß sich die Quarks fast kräftefrei aneinander vorbeibewegen („asymptotische Freiheit“). Wegen der relativ geringen Größe der Starken Kopplungskonstanten (die – wie oben erläutert – gar keine Konstante mehr ist) im Bereich der „asymptotischen Freiheit“ läßt sich hier mit großem Erfolg wie in der QED Störungsrechnung betreiben. Schwieriger wird die theoretische Behandlung bei großen Abständen der Quarks, im Bereich des sog. „confinement“, wo wegen der angewachsenen Feinstrukturkonstanten α_S die Störungsrechnung versagt. Man bedient sich hier u. a. numerischer Näherungsverfahren, die nur auf den größten Rechenanlagen durchführbar sind. Was bei dem Versuch, zwei Quarks oder ein Quark-Antiquark-Paar zu trennen, passiert, haben wir bereits in II,3 im Zusammenhang mit der Deutung der beobachteten hadronischen Jets plausibel gemacht. Die mit der Entfernung der Quarks steigende Energie des Gluonenfeldes führt zur Materialisation des Feldes in reale Hadronen und verhindert die Bildung freier Quarks. Aus diesem Verhalten leitet sich die Bezeichnung „confinement“ ab. Die Quarks sind in den Hadronen wie in einem Sack eingeschlossen, der farbneutral ist. Sie bilden zusammen immer ein Farbsingulett. Die Reichweite der Farbladungen beträgt höchstens etwa 1 fm. Für größere Distanzen ist das Vakuum farbundurchlässig; es gibt keine freie isolierte Farbladungen und damit keine freien Quarks und keine freien Gluonen.

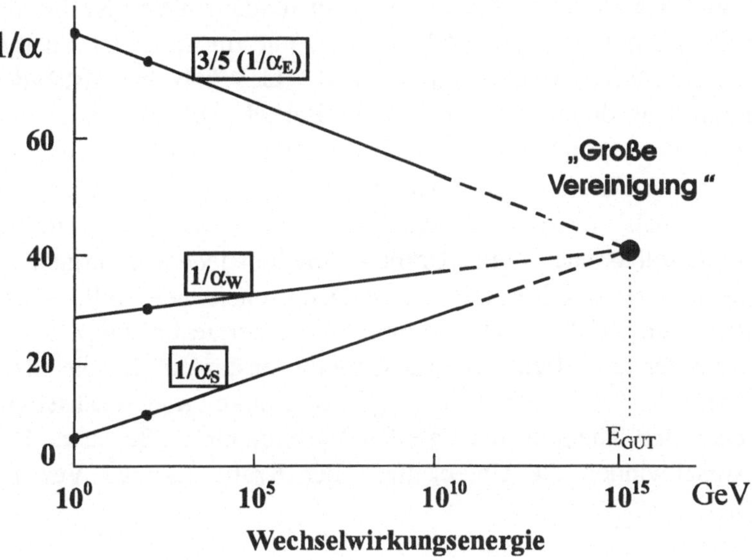

Abb. II.32: Qualitative Energieabhängigkeit der drei „Feinstrukturkonstanten“ α_E, α_W und α_S, für die Elektromagnetische, Schwache und Starke Wechselwirkung nach den „Theorien der großen Vereinigung“ (GUT = **G**rand **U**nified **T**heories)

Wenn auch die Theorie der Quantenfarbdynamik im Bereich des „confinement“, wo die Störungsrechnung nicht mehr anwendbar ist, noch gewisse Schwierigkeiten zu bewältigen hat, besteht bei den Experten begründete Hoffnung, daß es ihr gelingen wird, die Natur des Quarkeinschlusses vollständig aufzuklären und begründen zu können, warum die Natur nur Farbsingulette als reale Teilchen zuläßt. Übersetzt man im Rahmen der QCD die theoretische Energie- bzw. q^2-Abhängigkeit der „Feinstrukturkonstanten“[19] α_S in ein radialsymmetrisches Potential $V(r)$, so stimmen die Aussagen der QCD mit dem aus den Termschemata der Quarkonia-Atome Charmonium und Bottomonium abgeleiteten Potential überein (vergl. II,4).

Es sei abschließend und im Vorgriff auf Kapitel III darauf hingewiesen, daß auch die Kopplungskonstante der Schwachen Kraft α_W mit zunehmendem q^2 oder steigender Wechselwirkungsenergie abnimmt und daß sich die Stärken aller drei fundamentalen Kräfte, die in der Teilchenphysik eine Rolle spielen, mit zunehmender Energie einander annähern, bis sie sich bei etwa 10^{15} GeV bzw. bei Abständen in der Größenordnung 10^{-27} m – unter Berücksichtigung einer notwendigen Normierung (siehe III,3) – treffen („große Vereinigung aller Kräfte“). Eine so hohe Energie wird man in Laboratorien vermutlich niemals erzeugen können. Für die Entwicklung des Universums unmittelbar nach dem „Urknall“ spielten jedoch Energien im Bereich der „großen Vereinigung“ eine entscheidende Rolle (siehe IV). Abbildung II.32 zeigt qualitativ die Energieabhängigkeit der Kehrwerte der drei effektiven „Feinstrukturkonstanten“ für die Elektromagnetische (α_E), Schwache (α_W) und Starke (α_S) Wechselwirkung nach den Theorien der „großen Vereinigung“. Bei etwa 10^{15} GeV verschwinden die Unterschiede der Kräfte („große Vereinigung“).

6 Die Extravaganzen der Schwachen Wechselwirkung

Die Schwache Wechselwirkung ist diejenige unter den fundamentalen Kräften, die es mit den in der Teilchenphysik sehr bedeutsamen Symmetrieprinzipien am wenigsten genau nimmt. Auch wenn diese

---

[19] Auf eine explizite Darstellung der q^2-Abhängigkeit von α_S wird hier verzichtet. Der Leser findet entsprechende Ausdrücke in der weiterführenden Literatur (siehe „Ergänzende und weiterführende Literatur“ am Ende des Buches).

Symmetrien erst im nächsten Kapitel im Mittelpunkt stehen werden, kommen wir nicht umhin, hier einige Symmetrieeigenschaften im Vorgriff auf Kapitel III anzusprechen, um wenigstens einige Besonderheiten und aktuelle Probleme der Schwachen Wechselwirkung im Rahmen des Standardmodells kennenzulernen, nachdem die Schwache Kraft in diesem Buch insgesamt sowieso nur in recht bescheidenem Rahmen und nicht ihrer Bedeutung entsprechend behandelt werden kann. Bevor wir uns jedoch dem oben genannten Themenbereich zuwenden, soll zunächst ein Eindruck davon vermittelt werden, wie schwach die Schwache Kraft wirklich ist.

Wie schwach ist die Schwache Wechselwirkung?

Die Stärke bzw. Schwäche einer Kraft äußert sich zum einen in der Größe der Wirkungsquerschnitte für Wechselwirkungsreaktionen, die vermittels einer bestimmten Kraft ablaufen und zum anderen in der Lebensdauer instabiler Teilchen oder Zustände, die auf Grund einer bestimmten fundamentalen Wechselwirkung zerfallen. Je schwächer eine Kraft ist, desto seltener werden über sie ablaufende Reaktionen und desto unwahrscheinlicher werden mögliche Zerfälle. Um eine Vorstellung von der Schwäche der Schwachen Wechselwirkung zu entwickeln, wollen wir eine historisch bedeutsame erste Abschätzung des Wirkungsquerschnitts für den Einfang von niederenergetischen Neutrinos durch Atomkerne (Reaktion des inversen Betazerfalls) nachvollziehen. Wie wir schon wissen, können Neutrinos als elektrisch ungeladene Leptonen ausschließlich über die Schwache Kraft wechselwirken (vergl. II,1).

Wolfgang Pauli hat 1930 das Neutrino erfunden, um das kontinuierliche Energiespektrum der beim radioaktiven Betazerfall emittierten Elektronen zu erklären [Brief *W. Paulis* an die 'Gruppe der Radioaktiven' bei der Gauvereins-Tagung in Tübingen am 3.12.1930, Kasten 4]. Im Gegensatz zu vielen Zeitgenossen, darunter auch *Niels Bohr*, hielt er unbeirrt an der Energie- und Impulserhaltung bei Kernumwandlungsprozessen fest. Er wettete später einen Kasten Champagner darauf, daß es wegen eines viel zu geringen Wirkungsquer-

Kasten 4: Der Brief *Wolfgang Paulis* mit der Neutrino-Hypothese

Liebe radioaktive Damen und Herren,

wie der Überbringer dieser Zeilen, den ich huldvollst anzuhören bitte, Ihnen des näheren auseinandersetzen wird, bin ich ... auf einen verzweifelten Ausweg verfallen, um den 'Wechselsatz' der Statistik und den Energiesatz zu retten. Nämlich die Möglichkeit, es könnten elektrisch neutrale Teilchen, die ich Neutronen nennen will [das heutige Neutron wurde erst 1932 entdeckt, die Bezeichnung 'Neutrino' stammt von *Fermi* aus dem Jahr 1934; Anmerkung des Autors], in dem Kern existieren, welche den Spin ½ haben und das Ausschließungsprinzip befolgen.... Das kontinuierliche β-Spektrum wäre dann verständlich unter der Annahme, daß beim β-Zerfall mit dem Elektron jeweils noch ein Neutron emittiert wird, derart, daß die Summe der Energien von Neutron und Elektron konstant ist. Ich traue mich vorläufig aber nicht, etwas über diese Idee zu publizieren, und wende mich erst vertrauensvoll an Euch, liebe Radioaktive, mit der Frage, wie es um den experimentellen Nachweis eines solchen Neutrons stände, wenn dieses ein ebensolches oder etwa 10mal größeres Durchdringungsvermögen besitzen würde wie ein γ-Strahl.

Ich gebe zu, daß mein Ausweg vielleicht von vornherein wenig wahrscheinlich erscheinen mag, ... Aber nur wer wagt, gewinnt ... Also, liebe Radioaktive, prüfet und richtet. – Leider kann ich nicht persönlich in Tübingen erscheinen, da ich infolge eines in der Nacht vom 6. zum 7. Dez. in Zürich stattfindenden Balles hier unabkömmlich bin.

– Mit vielen Grüßen ...

Euer untertänigster Diener
W. Pauli

schnitts nie gelingen wird, das Neutrino jemals nachzuweisen. Es dauerte mehr als zwanzig Jahre seit der Neutrinohypothese, bis *Pauli* seine Wette einlösen mußte. Er hat dies auch prompt getan, nachdem den Amerikanern *Reines* und *Cowan* 1955/56 der Nachweis des Neutrinos (genauer des $\bar{\nu}_e$) gelungen war, und er von ihnen im Juni 1956 das folgende Telegramm erhalten hatte:

„We are happy to inform you that we have definitely detected neutrinos from fission fragments observing inverse beta decay of protons. Observed cross section agrees with expected six times ten to minus fourtyfour square centimetres“ [Reines 1982]. *Reines* hat 1995 für diese Pionierleistung den Nobelpreis für Physik erhalten.

Daß *Pauli* von der Nichtnachweisbarkeit der Neutrinos überzeugt war und daß bis in die vierziger Jahre unseres Jahrhunderts jeder, der auch nur mit dem Gedanken spielte, Neutrinos direkt nachweisen zu wollen, mit einem Lächeln übergangen wurde, ging auf eine Abschätzung des Wirkungsquerschnitts für die Wechselwirkung von Neutrinos mit Materie von *Bethe* und *Peierls* aus dem Jahre 1934 zurück [Bethe 1934, Pontecorvo 1982]. *Bethe* und *Peierls* gingen von der Reaktion des inversen β-Zerfalls aus. Ein Neutrino ν wird in einen Kern X mit der Massenzahl A und der Kernladungszahl Z eingefangen und erzeugt einen Kern Y und ein Elektron

$$\nu + {}^{A}_{Z}X \rightarrow {}^{A}_{Z+1}Y + e^{-}.$$

Der Wirkungsquerschnitt $\sigma_{\nu A}$ muß umgekehrt proportional zur Lebensdauer T des β-instabilen Kerns ${}^{A}_{Z}X$ sein. Die Proportionalitätskonstante k hat die Dimension Fläche·Zeit. Eine natürliche Länge ist die Wellenlänge λ des Neutrinos, als natürliche Zeit bietet sich λ/c (c = Vakuum-Lichtgeschwindigkeit) an. Damit ergibt sich als Abschätzung für $\sigma_{\nu A}$:

$$\sigma_{\nu A} = \frac{k}{T} \leq \lambda^2 \cdot \frac{\lambda}{c} \cdot \frac{1}{T}$$

Wendet man diesen Ausdruck auf das Neutron an, das sich durch β^--Zerfall in ein Proton umwandelt ($n \rightarrow p + e^- + \overline{\nu}_e$ bzw. $\nu_e + n \rightarrow p + e^-$) und dessen Lebensdauer $T = 935$ s beträgt, so ergibt sich für eine mittlere Neutrinoenergie von 0,8 MeV ein Wirkungsquerschnitt von

$$\sigma_{\nu n} \leq 1{,}4 \cdot 10^{-43}\ \mathrm{cm}^2 .$$

Der heutige Wert von $\sigma_{\overline{\nu}p}$ (≈ 1 MeV) liegt bei 10^{-43} cm^2!

Was ein Wirkungsquerschnitt von der Größenordnung 10^{-43} cm^2 wirklich bedeutet, wird erst faßbar, wenn man damit die mittlere freie Weglänge l in einem Material wie z. B. Wasser berechnet. Nach I,4 ist $l = (n \cdot \sigma)^{-1}$, wobei n die Teilchendichte (hier die Dichte der freien Protonen in Wasser) bedeutet. Demnach ist

$$l = (n \cdot \sigma_{\overline{\nu}p})^{-1} = \left(\frac{2}{3} \cdot 10^{23} \cdot 10^{-43}\right)^{-1} \mathrm{cm} = \frac{3}{2} \cdot 10^{20}\,\mathrm{cm} = 10^7\, d_{\mathrm{ES}}$$

mit $d_{\mathrm{ES}} = 150 \cdot 10^6$ km = Entfernung Erde-Sonne.

Das Ergebnis besagt, daß die Intensität eines Strahls von Antineutrinos mit einer Energie von ca. 1 MeV nach einer Wasserdicke von zehnmillionen Erdbahnradien erst auf ungefähr 1/3 des Anfangswertes abgefallen ist. Wen wundert es da, daß *Bethe* und *Peierls* 1934 schlußfolgerten: „Es ist daher absolut unmöglich, Prozesse dieser Art mit Neutrinos, die bei Kernumwandlungen entstehen, zu beobachten. ... Es gibt keinen praktischen Weg, Neutrinos zu beobachten."

Daß es heute möglich ist, mit Neutrino- und Antineutrinostrahlen genauso zu experimentieren wie mit anderen Teilchenstrahlen, liegt daran, daß mit Kernreaktoren und speziellen Strahlauslegungen an den großen Beschleunigern intensive Neutrino- und Antineutrinoquellen zur Verfügung stehen und daß man gelernt hat, sehr massereiche Targets zu konstruieren, die gleichzeitig hochempfindliche Detektoren für die Reaktionsprodukte darstellen. Auch erleichtert bei höheren Energien die Tatsache, daß der totale Wirkungsquerschnitt für die Neutrino-Nukleon-Streuung linear mit der Neutrinoenergie ansteigt, die Sisyphusarbeit des Experimentators. Ohne Zweifel gehören die Neutrinos bis heute zu den faszinierendsten aller Elementarteilchen. Eine große Zahl von Teilchenphysikern beschäftigt sich ausschließlich mit ihnen.

Symmetrieverletzungen am laufenden Band

Die Natur unterscheidet zwischen rechts und links

Aus der täglichen Beobachtung makroskopischer Vorgänge wissen wir, daß das Spiegelbild eines physikalischen Vorgangs wieder einen möglichen und ebenso wahrscheinlichen Prozeß darstellt. Das Spiegelbild eines eine Linkskurve fahrenden Autos ist ein eine Rechtskurve fahrendes Auto (siehe Abbildung II.33). Es gibt sicherlich ebenso viele Rechtskurven wie Linkskurven im Staßennetz. Überhaupt sind für die exakten Naturwissenschaften rechts und links nur relative Begriffe. Man könnte in den Lehrbüchern über klassische Physik oder Ingenieurwissenschaften überall im Text „rechts“ durch „links“ und „links“ durch „rechts“ ersetzen, ohne daß sich an der Richtigkeit der physikalischen Aussagen irgend etwas änderte.

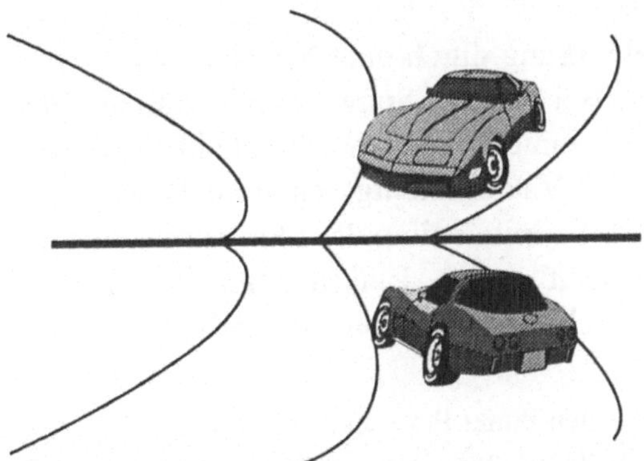

Abb. II.33: Ein eine Linkskurve fahrendes Auto im Spiegel betrachtet

Die weltanschauliche Gewißheit der Physiker über die Gleichberechtigung von rechts und links wurde 1957, durch eine Vermutung der in den USA lebenden Chinesen *T. D. Lee* und *Ch.. N. Yang* in Frage gestellt [Lee 1956]: die Verletzung der Paritätserhaltung oder

der Spiegelungsinvarianz[20] durch die Schwache Wechselwirkung (Genaueres zur Paritätssymmetrie in III,1). Die beiden Physiker leiteten damit die Erschütterung eines Weltbildes ein. Am 16. Januar 1957 brachte die *New York Times* auf der Titelseite einen Bericht mit der Überschrift „Basic concept in physics is reported upset in tests / Conservation of parity in nuclear theory challenged by scientists at Columbia and Princeton Institute". Aufmerksam geworden durch den rätselhaften experimentellen Befund, daß elektrisch geladene K-Mesonen ($K^{\pm}$) sowohl durch Emission von 2 als auch durch 3 Pionen zerfallen können, hatten die beiden Theoretiker die experimentelle Evidenz der Paritätserhaltung für die drei fundamentalen Wechselwirkungen der Teilchenphysik einer kritischen Prüfung unterzogen. Sie fanden überzeugende Belege für die Spiegelungsinvarianz der Starken und der Elektromagnetischen Kraft, aber – auch zu ihrer eigenen Überraschung – kein einziges Experiment, das die Paritätserhaltung bei der Schwachen Wechselwirkung belegte. Sie schlugen zugleich eine Reihe von Experimenten zur gezielten Klärung der Frage der Paritätserhaltung vor. Für diese sensationelle Arbeit erhielten *Lee* und *Yang* postwendend den Nobelpreis für Physik. Es folgte eine intensive Experimentiertätigkeit. Heute ist die Paritätsverletzung bei der Schwachen Wechselwirkung durch eine Vielzahl ausgezeichneter Experimente gesichert. Bei den bei Schwachen Zerfällen emittierten Fermionen zeigt der Spin mit einer Wahrscheinlichkeit v/c (v = Fermionengeschwindigkeit, c = Vakuumlichtgeschwindigkeit) in entgegengesetzter Richtung zum Fermionenimpuls. Man spricht in diesem Fall von „negativer Helizität" (oder „Linkshändigkeit"). Bewegt sich ein Fermion negativer Helizität auf einen Spiegel zu, so dreht

---

[20] Die Paritätsoperation führt einen Punkt P(x,y,z) in den Punkt P´(-x,-y,-z) über (Spiegelung am Koordinatenursprung). Durch eine Drehung um die z-Achse um 180^0 wird P´ in den Punkt P´´(x,y,–z) übergeführt. Beide Operationen zusammen, die P in P´´ abbilden, entsprechen einer ebenen Spiegelung an der xy-Ebene. Physikalische Vorgänge sind invariant gegenüber Drehungen des Koordinatensystems (Isotropie des Raumes). Das bedeutet, daß eine Verletzung der Paritätserhaltung äquivalent ist mit einer Verletzung der Spiegelungsinvarianz und umgekehrt. „Paritätserhaltung" und „Spiegelungsinvarianz" können synonym verwendet werden (vergl. III,1).

sich beim Spiegelbild der Impulsvektor, nicht aber der Eigendrehimpulsvektor (eine Linksschraube vor dem Spiegel bleibt eine Linksschraube hinter dem Spiegel!) um. Aus „Linkshändern" werden „Rechtshänder", die es in der Natur nicht gibt. Die Spiegelungsinvarianz ist maximal verletzt. Neutrinos mit einer verschwindenden Masse (siehe weiter unten) sind 100% „Linkshänder". Bei der Spiegelung eines auf einen Spiegel zufliegenden Neutrinos dreht sich die Impulsrichtung um, nicht aber die Spinrichtung (siehe Abbildung II.34): Aus einem „linkshändigen" (Spin- und Impulsvektor antiparallel) Neutrino (vor dem Spiegel) wird ein „rechtshändiges" Neutrino (Spiegelbild), das in der Natur nicht existiert. Die Verletzung der Spiegelinvarianz führt zu einer Unterscheidung von links und rechts. Eine Theorie der Schwachen Wechselwirkung muß die maximale Paritätsverletzung inkorporieren.

Abb. II.34: Spiegelung von Spin und Impuls eines Neutrinos

In der Quantenfeldtheorie gibt es ein fundamentales Theorem von *Lüders* und *Pauli*, wonach es unmöglich ist, eine vernünftige *Lagrange*dichte zu konstruieren, die nicht invariant wäre gegenüber einer dreifachen Spiegelung, der räumlichen Paritätsoperation *P*, der Ersetzung von Teilchen durch Antiteilchen oder *C*-Operation (Ladungskonjugation (engl. charge conjugation) genannt) und der Zeitumkehr *T* (*CPT*-Theorem). Daher muß die Brechung der *P*-Symmetrie zwangsläufig entweder von einer Brechung der *C*-Symmetrie oder der *T*-Symmetrie begleitet sein. Daß bei der Schwachen Wechselwirkung auch die Symmetrie der Ladungskonjugation verletzt ist, davon konnte man sich durch Messung der Helizität von Antifermionen schnell überzeugen. Die bei Schwachen Prozessen entstehenden Antifermionen besitzen die entgegengesetzte Helizität wie ihre Fermionenpartner. Antineutrinos sind zu 100 % Rechtshänder (bei verschwindender Neutrino-Masse). Oben haben wir gesehen, daß das

Spiegelbild linkshändiger Fermionen rechtshändig ist. Tauschen wir mit der Spiegelung auch noch Teilchen gegen Antiteilchen aus, so erhalten wir die in der Natur realisierten Antifermionen mit vorzugsweise positiver Helizität. Das heißt mit anderen Worten: es sieht so aus, als sei bei der Schwachen Wechselwirkung wenigstens die *CP*-Symmetrie erhalten, nachdem sowohl die *C*- als auch die *P*-Symmetrie für sich allein verletzt sind. Dies schien in der Tat auch lange Zeit der Fall zu sein, bis im Jahre 1964 die Schwache Kraft mit einer neuen Überraschung aufwartete. Bevor wir jedoch auf die Entdeckung eines eigenartigen und bis heute einmaligen Phänomens der Schwachen Kraft zu sprechen kommen, soll wenigstens eines der von *Lee* und *Yang* vorgeschlagenen historischen Experimente zur Verletzung der Paritätserhaltung beschrieben werden. Es ist das von *C. S. Wu* von der Columbia-Universität und ihren Mitarbeitern vom National Bureau of Standards der USA 1956/57 durchgeführte Experiment zur Messung der Intensität der von einem spinpolarisierten radioaktiven ^{60}Co-Präparat emittierten Elektronen in Abhängigkeit von der Polarisationsrichtung [Wu 1957]. Das Prinzip des Experiments und sein Spiegelbild sind in Abbildung II.35 dargestellt.

Der Kobalt-60-Kern hat einen Eigendrehimpuls (Spin) und ein damit verbundenes magnetisches Dipolmoment. In einem äußeren Magnetfeld richtet sich der magnetische Dipol parallel zum Magnetfeld aus. Dadurch werden die Kernspins des betainstabilen Co-Präparats polarisiert („Spinpolarisation"). Ein ausreichender Polarisationsgrad kann jedoch nur bei sehr tiefen Temperaturen erreicht werden, weil die thermische Bewegung der Atome die Spinausrichtung ständig torpediert. Das Experiment von Frau *Wu* mußte nahe am absoluten Nullpunkt durchgeführt werden (T < 0,03 Kelvin), und hierin bestand seine technische Schwierigkeit. Die Elektronenintensität wurde mit einem oberhalb des Präparats montierten Zähler gemessen. Durch Umpolung des Magnetfeldes war es möglich festzustellen, ob es einen Unterschied in der Wahrscheinlichkeit für die Emission der Betateilchen in Richtung des Kernspins und in entgegengesetzter Richtung gibt. Der Umpolung des Magnetfeldes entspricht exakt einer Spiegelung des Experiments (siehe Abbildung II.35). Beim Spiegelbild durchfließt der das Magnetfeld hervorrufende Strom die Spule in umgekehrter Richtung wie beim Original; dadurch dreht sich die Polarisationsrichtung um 180°. An der Bewegungsrichtung der Elektronen ändert sich bezüglich oben unten dagegen beim Spiegeln nichts. Ende Januar 1957 stand das Ergebnis fest: Die Elektronen wurden bevorzugt entgegen der Kernspinrichtung emittiert. – Eine klare Verletzung der Spiegelungsinvarianz!

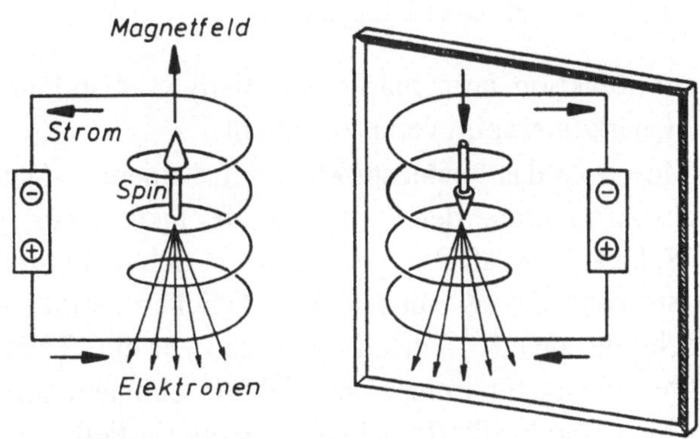

Abb. II.35: Prinzip des ^{60}Co-Experiments zum Nachweis der Verletzung der Paritätserhaltung durch die Schwache Wechselwirkung und sein Spiegelbild, nach [Faissner 1968]

Leider konnte das geschilderte Experiment nicht mit Antikobalt wiederholt werden um die *C*-Symmetrie zu untersuchen. Aber schon kurz nach dem Co-Experiment demonstrierten zwei andere Experimente am Beispiel des π^+- und μ^+-Zerfalls ($\pi^+ \rightarrow \mu^+ + \nu_\mu$ und $\mu^+ \rightarrow e^+ + \nu_e + \overline{\nu}_\mu$) die *P*- und die *C*-Symmetrieverletzung [Garwin 1957, Friedman 1957]. Bis zum Frühjahr 1957 stand fest, daß bei Prozessen der Schwachen Wechselwirkung die *P*- und *C*-Symmetrie immer verletzt sind, welche Untersuchung man auch immer anstellte.

Das seltsamste Duo im Teilchenzoo: das neutrale K*-Meson* K^0 *und sein Antipartner* $\overline{K}^0$

Wir haben das K^0-$\overline{K}^0$-Paar als Mitglieder eines Mesonenoktetts schon in II,2 kennengelernt. Ihre Quarkkomposition ist $K^0 = (d\overline{s})$ und

$\overline{K}^0 = (\overline{d}s)$. Das K^0-Meson wird durch Streuung von Pionen an Protonen über die Starke Wechselwirkung erzeugt. Da die Starke Kraft das Quarkaroma erhält und weder das Pion noch das Proton ein $\overline{s}$-Quark enthalten, muß mit dem K^0 ein weiteres das s-Quark enthaltendes Teilchen (wegen der Baryonenzahlerhaltung (siehe III,1) ein Baryon) erzeugt werden:

$$\pi^-(d\overline{u}) + p(uud) \rightarrow K^0(d\overline{s}) + \Lambda(uds)$$

Der Ablauf der Reaktion auf Quarkebene wird in Abbildung II.36 durch ein sog. Quarkdiagramm veranschaulicht.

Das K^0-Meson ist das leichteste Meson mit einem $\overline{s}$-Quark und kann wegen der Aromatreue der Starken Kraft nicht über letztere zerfallen. Die Schwache Kraft dagegen kümmert sich nicht um Quarkaromen; über sie kann das K^0 in leichtere Teilchen zerfallen. Doch mit der Betrachtung des K^0-Zerfalls betreten wir ein Terrain, das über viele Jahre hinweg für immer neue Überraschungen sorgte und so manche(n) TeilchenphysikerIn schier verzweifeln ließ, weil sie/er schließlich gezwungen war, vertraute Paradigmen über Bord zu werfen. Wir können von den Eigenheiten hier nur einige diskutieren.

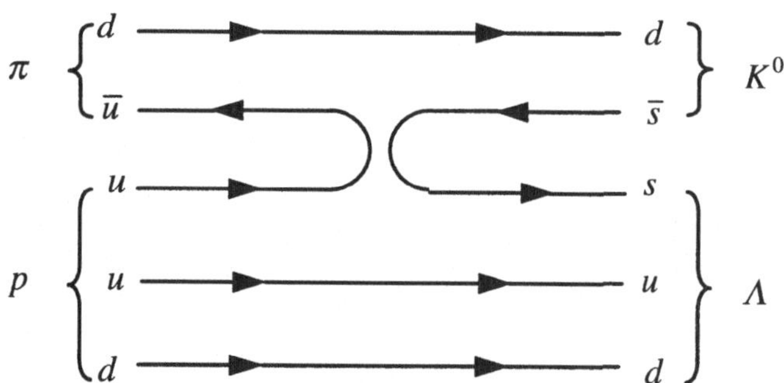

Abb. II.36: Quarkdiagramm zur Erzeugung des K^0 über die Reaktion $\pi^- + p \rightarrow K^0 + \Lambda$

Das K^0-Meson zerfällt überwiegend entweder in zwei oder in drei Pionen ($\pi^+\pi^-$ und $\pi^0\pi^0$ oder $\pi^+\pi^-\pi^0$ und $3\pi^0$). Da sowohl das K^0-Meson als auch die Pionen spinlose (skalare) Teilchen sind, dürfen die beiden Pionensysteme im Endzustand wegen der Drehimpulserhaltung im K^0-Schwerpunktssystem auch keinen Bahndrehimpuls besitzen. Sie bilden jeweils einen rotationssymmetrischen Zustand, der invariant gegenüber Raumspiegelungen ist und dessen Raumparitätsquantenzahl deshalb +1 ist (gerade Parität). Auf Grund der negativen inneren Parität (Eigenparität) der Pionen (siehe III,1) ist die Parität des Zwei-Pionen-Systems insgesamt positiv (gerade), die des Drei-Pionen-Systems negativ (ungerade). Auf der anderen Seite entnehmen wir der einschlägigen Teilchenfibel „Review of Particle Properties" [Particle Data Group 1994], daß die innere Parität von K^0 und $\overline{K}^0$ negativ (ungerade) ist. Dieser Sachverhalt mutet auf den ersten Blick recht merkwürdig an, dürfte uns aber nicht mehr verwundern, da wir uns an die Verletzung der Parität durch die Schwache Wechselwirkung schon gewöhnt haben sollten. Was die *C*-Symmetrie anbetrifft, so ist unmittelbar einzusehen, daß sowohl das Zwei-Pionen-System als auch das Drei-Pionen-System invariant gegenüber der Ladungskonjugations-Transformation sind. Wie sieht es aber mit der *CP*-Symmetrie aus?

Die Natur unterscheidet zwischen Materie und Antimaterie

Seien *P* und *C* der Paritäts- und der Ladungskonjugationsoperator, die auf die Zustandsvektoren $|K^0\rangle$ und $|\overline{K}^0\rangle$ wirken. Dann ist laut Teilchenfibel (siehe oben)

$$P|K^0\rangle = -|K^0\rangle \text{ und } P|\overline{K}^0\rangle = -|\overline{K}^0\rangle$$

und per definitionem

$$C|K^0\rangle = |\overline{K}^0\rangle \text{ und } C|\overline{K}^0\rangle = |K^0\rangle$$

Beide Operationen kombiniert, ergibt

$$CP|K^0\rangle = -|\overline{K}^0\rangle \text{ und } CP|\overline{K}^0\rangle = -|K^0\rangle .$$

Die beiden Zustände $|K^0\rangle$ und $|\overline{K}^0\rangle$ sind also keine Eigenzustände von *CP*. Hingegen sind die Linearkombinationen

$$|K_1\rangle = \frac{1}{\sqrt{2}}(|K^0\rangle - |\overline{K}^0\rangle) \text{ und } |K_2\rangle = \frac{1}{\sqrt{2}}(|K^0\rangle + |\overline{K}^0\rangle)$$

CP-Eigenzustände. Wie man sich durch Nachrechnen überzeugen kann, ist $CP|K_1\rangle = +1$ und $CP|K_2\rangle = -1$. Aus den obigen Ausführungen geht ferner hervor, daß $CP|2\pi\rangle = +1$ und $CP|3\pi\rangle = -1$ ist. Umgekehrt lassen sich $|K^0\rangle$ und $|\overline{K}^0\rangle$ als Überlagerung der Zustände $|K_1\rangle$ und $|K_2\rangle$ darstellen:

$$|K^0\rangle = \frac{1}{\sqrt{2}}(|K_2\rangle + |K_1\rangle) \text{ und } |\overline{K}^0\rangle = \frac{1}{\sqrt{2}}(|K_2\rangle - |K_1\rangle)$$

Experimentell wird beobachtet, daß die Lebensdauer des K^0-Mesons hinsichtlich des Zwei-Pionen-Zerfalls ungefähr $9 \cdot 10^{-11}$ s und hinsichtlich des Drei-Pionen-Zerfalls $5 \cdot 10^{-8}$ s beträgt. Da $|K_1\rangle$ und $|K_2\rangle$ Eigenzustände des *CP*-Operators sind und die Eigenwerte jeweils mit denen des Zwei-Pionen- bzw. Drei-Pionen-Systems übereinstimmen, ist es folgerichtig anzunehmen, daß $|K_1\rangle$ und $|K_2\rangle$ die eigentlichen physikalischen K-Mesonen sind, die – wie sich das für ein ordentliches Teilchen gehört – u. a. eine bestimmte Masse und eine charakteristische Halbwertszeit besitzen und unter Wahrung der *CP*-Invarianz vermittels der Schwachen Kraft zerfallen. Mit dieser Interpretation des Verhaltens des K^0-Mesons konnte man bis 1964 ganz gut leben. In diesem Jahr entdeckten *Christenson, Cronin, Fitch* und *Turlay* am Protonsynchrotron in Brookhaven (USA), daß die langlebige Komponente K_2 des K^0 in 0,2 % aller Fälle des Zerfalls in geladene Pionen nicht in 3 Pionen sondern in $\pi^+ + \pi^-$ zerfällt [Christenson 1964]. Bedeutete dies, daß die Schwache Wechselwirkung etwa mit noch einer Symmetriebrechung aufzuwarten hatte, der Verletzung der *CP*-Invarianz? Die sensationelle Nachricht von Brookhaven löste weltweit theoretische Spekulationen und v.a. eine intensive Experimentiertätigkeit aus (die bis zur Gegenwart noch nicht abgeschlossen ist), bedeutete doch eine Verletzung der *CP*-Invarianz nach dem *CPT*-Theorem auch eine Verletzung der Zeitumkehrinvarianz (siehe III,1). Nach dem heutigen Stand der Forschung bricht der K^0-Komplex tatsächlich sowohl die *CP*- als auch die *T*-Symmetrie. Die bisherige Rolle von $|K_1\rangle$ und $|K_2\rangle$ als physikalische

Zustände übernehmen jetzt der kurzlebige Zustand $|K_S^0\rangle$ (mittlere Lebensdauer $\tau = (0{,}8926 \pm 0{,}0012) \cdot 10^{-10}$ s und der langlebige Zustand $|K_L^0\rangle$ ($\tau = (5{,}17 \pm 0{,}04) \cdot 10^{-8}$ s). Beide Zustände lassen sich mit Hilfe eines Parameters ε, der die *CP*-Symmetrieverletzung quantifiziert, durch die *CP*-Eigenzustände $|K_1\rangle$ und $|K_2\rangle$ ausdrücken:

$$|K_S^0\rangle = \frac{1}{\sqrt{1+\varepsilon^2}}(|K_1\rangle + \varepsilon \cdot |K_2\rangle \text{ und } |K_L^0\rangle = \frac{1}{\sqrt{1+\varepsilon^2}}(|K_2\rangle + \varepsilon \cdot |K_1\rangle)$$

mit $\varepsilon \approx 2 \cdot 10^{-3}$.

Zur Beschreibung aller Phänomene der *CP*- und *T*-Symmetrieverletzung beim K^0-Zerfall sind noch weitere meßbare Parameter erforderlich, auf die hier nicht eingegangen werden kann. Neben dem Zwei-Pionen-Zerfall des K_L^0 demonstriert auch der semileptonische Zerfall ($K_L^0 \to \pi^\pm + l^\mp + \bar{\nu}, \nu$; l steht für die Leptonen e und μ) in eindrucksvoller Weise die Verletzung der *CP*-Invarianz. Es ist

$$\frac{\text{Rate}(K_L^0 \to \pi^- l^+ \nu) - \text{Rate}(K_L^0 \to \pi^+ l^- \bar{\nu})}{\text{Rate}(K_L^0 \to \pi^- l^+ \nu) + \text{Rate}(K_L^0 \to \pi^+ l^- \bar{\nu})} = (3{,}3 \pm 0{,}1) \cdot 10^{-3},$$

d. h. in Worten, daß das K_L^0 bevorzugt in Positronen oder positive Myonen gegenüber Elektronen oder negativen Myonen zerfällt und damit eine klare Unterscheidung zwischen Materie und Antimaterie vornimmt.

$K^0 - \overline{K}^0$ *-Mischung – eine quantenmechanische Spielwiese*

Wir wollen für die folgenden Betrachtungen die oben diskutierte *CP*-Symmetrieverletzung des K^0-Komplexes einmal außer acht lassen und $|K_S^0\rangle = |K_1\rangle$ und $|K_L^0\rangle = |K_2\rangle$ setzen. K^0-Mesonen können, wie oben bereits ausgeführt wurde, z.B. durch Pion-Nukleon-Streuung vermittels der Starken Kraft erzeugt werden, wobei mit dem K^0 immer auch ein Baryon, das ein Strange-Quark enthält, entsteht, da die Starke Wechselwirkung das Quarkaroma erhält. Nehmen wir also an, es werde an einem Beschleuniger durch Beschuß eines Targets mit Pionen ein reiner K^0-Strahl erzeugt, d.h. zur Zeit $t = 0$ verlasse ein bestimmter Fluß an neutralen K-Mesonen die Targetstation. Der quantenmechanische Zustand des so präparierten K^0-Ensembles besteht aus einer kohärenten Superposition von $|K_S^0\rangle$- und $|K_L^0\rangle$-Zuständen gleicher Wahrscheinlichkeitsamplitude. In Laborsprache ausgedrückt, setzt sich der Strahl am Ort der Erzeugung zu gleichen Teilen aus K_S^0- und K_L^0-Mesonen zusammen, die ungefähr den gleichen Impuls haben mögen. Da die Massen der beiden Mesonkomponenten geringfügig verschieden sind ($\Delta m = 3{,}52 \cdot 10^{-6}$ eV) und sie sich deswegen verschieden schnell fortbewegen, aber v. a. da ihre Lebensdauern um fast drei Größenordnungen verschieden sind, ändert sich die Zusammensetzung des Strahls mit der Zeit (gemessen im Bezugssystem eines mitbewegten Beobachters) bzw. mit der Entfernung vom Entstehungsort. Die kurzlebige Komponente stirbt sehr schnell aus, und nach einigen Dezimetern (abhängig von $\beta = v/c$) besteht der Strahl praktisch nur noch aus der K_L^0-Komponente. Mit der Abnahme der K_S^0-Intensität verringert sich die Rate der 2π-Zerfallsereignisse, die mit geeigneten Detektoren entlang der Flugbahn der K-Mesonen registriert werden können. In hinreichender Entfernung vom Target messen die Detektoren fast ausschließlich 3π-Ereignisse aus dem K_L^0-Zerfall. („Fast“ deshalb, weil auf Grund der CP-Symmetriebrechung vereinzelt noch 2π-Ereignisse auftreten.) Die zeitliche Entwicklung des betrachteten K-Ensembles können wir demnach ganz allgemein so beschreiben:

$$|K\rangle = a_1(t)\left|K_S^0\right\rangle + a_2(t)\left|K_L^0\right\rangle; \quad a_1(t) \leq a_2(t); \; a_1(0) = a_2(0) = \frac{1}{\sqrt{2}}$$

Drücken wir in dieser Darstellung $|K_S^0\rangle$ und $|K_L^0\rangle$ nach Vorgabe von oben als Superposition von $|K^0\rangle$ und $|\overline{K}^0\rangle$ aus, so sehen wir, daß mit $a_1(t) \to 0$ die Amplitude des $|\overline{K}^0\rangle$-Zustands von Null aus ansteigt und sich asymptotisch der von $|K^0\rangle$ nähert. Aus einem reinen K^0-Strahl wird ein Mischstrahl von K^0 und $\overline{K}^0$. Die Intensitäten der beiden Komponeten sind asymptotisch gleich (= $(a_2(\infty)/\sqrt{2})^2$). Das zeitliche Verhalten der Intensitäten von K^0 und $\overline{K}^0$ ist in Abbildung II.37 dargestellt (nach [Rolnick 1994]). Auf eine explizite Berechnung von $a_1(t)$ und $a_2(t)$ verzichten wir hier; der Leser findet sie in der weiterführenden Literatur (siehe Verzeichnis am Ende des Buches).

Die soweit vorgeführte Demonstration des Superpositionsprinzips der Quantenmechanik wird noch spannender, wenn wir in einer Entfernung vom Target, bei der die K_S^0-Komponente des Strahls ausgestorben ist und sich die Intensitäten von K^0 und $\overline{K}^0$ angeglichen haben (siehe Abbildung II.37), eine dünne Platte irgendeines Materials in den Strahlengang bringt. Der reine K_L^0-Strahl wechselwirkt über die Starke Kraft mit den Nukleonen des Plattenmaterials. Dabei verhalten sich jedoch die beiden Komponenten K^0 und $\overline{K}^0$ sehr unterschiedlich. Das $\overline{K}^0(s\overline{d})$ kann sein s-Quark zur Bildung von seltsamen (d. h. ein s-Quark enthaltenden) Baryonen bereitstellen, von denen es eine Vielzahl gibt (Σ^-(dds), Σ^0 (uds), Σ^+ (uus) und angeregte Σ-Zustände Σ^*, Λ(uds) und Anregungsformen davon; vergl. Abbildung. II.2 in II,2). Das $\overline{s}$-Antiquark des $K^0(\overline{s}d)$ dagegen kann nicht zur Bildung von Baryonen beitragen, da Baryonen keine Antiquarks (zumindest keine Valenz-Antiquarks, von denen hier nur die Rede ist) enthalten. Folglich reagieren viel mehr $\overline{K}^0$ als K^0, und der die Absorberplatte verlassende Strahl enthält mehr K^0- als $\overline{K}^0$-Mesonen. Wir können nun wieder die Zustandsvektoren $|K^0\rangle$ und $|\overline{K}^0\rangle$ als Superpositionen von $|K_S^0\rangle$ und $|K_L^0\rangle$ darstellen und finden, daß die vor der Absorberplatte nicht mehr vorhandene kurzlebige Komponente $|K_S^0\rangle$ nach der Platte wieder mit nicht verschwindender Amplitude existiert. Sie gibt sich dem Experimentator durch Zwei-Pionen-Zerfallsereignisse zu erkennen. Der bereits ausgestorbene K_S^0-Anteil des ursprünglichen Strahls kann auf diese Art teilweise wieder regeneriert werden. Dank der Quantenmechanik werden „gestorbene" Teilchen wieder zum „Leben" erweckt!

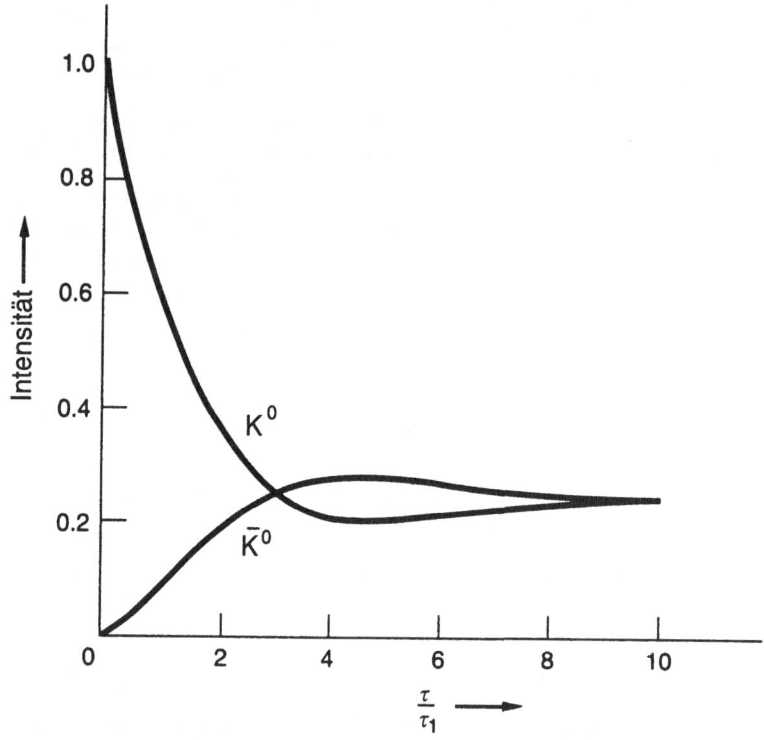

Abb. II.37: Relative Intensitäten I_{K^0} und $I_{\overline{K}^0}$ eines neutralen K-Strahls in Abhängigkeit von der Eigenzeit τ eines mitbewegten Beobachters, gemessen in Einheiten der Lebensdauer τ_1 des K_1 (nach Fig. 12.8 aus [Rolnick 1994])

Pinguine im Teilchenzoo

Obwohl das $K^0 - \overline{K}^0$-System das bisher einzige ist, bei dem die Verletzung der *CP*-Symmetrie durch die Schwache Wechselwirkung sicher nachgewiesen werden konnte, lassen Standardmodell-Rechnungen vermuten, daß beim Zerfall der B-Mesonen ebenfalls eine starke *CP*-Symmetrieverletzung auftreten sollte. B-Mesonen sind Mesonen, die das schwere b-Quark oder $\overline{b}$-Antiquark und ein leichtes Antiquark oder Quark enthalten ($B^+(u\overline{b}), B^0(d\overline{b}), B^-(\overline{u}b)$). Zur Untersuchung der *CP*-Verletzung sind hinreichend intensive B-Strahlen erforderlich, die z. Zt. an den großen Beschleunigerzentren noch nicht zur Verfügung stehen. Immerhin hat das Problem der *CP*-Verletzung in Hochenergiekreisen einen so hohen Stellenwert, daß es weltweit mehrere Projekte zum Bau von sog. B-Mesonen-Fabriken gibt, die entweder in Vorbereitung sind oder auf wohlwollende Geldgeber warten.

$B^{\pm}$ zerfällt mit geringer Wahrscheinlichkeit u.a. in $\pi^{\pm}\pi^{0}$ oder $K^{\pm}\pi^{0}$, wobei sich das $\overline{b}$ (b) durch Schwache Wechselwirkung in das $\overline{d}$ (d) oder $\overline{s}$ (s) umwandelt. Bei der Transformation beispielsweise des b-Quarks in ein d- oder s-Quark ändert sich die elektrische Ladung nicht. Das Standardmodell der Teilchenphysik schreibt für die Schwache Wechselwirkung von Quarks vor, daß sich beim Wechsel des Quarkaromas stets auch die elektrische Ladung um eine Einheit (der Ladung der schwachen Feldbosonen $W^{\pm}$ entsprechend) ändern muß. Neutrale Übergänge unter Vermittlung des Z^{0}-Bosons sind danach nicht erlaubt. Der angesprochene B-Zerfall kann deswegen nicht in einem Schritt ($b \rightarrow d$ oder $b \rightarrow s$) erfolgen. Zum Studium der Transformation des b-Quarks ist ein B-Zerfallsmodus, der leider nur in 0,005 % aller B-Zerfälle auftritt, besonders geeignet, weil bei ihm im Endzustand nach dem Zerfall nur ein Hadron vorkommt: $B \rightarrow K^{*}\gamma$ bzw. (auf Quarkebene) $\overline{b}(b) \rightarrow s(\overline{s})\gamma$. Das leichte Antiquark (Quark), das beide, B und K^{*}, enthalten, spielt bei dem Zerfall die Rolle eines Zuschauers und braucht nicht weiter betrachtet zu werden. Am $e^{+}e^{-}$-Speicherring CESR der Cornell University (US-Bundesstaat New York) wurden 1993 mit dem CLEO-Detektor erstmals solche seltenen Zerfälle nachgewiesen. In den *Feynman*-Diagrammen der b-Quark-Umwandlungen haben Leute in ihrer Phantasie einen Pinguin erkannt[21] (Abbildung II.38). Deswegen heißen Diagramme mit einem Quark-Quark- bzw. Antiquark-Antiquark-Übergang ohne Ladungswechsel, bei denen ein W-Boson emittiert und wieder absorbiert wird, „Pinguin-Diagramme“ oder einfach „Pinguine“.

---

[21] Als Richard *Feynman* einen Theoretikerkollegen fragte, warum die Pinguine in der Physik Pinguine heißen, wo sie doch gar nicht so aussehen, soll dieser geantwortet haben: „*Feynman*-Graphen sehen auch nicht wie *Feynman* aus!“ [Albrecht 1993]

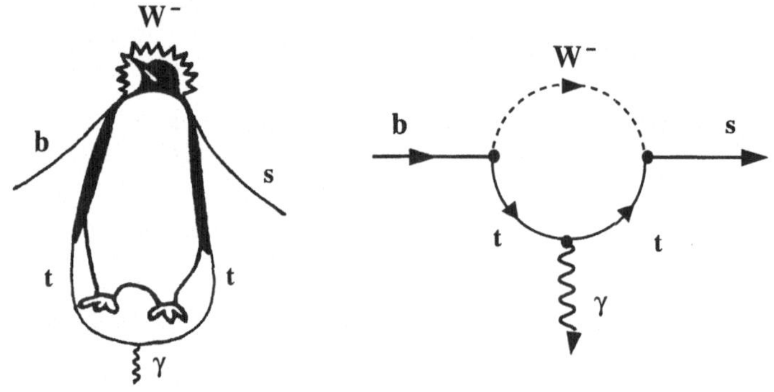

Abb. II.38: „Pinguin-Diagramm" des b-Quark-Zerfalls $b \to s\gamma$

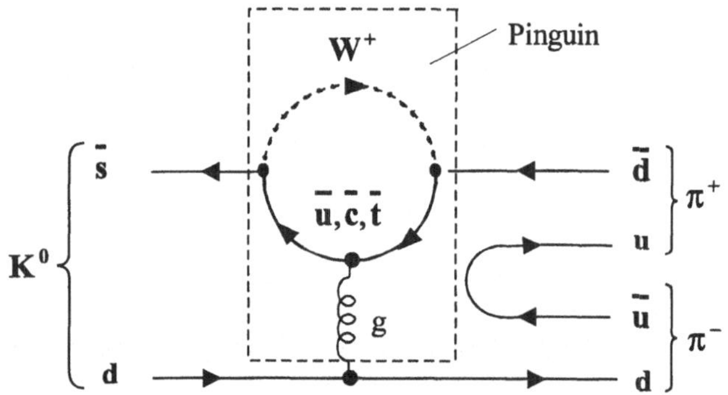

Abb. II.39: „Pinguin-Diagramm" eines K^0-Zerfalls

Nur beim B-Meson gibt es Zerfallskanäle, die eindeutig Pinguinen zuzuordnen sind und keine andere Interpretation zulassen. Aber auch bei anderen Teilchen, wie z.B. bei den in diesem Kapitel ausführlich behandelten K-Mesonen spielen Pinguine eine wesentliche Rolle. Abbildung II.39 zeigt ein „Pinguin-Diagramm" für den Zerfall $K^0 \to \pi^+\pi^-$, wobei der rechte Teil des Graphen nicht mehr zum Pinguin gehört. Pinguine sind Testkandidaten für das Standardmodell der Teilchenphysik und geeignet zur Untersuchung der grundlegenden Frage der *CP*-Verletzung durch die Schwache Kraft, um letztendlich hinter die Geheimnisse der Asymmetrie von Materie und Antimaterie im Universum zu kommen (siehe auch IV,4).

Was ist los mit den Neutrinos?

Jeder Quadratzentimeter der Erdoberfläche wird im zeitlichen Mittel in jeder Sekunde von etwa $6 \cdot 10^{10}$ Neutrinos aus der Sonne getroffen. Atmosphärische Neutrinos, die bei der Wechselwirkung der primären kosmischen Strahlung mit der Lufthülle der Erde erzeugt werden, strömen mit einem Fluß von einigen 10^5 je Sekunde und Quadratmeter auf die Erde ein. Bei einer Supernova-Explosion, wie z.B. der von SN1987A, werden in der Größenordnung 10^{58} Neutrinos erzeugt, welche den größten Teil der freigesetzten Energie vereinnahmen. Auch die Radioaktivität der Erde ist eine Neutrinoquelle. Die Leistungsreaktoren der Elektrizitätsunternehmen liefern nicht nur elektrische Energie, sondern produzieren auch jede Sekunde einige 10^{20} Neutrinos. In der Liste der Neutrinoquellen darf schließlich nicht die größte aller Quellen vergessen werden: der Urknall als Ursprung unseres Kosmos, bei dem so viele Neutrinos erzeugt wurden, daß die Dichte im heutigen Universum 300 Neutrinos je Kubikzentimeter beträgt. Insgesamt gibt es im Universum etwa eine Milliarde mal so viele Neutrinos wie Protonen und Neutronen. Daß wir von dem „Neutrinobad", in dem wir leben, nichts merken, liegt natürlich an der schon diskutierten extrem geringen Neigung der Neutrinos, mit Materie wechselzuwirken und sich dadurch bemerkbar zu machen. Dies erklärt, warum die Teilchenphysik trotz großer Forschungsanstrengungen noch vergleichsweise wenig über diese Exoten im Teilchenzoo weiß.

„Die meisten Eigenschaften der Neutrinos sind auch nach über 60 Jahren Neutrinoforschung noch immer unbekannt" urteilte 1994 der Nobelpreisträger *Rudolf L. Mößbauer*, der sich seit vielen Jahren der Neutrinoforschung widmet [Mößbauer 1994]. Er führt eine ganze Liste offener Fragen an, von denen die meisten in engem Zusammenhang mit der Kardinalfrage der Neutrinophysik stehen: Haben die Neutrinos eine Masse? Die „Delphi-Studie" von 1993 [Delphi 1993] stuft die Frage nach der Masse der Neutrinos als die derzeit wichtigste Frage aus dem Bereich der Kern- und Teilchenphysik ein. Warum stellt die Neutrino-Masse ein so brennendes Problem der gegenwärtigen Grundlagenphysik dar?

Haben Neutrinos eine Masse?

Das Standardmodell der Teilchenphysik geht von masselosen Neutrinos aus. Der Nachweis von Neutrino-Massen würde eine Revision der so erfolgreichen Theorie der Elektroschwachen Wechselwirkung (Erörterung in III,3) im Rahmen des Standardmodells erfordern. Die Sonne bezieht die täglich abgestrahlte Energie aus Fusionsprozessen in ihrem Zentrum. Die dort ablaufende Verschmelzung von 4 Wasserstoffkernen zu einem Heliumkern, ein Prozeß, der in mehreren verschiedenen Stufen abläuft, ist ohne begleitende Prozesse der Schwachen Wechselwirkung, bei denen Neutrinos erzeugt werden, nicht möglich. Ohne die Schwache Wechselwirkung würde unsere Sonne nicht scheinen. Während es etwa 10^7 Jahre dauert, bis die durch Fusionsprozesse freigesetzte Energie aus dem Zentrum der Sonne an die Oberfläche gelangt und dort in Form von elektromagnetischer Strahlung ins Weltall emittiert wird, durchqueren die Neutrinos fast alle unbeeinflußt die Sonnenmaterie und können uns sozusagen als Zeitzeugen der Vorgänge im Sonnenkern unmittelbar Auskunft geben über Details der thermonuklearen Energieproduktion. Um die in den Neutrinospektren verborgenen Informationen zur Überprüfung unserer Vorstellungen über die im Zentrum der Sonne ablaufenden Prozesse nutzen zu können, muß der Fluß der Sonnenneutrinos und nach Möglichkeit auch die Energieverteilung der detektierten Neutrinos gemessen werden. Das schwierige Unterfangen des quantitativen Nachweises der Sonnenneutrinos wurde in den sechziger Jahren mit einem Pionierexperiment unter Leitung von *Raymond Davis* in den Vereinigten Staaten begonnen und wird mittlerweile an mehreren Orten auf der Erde mit großem Aufwand betrieben. Die bisher gemessenen Neutrinoflüsse sind nicht in Übereinstimmung mit den nach Standardmodell-Rechnungen zu erwartenden. Allerdings ist tendenziell eine Annäherung zwischen Experiment und Modellvorhersagen feststellbar und entscheidende Daten über die spektrale Energieverteilung des Neutrinoflusses sind erst in den nächsten Jahren zu erwarten. Es sieht bis dato so aus, als erreichten weniger Sonnenneutrinos die Erde als erwartet. Entweder die Modellrechnungen zur Physik der Sonne sind noch unzureichend und geben die Realität nicht korrekt wieder oder die Neutrinos verhalten sich anders als es das Standardmodell der Teilchenphysik vorsieht. Erteilt man den Neutrinos eine Masse, so können sich die verschiedenen Neutrinogenerationen ineinander umwandeln. Die im Sonneninnern erzeugten Elektronneutrinos könnten sich auf dem Weg vom Entstehungsort zum Detektor z.B. teilweise in Myon- und Tauonneutrinos verwandeln und wären dann dem Nachweis bisher entgangen, weil die Detektoren der laufenden Experimente nur auf Elektronneutrinos ansprechen. Eine neue Generation von Neutrinodetektoren wird z.T. in der Lage sein, zwischen den verschiedenen Neutrinoaromen zu unterscheiden. So erweist sich das Defizit an Sonnenneutrinos nicht nur als ein Problem der Physik der Sonne, sondern auch als ein fundamentales Problem der Teilchenphysik, nämlich des Problems der Masse der Neutrinos. Dieses tangiert noch zwei weitere Defizite.

Neben den Sonnenneutrinos erreichen die Erdoberfläche auch Neutrinos, die als Folge der Wechselwirkung der primären kosmischen Strahlung mit der Erdatmosphäre entstehen: Treffen die hochenergetischen Protonen und leichten Atomkerne der kosmischen Primärstrahlung auf die Erdatmosphäre, erzeugen sie durch Starke Wechselwirkung Mesonenschauer, die ihrerseits in Myonen, Elektronen, Positronen und Neutrinos zerfallen. Theoretisch sollten dabei doppelt so viele myonische wie elektronische Neutrinos und Antineutrinos entstehen. Messungen mit unterirdischen Neutrinodetektoren deuten aber darauf hin, daß das Verhältnis von myonischen zu elektronischen Neutrinos eher bei eins als bei zwei liegt. Wie im Falle der Sonnenneutrinos bieten sich auch hier als Erklärung Oszillationen zwischen den Neutrinos verschiedener Leptonfamilien an. Allerdings ist die Zählstatistik noch unzureichend, um definitive Aussagen machen zu können. Es sind sogar auch Meßdaten bekannt, die auf keine Reduzierung der Zahl der Myonneutrinos hindeuten. Immerhin gibt es ein Experiment, dessen Ergebnis der Hypothese von Neutrinooszillationen besonderen Nachdruck verleiht: Die „Kamiokande-Kollaboration“ (siehe unten) hat mit einem 3000 t schweren Čerenkov-Detektor in einer japanischen Zinkmine das Verhältnis der Intensitäten von Myon- zu Elektronneutrinos in Abhängigkeit vom Einfallswinkel der Neutrinos gemessen [Fukuda 1994]. Die Wissenschaftler finden, daß bei kleinen Neutrinoenergien ($E_\nu < 1$ GeV) das Verhältnis konstant

(≈ 1), d.h. winkelunabhängig ist, bei größeren Energien jedoch vom Einfallswinkel abhängt. Es ist am größten für senkrecht von oben einfallende Neutrinos (≈ 2) und am geringsten (≈ 1) für Neutrinos, welche zuvor die Erde durchquert haben, bevor sie von unten in den Detektor eintreten. Solche Daten verleihen der aufwendigen systematischen Suche nach den vermeintlichen Neutrinooszillationen, die nur bei massebehafteten Neutrinos vorstellbar sind, neuen Auftrieb[22].

Sowohl die Sonne als auch die kosmischen Schauer sind keine idealen Neutrinoquellen zum Aufspüren eventueller Neutrinooszillationen, sind ihre physikalischen Eigenschaften doch nicht in allen Details hinreichend zuverlässig bekannt und ist die Länge des Weges, auf dem sie sich umwandeln könnten, nicht genau anzugeben. Deswegen zielen neuere Experimente darauf ab, dieses Problem mit wohldefinierten künstlichen Neutrinoquellen anzugehen. Sie zeichnen sich dadurch aus, daß die erzeugten Neutrinostrahlen zu Beginn aus nur einer Neutrinosorte bestehen und auch die sonstigen Strahlparameter wie Energie, Intensität, Divergenz u.a. exakt bekannt sind. Die Entfernung zwischen Neutrinoquelle und dem Detektor, der den Verlust von Neutrinos der Ausgangansspezies durch Umwandlung in andere Neutrinoaromen längs der Flugstrecke feststellen soll, ist frei wählbar und genau bekannt. Die Transformationsstrecken der entweder bereits gestarteten oder geplanten Experimente reichen von einigen hundert Metern bis zu mehreren hundert Kilometern. Am CERN sind zwei Experimente der 3. Generation zur Suche nach Neutrinooszillationen angelaufen: CHORUS (**C**ERN **H**ybrid **O**scillation **R**esearch Appara**tus**) und NOMAD (**N**eutrino **O**scillation **M**agnetic **D**etector) fahnden mit unterschiedlichen Nachweismethoden nach $\nu_\mu \rightarrow \nu_\tau$-Transformationen auf einer unterirdischen Strecke von etwa 600 m. Die Umwandlung von Myonneutrinos in Tauonneutrinos versucht man durch den Nachweis von Tau-Leptonen herauszufinden, die durch Schwache Wechselwirkung der auf der Transformationsstrecke entstandenen

[22] Die bislang an Kernreaktoren und an Beschleunigern durchgeführten Experimente ergeben keinen eindeutigen Hinweis auf die Existenz von Neutrinooszillationen [Mößbauer 1994]. Die oben geschilderten indirekten Hinweise auf Neutrinoumwandlungen implizieren jedenfalls um Größenordnungen größere Transformationsstrecken.

Tauon-Neutrinos im Detektor am Ende der Teststrecke erzeugt werden. In Brookhaven auf Long Island (New Jersey, USA) wird ein Experiment geplant, bei dem ein ν_μ-Strahl über den Ostteil von Long Island auf eine 24 km lange Teststrecke geschickt werden soll, über die drei Detektoren verteilt sein werden, durch die der Neutrinostrahl läuft. Forschergruppen der Hochenergiezentren FNAL (USA), KEK (Japan) und CERN haben weitaus längere Teststrecken zur Transformation hochenergetischer myonischer Neutrinos ins Auge gefaßt. Ein CERN-Vorschlag sieht vor, Neutrinos von Genf aus unterirdisch in einen 730 km entfernten Detektor im Gran-Sasso-Tunnel in den Abruzzen (Italien) zu schicken. Von einer vergleichbaren Entfernung gehen FNAL-Vorschläge aus, nach denen ein Neutrinostrahl von Chicago auf einen Detektor in einer Eisenmine im nördlichen Minnesota gerichtet werden soll. Die Japaner planen einen KEK-Neutrinostrahl in die 250 km entfernte oben bereits erwähnte Zinkmine zu schicken, in der als Nachfolgemodell des erfolgreichen Kamiokande-Neutrinodetektors der „Super-Kamiokande-Detektor", ein 50 000 t Wasser-Čerenkov-Detektor (siehe unten), gebaut wird.

Das Schicksal unseres Universums hängt entscheidend von der Massendichte des Weltalls ab. Auch in der Kosmologie gibt es eine Art Standardmodell, das die Vorstellungen der meisten Kosmologen und Astrophysiker über die Entstehung und Entwicklung des Universums zusammenfaßt (siehe Kapitel IV). Danach sollte die Massendichte einen kritischen Wert annehmen, der so groß ist, daß die beobachtete Expansion des Weltraums gerade noch für alle Zeiten aufrecht erhalten wird. Ein Unterschreiten des kritischen Wertes bedeutete, daß sich die Expansion für alle Zeiten fortsetzte. Ein höherer Wert hätte zur Folge, daß die Expansion irgendwann einmal zum Stillstand käme und sich in einen Schrumpfprozeß verkehrte, so daß die Lebensdauer des gegenwärtigen Universums begrenzt wäre. Eine Abschätzung der Masse der im Weltall in Form von Galaxien und intergalaktischem Staub auszumachenden leuchtenden und nichtleuchtenden baryonischen Materie, d.h. der gleichen Materie, aus der auch unsere eigene Galaxie besteht, ergibt einen Wert für die Massendichte, der etwa um eine Größenordnung kleiner als der kritische Wert ist. Aus der beobachteten Dynamik von Galaxien und Galaxienhaufen

Kasten 5: Einige Sonnendaten

Alter : 4,6 Milliarden Jahre
Ursprung : verdichtete interstellare Materie
Masse : $2 \cdot 10^{30}$ kg
Elemente : 71 % Wasserstoff, 27 % Helium, 2 % schwerere Elemente
T im Zentrum : $15{,}6 \cdot 10^{6}$ K = 1,3 KeV (Plasmazustand); $\overline{E} \ll E_{\text{Coulomb}}(\text{pp in } d = 2r_{\text{p}})$; $E_{\text{Coulomb}} = 720$ keV
Energietransport: Dauer Kern → Oberfläche: 10^7 Jahre
Hauptenergiequelle: Wasserstoff-Zyklus
Neutrinofluß (eine Abschätzung):
Solarkonstante = 1,37 $\text{KJs}^{-1}\text{m}^{-2}$ = $8{,}6 \cdot 10^{17}$ $\text{eVs}^{-1}\text{cm}^{-2}$. Die Fusion von 4 Protonen zu einem ^{4}He-Kern schließt die Umwandlung zweier Protonen in Neutronen ein. Dabei werden 2 ν_e erzeugt. Die bei dem Prozeß freigesetzte und von der Sonnenoberfläche abgestrahlte Energie beträgt 26,73 MeV – 0,6 MeV (ν_e), d.h. die Strahlungsenergie je ν_e ist 26,13 MeV / 2 = 13,1 MeV. ⇒

$$\text{Zahl der Neutrinos } N_\nu \text{ je s und cm}^2 = \frac{\text{Solarkonstante}}{\text{Strahlungsenergie je } \nu_e} = 6{,}6 \cdot 10^{10}\ \text{s}^{-1}\text{cm}^{-2}$$

kann man schließen, daß das Universum große Mengen nichtbaryonischer dunkler Materie enthalten muß. Das Rätsel um diese dunkle Materie (siehe IV,5) stellt ein zentrales Problem der modernen Kosmologie dar, das Astronomie, Astrophysik und Teilchenphysik gleichermaßen betrifft und nur vereint gelöst werden kann. Die Neutrinos zählen zu den möglichen Kandidaten, welche u. a. zumindestens teilweise die dunkle Materie bilden könnten. Bereits eine geringe Masse der Neutrinos (in der Größenordnung von 10 eV für die Summe der Massen der drei Neutrinogenerationen) reichte auf Grund des oben bezifferten „Neutrinosees", der den Kosmos erfüllt, aus, um die vom

Standardmodell favorisierte kritische Dichte zu erzielen. Die Massen der Neutrinos sind also nicht nur für die Teilchen- und Sonnenphysik, sondern auch für die Kosmologie von grundlegender Bedeutung.

Es ist leider unmöglich, auf alle angeschnittenen Probleme, die mit der Frage nach der Masse der Neutrinos zu tun haben, näher eingehen zu können. Wir beschränken uns hier auf einen kurzen Bericht zum Stand der Sonnenneutrino-Forschung und diskutieren die Grundlagen der Neutrinooszillationen, welche mit der $K^0 - \overline{K}^0$ - Mischung, die in diesem Kapitel behandelt worden ist, eng verwandt sind. Den kosmologischen Aspekt des Problems beleuchten wir in Kapitel IV, worauf schon hingewiesen wurde.

Probleme mit den Sonnenneutrinos

Die heute von der Sonnenoberfläche in das Weltall abgestrahlte elektromagnetische Energie wurde vor etwa 10^7 Jahren durch Fusionsprozesse im Zentrum der Sonne erzeugt. Der Jahrmillionen dauernde komplizierte Transport der Energie durch die Sonnenmaterie (einige wichtige Daten der Sonne, auf die hier z. T. Bezug genommen wird, sind in Kasten 5 zusammengestellt) verwischt alle Spuren der Herkunft, so daß aus der Sonnenstrahlung nichts über die Prozesse der Energieerzeugung herausgefunden werden kann. Es gibt aber glücklicherweise „Zeitzeugen", die ohne Wechselwirkung aus dem thermonuklearen Ofen im Zentrum der Sonne direkt zu uns gelangen: Neutrinos, die bei Prozessen der Schwachen Wechselwirkung entstehen, bei denen Protonen in Neutronen verwandelt werden, und welche die Fusionsreaktionen begleiten. Die an der Energieproduktion beteiligten wichtigsten Kernreaktionen sind in Abbildung II.40 (a) in ihrer sukzessiven Abfolge dargestellt. Man faßt den gesamten abgebildeten Reaktionskomplex unter dem Schlagwort „Wasserstoffzyklus" zusammen, weil dabei insgesamt vier Wasserstoffkerne zu einem Heliumkern fusionieren und die im Prozeßablauf u. a. entstehenden Protonen wieder als Ausgangskerne für die nächste Reaktionsrunde zur Verfügung stehen und damit in den Prozess zurückgeführt werden. Uns interessieren hier die Reaktionen der Schwachen Wechselwirkung des Wasserstoffzyklus. Sie sind in Abbildung II.40 (a) durch starke Rahmung besonders gekennzeichnet. Die Energiespektren der Neutrinos aus den verschiedenen Reaktionen sind in doppeltlogarithmischer Darstellung in Abbildung II.40 (b) wiedergegeben. Man sieht, daß sich Intensität und Energie der verschiedenen Neutrinokomponenten signifikant unterscheiden und daher prinzipiell zur Diskriminierung der unterschiedlichen Reaktionen herangezogen werden können. „Prinzipiell" deswegen, weil es erst einmal gelingen muß, Teilchen, die ungestört aus dem Innern der Sonne zur Erde gelangen, in einem Detektor nachzuweisen und nach Möglichkeit auch noch zu spektroskopieren! Hier kollidieren offenbar zwei Interessen: Zur Erforschung der Physik der Sonne sucht man nach Probeteilchen, die einerseits unmittelbar Zeugnis ablegen können über spezifische Prozesse des Wasserstoffzyklus im Zentrum der Sonne und andererseits für Laborexperimente zugänglich sein sollen. Ein aussichtsloses Unterfangen?!

M. Schwartzschild hat 1957 als erster ein Evolutionsmodell der Sonne vorgestellt, bei dem die Entwicklung der Sonne von der Verdichtung von Gaswolken vor 4,6 Milliarden Jahren bis zur Gegenwart in sukzessiver zeitlicher Abfolge nachvollzogen wird [Schwartzschild 1957]. Die Modellparameter werden so angepaßt, daß die Werte der Luminosität L_0 , der Masse M_0 und des Radius R_0 der Sonne mit den heutigen empirischen Werten übereinstimmen. Seitdem wurden eine Vielzahl von Modellrechnungen durchgeführt. Seit 1963 haben sich besonders *J. Bahcall* und Mitarbeiter durch ständige Verfeinerungen des mittlerweile zum Standard-Sonnenmodell (SSM) avancierten Modells einen Namen gemacht. Unterschiedliche Ergebnisse der verschiedenen Sonnenphysik-Arbeitsgruppen haben in den neunziger Jahren schließlich zu wissenschaftlichen Auseinandersetzungen geführt, als deren Folge es kaum noch gerechtfertigt erscheint, von *dem* SSM zu sprechen [Morrison 1994]. Die Aktivitäten auf dem Gebiet der Sonnenphysik zur Entwicklung immer detaillierterer Modelle, begleitet von Labormessungen zur Bestimmung von Wirkungsquerschnitten, welche in die Berechnungen eingehen, wurden erst so richtig entfacht, als Ergebnisse des ersten Sonnenneutrinoexperimentes bekannt wurden. Der Pionier des abenteuerlichen Versuchs, Sonnenneutrinos experimentell nachzuweisen, heißt *Raymond Davis*. Er ließ

(b) Der Wasserstoffzyklus der Sonne

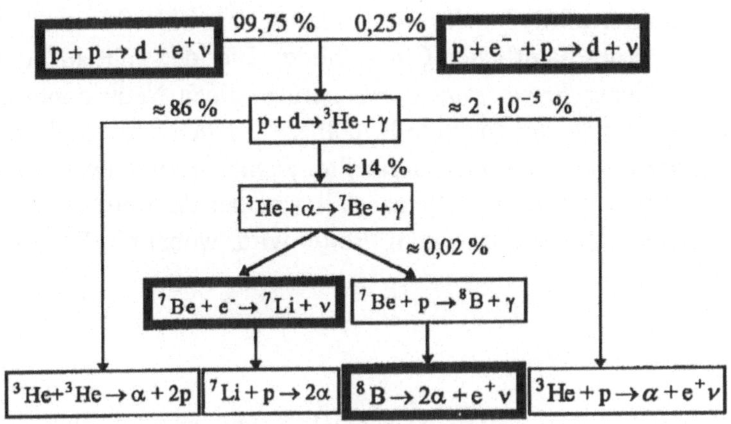

(b) Das Neutrinospektrum der Sonne

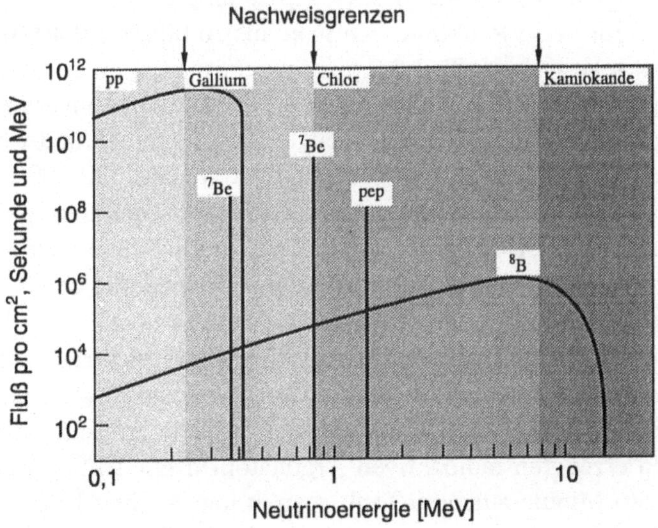

Abb. II.40: (a) Der Wasserstoff-Zyklus (wichtige Prozesse, bei denen ein Neutrino erzeugt wird, sind hervorgehoben)
(b) Das Sonnenneutrino-Spektrum in doppeltlogarithmischer Darstellung

1965 in der Homestake-Goldmine bei Lead in South Dakota (USA) 1500 m unter der Erdoberfläche einen mit 380 000 Liter Tetrachloräthen (C_2Cl_4) gefüllten Tank installieren. Das Atom in dem Tank, mit dem der Neutrinonachweis gelingen sollte, ist das Chlorisotop ^{37}Cl, das etwa 25 % des natürlichen Chlors bildet. Die Idee geht auf den gebürtigen Italiener *Bruno Pontecorvo* zurück, einen Neutrinophysiker der ersten Stunde, der auch die Hypothese von den noch zu diskutierenden Neutrinooszillationen aufstellte. *Pontecorvo* schwebte als Nachweisreaktion der inverse Betazerfall vor, bei dem ein Neutron ein Neutrino einfängt und zu einem Proton wird, wobei ein Elektron ausgesandt wird:

$$^{37}\mathrm{Cl} + \nu_e \rightarrow {}^{37}\mathrm{Ar} + e^-$$

Das erzeugte Argon-37-Isotop ist radioaktiv und wandelt sich mit einer Halbwertszeit von 35 Tagen durch Elektroneinfang wieder in Chlor-37 zurück. Dabei läuft die obige Reaktion von rechts nach links ab. Leider liegt die Schwelle der ν-^{37}Cl-Einfangreaktion bei 0,814 MeV, so daß für diese Reaktion, wie man aus Abbildung II.40(b) ersieht, nur ein sehr geringer Teil der Sonnenneutrinos in Frage kommt. *Davis* verließ sich auf Abschätzungen von *John Bahcall* zum erwarteten Neutrinofluß und den pro Tag erzeugten Argonatomen und wagte das Jahrhundertunternehmen, ein paar Argonatome aus 380 000 Liter Flüssigkeit, die etwa 10^{30} Atome enthält, herauszufischen und quantitativ nachzuweisen. Das Experiment, das sich mittlerweile über etwa 30 Jahre erstreckt, durchläuft in periodisch sich wiederholenden Zyklen jeweils drei Stationen: Der Tank wird zunächst über 3 bis 4 Monate dem Neutrinofluß ausgesetzt. Danach wird das nichtradioaktive Argongas, das man in genau bekannter kleiner Menge (etwa ein halber Kubikzentimeter) in den Tank eingeleitet hatte, zusammen mit den wenigen erzeugten radioaktiven Argonatomen mit 10 000 Litern Heliumgas pro Minute aus dem Tank gespült und in einer Reihe von physikalisch-chemischen Prozessen isoliert. In der dritten Stufe wird die gereinigte Argonprobe als Füllgas in ein kleines Proportionalzählrohr verbracht. Das Zählrohr registriert die ^{37}Ar-Zerfälle, von denen sich im Mittel bei jeder Probe ungefähr sechs ereignen. Die

Ergebnisse des Experiments stellten und stellen Astrophysiker und Teilchenphysiker vor ein großes Rätsel. *Davis* und seine Mitarbeiter finden etwa nur ein Drittel bis die Hälfte des nach den Sonnenmodell-Rechnungen theoretisch erwarteten Neutrinoflusses, je nachdem mit welchem Modell man die Meßdaten vergleicht [Morrison 1994]. Auch wenn über die Jahre hinweg eine leicht steigende Tendenz der gemessenen Neutrinorate festzustellen ist (gemitteltes Ergebnis 1970–84: 2,05 ± 0,30 SNU[23] ; 1986 – 92: 2,85 ± 0,32 SNU), wird in Fachkreisen an der Seriosität des Experiments nicht gezweifelt. Worauf ist also die Diskrepanz zwischen den Ergebnissen des Chlor-Experiments und den Sonne-Standardmodellrechnungen zurückzuführen? Wird die Häufigkeit der Erzeugung von ^{8}B-Kernen im Wasserstoffzyklus, eines Prozesses der äußerst empfindlich von der Temperatur abhängt, im SSM überschätzt oder ändern die Sonnenneutrinos auf ihrem Weg teilweise ihr Aroma und entgehen auf diese Weise dem Nachweis im Chlordetektor, der nur Elektronneutrinos wahrnehmen kann?

Der ^{8}B-Zweig des Wasserstoffzyklus trägt vernachlässigbar wenig zur Luminosität L_0 der Sonne bei (vergl. Abbildung II.40). Da die SSM-Rechnungen an L_0 angepaßt werden, sollte man natürlich nach den Neutrinos fahnden, die aus einem Bereich des Wasserstoffzyklus kommen, der wesentlich an der Leistungsproduktion beteiligt ist. Es sind dies die Neutrinos aus der pp-Reaktion ($p + p \rightarrow d + e^{+} + \nu_e$), die den Zyklus eröffnet. Ihre maximale Energie beträgt 0,42 MeV. Will man diese pp-Neutrinos nach der radiochemischen Methode in Anlehnung an das Chlor-Experiment erfassen, benötigt man einen Kern, der Neutrinos mit hinreichender Wahrscheinlichkeit einfängt, bei dem die Energieschwelle der Einfangreaktion weit unterhalb von 0,42 MeV liegt, und der durch die Neutrino-Einfangreaktion in einen radioaktiven Kern mit vernünftiger Halbwertszeit übergeht, dessen Atom aus der Trägersubstanz chemisch separierbar ist, so daß sich die Zerfälle mit einem Zählrohr messen lassen. Durchforstet man die

---

[23]SNU (= **S**olar **N**eutrino **U**nit) ist eine für Sonnenneutrinoexperimente bequeme, von *Bahcall* eingeführte Einheit für die Neutrino-Einfangrate: 1 SNU = 10^{-36} Einfänge je Targetatom und Sekunde oder 1 Einfang je 10^{36} Targetatome und Sekunde

gesamte Nuklidkarte[24] nach möglichen Kandidaten, so findet man tatsächlich ein einziges Nuklid, das für ein radiochemisches pp-Neutrinoexperiment in Frage kommen könnte: Gallium-71, das durch Neutrinoeinfang in das betainstabile Germanium-71 übergeht. Dieses zerfällt mit einer Halbwertszeit von 11,43 Tagen, analog wie im Fall des Argon-37, durch Elektroneinfang in den Ausgangskern Gallium-71. Die Energieschwelle für den Neutrinoeinfang liegt hier bei 0,233 MeV.

Bereits 1965, als man mit dem Bau des Chlor-Neutrinodetektors begann, hatte *Wladimir Kuzmin* vom *P.N.-Lebedew*-Institut in Moskau das Gallium-71 als Targetnuklid anstelle von Chlor-37 für einen Neutrinodetektor vorgeschlagen. Doch zu dieser Zeit erschien die Verwendung von Dutzenden von Tonnen Gallium als völlig aussichtslos. Wie *Bahcall* dazu bemerkte „überstieg die Menge des benötigten Galliums damals die Jahresweltproduktion um eine Größenordnung" [Bahcall 1989]. Doch mit dem zunehmenden Bedarf der Halbleiterindustrie an Gallium wandelte sich die Weltmarktsituation für dieses Element, und die Verwendung von Gallium in einem Neutrinodetektor rückte in den Bereich des Machbaren. Die *Kuzmin*sche Idee wurde wiederbelebt und es formierten sich zwei internationale Gruppen, die jeweils mit dem Aufbau eines Galliumexperimentes begannen, nachdem die Beschaffung und Finanzierung des Galliums sichergestellt war. Das erste Experiment wurde von der SAGE-Kollaboration (**S**oviet **A**merican **G**allium **E**xperiment), einem russisch-amerikanischen Team, in einer Höhle im Berg Andyrchi im Kaukasus installiert, wo das „Baksan-Neutrino-Laboratorium" eingerichtet worden war. Für die ersten Experimente wurden 30 t in Reaktorkessel abgefülltes metallisches Gallium, das zu 40% aus ^{71}Ga besteht, verwendet, aus dem die durch Neutrinowechselwirkung erzeugten Germaniumatome von einer Lösung aus Salzsäure und Wasserstoffper-

---

[24]Eine Nuklidkarte ist ein zweidimensionales (N,Z)-Gitter (N = Neutronenzahl, Z = Protonenzahl = Kernladungszahl), bei dem jedes besetzte Feld einen nachgewiesenen Atomkern darstellt, dessen wichtigste Daten wie Masse, Lebensdauer, Zerfallsarten, Energien der emittierten Strahlen u. a. dort codiert sind.

oxid zur weiteren Verarbeitung herausgespült wurden. 1990 publizierte das SAGE-Team die ersten Ergebnisse [Gavrin 1990]. Sie setzten die Gemeinde der Sonnen- und Neutrinophysiker in Erstaunen, um nicht zu sagen in Entsetzen. Das russisch-amerikanische Galliumexperiment zählte viel weniger Ereignisse als von *Bahcalls* Standard-Sonnenmodell vorausgesagt wurde. Außerdem schienen diese nicht einmal aus Germanium-71-Zerfällen zu stammen; denn die Ereignisrate zeigte nicht die nach dem Zerfallsgesetz erwartete Zeitabhängigkeit während einer Meßperiode. Also doch Neutrinooszillationen, die mit abnehmender Neutrinoenergie zunehmen?

Das zweite **Gall**ium**ex**periment, GALLEX, das im Gran Sasso Tunnel in den Abruzzen (Italien) errichtet worden war, nahm 1987 durch ein internationales Team, das *Till Kirsten* vom Max Planck Institut für Kernphysik in Heidelberg aus Europa (Grenoble, Heidelberg, Karlsruhe, L'Aquila, Mailand, München, Nizza, Rom und Saclay), Israel (Rehovot) und USA (Brookhaven National Laboratory) zusammengetrommelt hatte, seinen Betrieb auf. GALLEX ähnelt ganz dem Chlor-Experiment von *R. Davis.* So wird das Gallium in Form von salzsauerer Galliumchloridlösung eingesetzt und eine beigefügte stabile Germaniumprobe zusammen mit den entstandenen radioaktiven Germaniumatomen als Germaniumchlorid durch Spülen der Flüssigkeit mit Stickstoff herausgelöst. Schließlich wird die extrahierte gereinigte Germaniumprobe in Form von GeH_4 (30 %) zusammen mit Xenon (70 %) in ein kleines Zählrohr gefüllt, mit welchem die Zerfälle der ^{71}Ge-Kerne registriert werden. Das Ergebnis der ersten 15 Proben, die von Mai 1991 bis April 1992 vermessen wurden, lautete: die Neutrinoeinfangrate beträgt 81±17 SNU. Nach einer zweiten Meßperiode von August 1992 bis Oktober 1993 mit weiteren 15 Germaniumproben publizierte die GALLEX-Kollaboration als zusammenfassendes Ergebnis für die Einfangrate den Wert 79±10 SNU, wobei der angegebene Fehler der einfache statistische Fehler (1 Standardabweichung) bedeutet [Anselmann 1994]. Das SAGE-Experiment war inzwischen fortgesetzt worden und dessen Ergebnisse waren von 20 SNU (revidiert 40 SNU) im Jahr 1990 auf einen über drei Jahre (1990–1993) gemittelten Wert von 74^{+13}_{-12} SNU angestiegen. Abbildung II.41 zeigt die Chronologie der Meßergebnisse der beiden Gallium-Experimente bis zum Jahr 1994. Sie wurde der GALLEX-Publikation [Anselmann 1994] entnommen. In der rechten oberen Ecke ist der Bereich der Sonnenmodellergebnisse (dunkler Balken) mit Fehlerangaben (umrandeter Balken) eingetragen. *Douglas O. Morrison* vom CERN beziffert nach einer kritischen Analyse der SSM-Arbeiten den theoretischen Wert der Neutrino-Einfangrate für Gallium-71 auf 122±7 SNU [Morrison 1994]. Das GALLEX-Experiment wurde 1994 unterbrochen, um mit einer künstlichen Neutrinoquelle (^{51}Cr, $6{,}2 \cdot 10^{16}$ Bq) die genaue Nachweiswahrscheinlichkeit des Detektors für Neutrinos im relevanten Energiebereich zu ermitteln und um zu testen, ob irgendwelche Artefakte das Verhalten des Detektors beeinflussen. Das Ergebnis stimmte mit den Erwartungen so gut überein, daß keine Korrektur der veröffentlichten Werte über die Neutrino-Einfangrate erforderlich wurde [Anselmann 1995]. Wenn auch die Diskrepanz zwischen experimenteller und theoretischer Einfangrate für die pp-Neutrinos geringer ausfällt als im Fall der ^{8}B-Neutrinos, so haben die Gallium-Experimente die Auseinandersetzung um die Frage, ob wir die Physik der Sonne nicht ganz verstehen oder ob die Neutrinos eine Masse haben oder beides, doch nicht, wie erhofft, beilegen können. Die Diskussion hat vielmehr durch die GALLEX-Resultate eine besondere Brisanz erfahren, da der gemessene Neutrinofluß recht gut mit dem erwarteten Neutrinofluß aus der pp-Reaktion allein (ohne Berücksichtigung der ^{7}Be-Neutrinos, vergl. Abbildung II.40(b) übereinstimmt. Nähme man die Übereinstimmung ernst, bedeuteten die GALLEX-Daten, daß es überhaupt keine ^{7}Be-Neutrinos gäbe, zumal das Chrom-Testexperiment gezeigt hat, daß der GALLEX-Detektor sehr wohl Neutrinos mit der Energie der ^{7}Be-Neutrinos registriert. Das Sonnenneutrino-Problem bleibt weiterhin sehr spannend!

Radiochemische Experimente zum Nachweis der Sonnenneutrinos können nicht mit Sicherheit zeigen, daß die von ihnen registrierten Ereignisse von der Wechselwirkung von Neutrinos aus der Sonne herrühren. Es gibt jedoch ein Echtzeit-Neutrinoexperiment, das in der Lage ist, die Sonne als Quelle der registrierten Neutrinos auszumachen! Dieses hat – um das Ergebnis vorwegzunehmen – im großen und ganzen das Resultat des Chlor-Experiments von *R. Davis* und Mit-

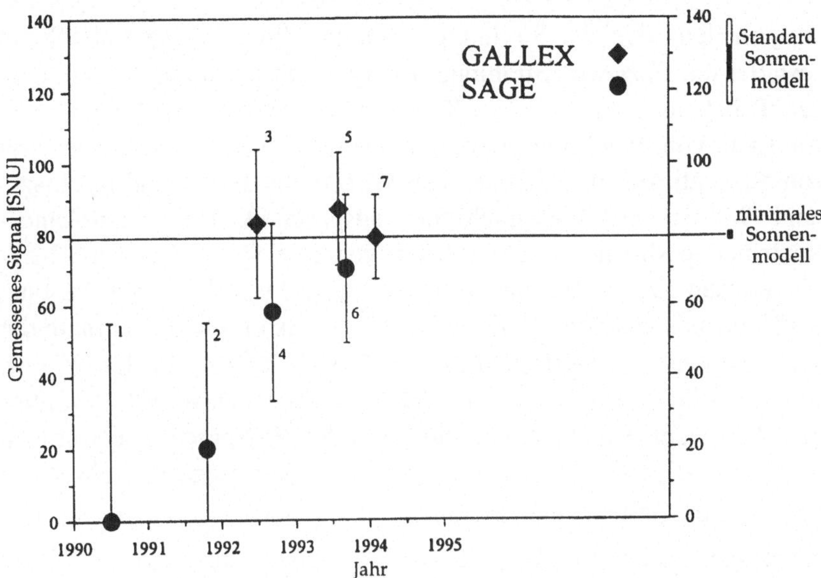

Abb. II.41: Chronologie der Meßergebnisse zur Neutrino-Einfangrate der beiden Gallium-Experimente [Fig. 3, Anselmann 1994]

arbeitern in etwa bestätigt. Die Rede ist von dem im Zusammenhang mit den atmosphärischen Neutrinos bereits erwähnten Kamiokande-Experiment, das in der Kamioka-Metallmine in den japanischen Alpen, 300 km westlich von Tokio untergebracht ist. Der Kamiokande-Detektor war ursprünglich von einer japanischen Wissenschaftlergruppe für die Suche nach eventuellen Zerfällen des Protons (vergleiche III,3) konzipiert worden und besteht aus einem großen Tank, der mit 3000 t Wasser gefüllt ist. Neutrinos mit einer Energie 7 MeV < E_ν < 30 MeV, die an einem Elektron der Wassermoleküle elastisch gestreut werden, hinterlassen ein Rückstoßelektron, das sich anfänglich schneller als Licht in etwa der Richtung der einfallenden Neutrinos durch das Wasser bewegt. Dabei strahlt es eine Art elektromagnetische „Bugwelle“, sog. *Čerenkov*-Strahlung, im sichtbaren Bereich des Spektrums ab. Die Strahlen des emittierten Lichts bilden die Oberfläche eines sich in Flugrichtung des Elektrons öffnenden Kegels. Der Öffnungswinkel des Kegels hängt von $\beta = v/c$ und damit von der Energie des Elektrons sowie vom Brechungsindex des Mediums, in dem sich die Strahlung ausbreitet (hier Wasser) ab. Somit gestattet die *Čerenkov*-Strahlung, Energie und Richtung des strahlenden Teilchens zu messen. Im Kamiokande-Detektor wird das *Čerenkov*-Licht von Photomultipliern mit einem Photokathodendurchmesser von 50 Zentimetern registriert. Die Wände des Tanks sind mit insgesamt 948 solcher Photomultiplier ausgestattet. Das Kamiokande-Neutrinoexperiment startete 1987, Ergebnisse über 1700 Tage Meßzeit wurden 1994 präsentiert [Suzuki 1994]. Danach beträgt der Fluß der Neutrinos aus dem ^{8}B-Zerfall des Wasserstoffzyklus oberhalb der Schwellenenergie des Detektors von 7 MeV (51±4) % des Wertes, den das SSM von *Bahcall* und *Pinsonneault* [Bahcall 1992] vorhersagt. Unter der Annahme, daß die Form des ^{8}B-Neutrinospektrums in der Sonne dieselbe ist wie die im Labor gemessene, errechnet die Kamiokande-Gruppe einen absoluten Fluß von $(2{,}89^{+0,22}_{-0,21})\cdot 10^6\,\mathrm{cm}^{-2}\mathrm{s}^{-1}$. Interessant ist ein Vergleich dieses Ergebnisses mit dem des Chlor-Experiments. Um aus dem Neutrinofluß die Einfangrate für ^{37}Cl zu erhalten, muß man den Fluß der ^{8}B-Neutrinos mit dem Wirkungsquerschnitt für den Einfangprozeß am ^{37}Cl multiplizieren $(\sigma_{\mathrm{Cl\text{-}37}})\,(\nu_{\mathrm{B\text{-}8}}) = (1{,}11 \pm 0{,}025) \cdot 10^{-42}\,\mathrm{cm}^2)$. Das Ergebnis $(3{,}21^{+0,24}_{-0,23})$ SNU liegt zwar nahe bei dem Mittelwert der Jahre 1986–92 der *Davis*-Gruppe ((2,85 ± 0,32) SNU, siehe oben), berücksichtigt man jedoch, daß das Kamiokande-Experiment einen bedeutend kleineren Anteil des ^{8}B-Spektrums erfaßt als das Chlor-Experiment, welches auch noch Beiträge aus zwei anderen Prozessen mitzählt, bleibt zwischen den Ergebnissen der beiden Experimente eine gewisse Diskrepanz. Daß die im Kamiokande-Experiment nachgewiesenen Neutrinos tatsächlich von der Sonne kommen, davon kann man sich an Hand der Abbildung II.42 überzeugen, in der die Winkelverteilung der Rückstoßelektronen relativ zur Sonnenrichtung aufgetragen ist. Über einem relativ hohen winkelunabhängigen Untergrund erheben sich um Null Grad herum ($\cos \theta_{\mathrm{Sonne}} \approx 1$) die Ereignisse der Sonnenneutrinos. Das Kamiokande-Experiment ist das erste und bisher einzige Neutrinoexperiment, das Richtung und Energie der wechselwirkenden Neutrinos in Echtzeit messen kann.

Das Kamiokandelabor wird seit 1994 für einen Superkamiokande-Detektor erweitert, dessen Tank 50 000 t Wasser enthalten wird, von denen im Innern 32 000 t durch 11 200 Photomultiplier beobachtet werden. Die effektive Targetmasse für die Sonnenneutrinos soll auf 22 000 t beschränkt bleiben. Die Ereignisrate von Superkamiokande wird zum einen auf Grund des größeren Targetvolumens (≈ Faktor 30) und zum anderen wegen der auf 5 MeV herabgesetzten Energieschwelle (≈ Faktor 3) um zwei Größenordnungen gegenüber der von Kamiokande ansteigen.

Zusammenfassend können wir als Fazit der bisherigen Ergebnisse der vier Sonnenneutrino-Experimente festhalten:
Aus dem einen ^{8}B-Sonnenneutrino-Problem der Pionierzeit von *R. Davis* und Mitarbeitern sind mehrere Probleme geworden, die auf der Basis der bisherigen Meßdaten nicht gelöst werden können. Die Einzelergebnisse scheinen sich mit der Zeit den Vorhersagen der Standard-Sonnenmodelle zu nähern, *Morrison* spricht von „Lernkurven". Die gemessenen Neutrinoflüsse liegen aber alle unterhalb der von den Standardmodellen vorhergesagten Werte. Auch die Modellrechnungen der Astrophysiker sind in Bewegung geraten. Vor allem die Fehlerabschätzungen zu den Modellrechnungen waren in der Vergangenheit anscheinend zu optimistisch, ein Punkt, auf den hier nicht eingegangen wurde (siehe [Morrison 1994]). Nach der kritischen Analyse von *Morrison* sind die Ergebnisse der SSM-Rechnungen mit den folgenden Werten einschließlich geschätzten Fehlern für die verschiedenen Typen von Experimenten, deren Ergebnisse in Klammern noch einmal zum Vergleich angeführt werden, vertretbar [Morrison 1994].

Ga-Experimente:	122 ± 7 SNU	(GALLEX: 79 ± 10 SNU; SAGE: 74 ± 13 SNU)
Cl-Experiment:	$4{,}8 \pm 1{,}1$ SNU	(R. *Davis*: $2{,}05 \pm 0{,}30$, 1970–84; $2{,}85 \pm 0{,}32$, 1986–92)
Kamiokande:	$(3{,}3 \pm 0{,}8) \cdot 10^{6}$ $cm^{-2}s^{-1}$	($2{,}89 \pm 0{,}22 \cdot 10^{6}$ $cm^{-2}s^{-1}$)

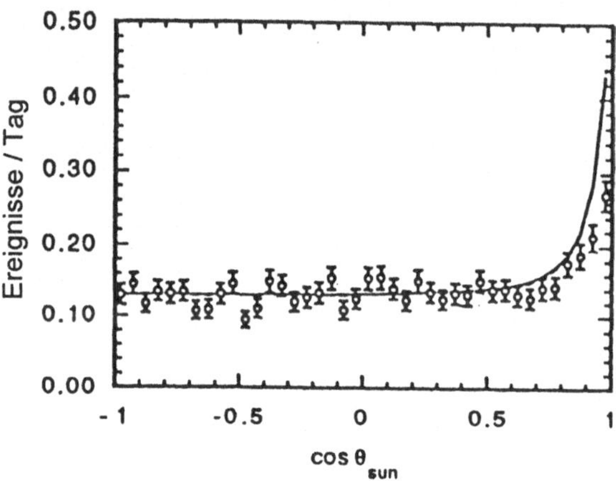

Abb. II.42: Winkelverteilung der im Kamiokande-Detektor nachgewiesenen ^{8}B-Neutrinos (siehe Text) [Fig.2, Suzuki 1994]

Die Frage, ob dem beobachteten Defizit des Sonnenneutrinoflusses physikalische Realität zukommt, d. h. ob die Sonnenneutrinos auf ihrem Weg vom Zentrum der Sonne zur Erde ihre Familienzugehörigkeit wechseln und sich dadurch einem Nachweis entziehen können, ist auf Grund des bis Ende 1994 vorliegenden Datenmaterials nicht zu beantworten. Sie hat aber dadurch an Aktualität und Popularität gewonnen. Die nächste Generation von Experimenten, durch die man die Probleme mit der Sonne und ihren Neutrinos endgültig zu lösen hofft, sind in Vorbereitung. Warten wir ab! Zu ihnen gehört u.a. auch Superkamiokande. Die neuen Experimente werden in der Lage sein, Energiespektren spezifisch und mit guter Statistik auszumessen. Eines dieser Experimente verdient besondere Erwähnung. Herzstück des SNO (**S**udbury **N**eutrino **O**bservatory) in der Creigton-Mine bei Sudbury (Ontario) in Kanada, 2070 m unter der Erdoberfläche, ist ein mit schwerem Wasser (D_2O) gefüllter Tank. Ein Schwerwasser-Detektor kann Neutrinos auf drei Arten nachweisen: (i) Durch Neutrinoeinfang wie bei den radiochemischen Experimenten, wobei das Neutron im Deuteron in ein Proton verwandelt und ein Elektron emittiert wird, dessen *Čerenkov*-Licht gemessen wird. (ii) Durch Streuung an einem Elektron des D_2O-Moleküls, das als Rückstoßelektron ebenfalls *Čerenkov*-Licht emittiert. Der Streuquerschnitt ist für Elektronneutrinos größer als für die Neutrinos der beiden anderen Leptonfamilien. (iii) Der dritte Typ von Wechselwirkung macht gerade schweres Wasser für den Neutrinonachweis so interessant, weil er nicht zwischen den verschiedenen Neutrinoarten unterscheidet und dadurch zur Messung des Gesamtneutrinoflusses prädestiniert ist: die Spaltung des Deuteronkerns in Proton und Neutron. Die Reaktion wird über die bei dem nachfolgenden Einfang des erzeugten Neutrons freigesetzte Gammastrahlung, die durch Sekundärwechselwirkung wiederum Licht erzeugt, festgestellt. Die Zerlegung des Deuterons sollte mit der Rate ablaufen, die von den Standardmodellen der Sonne vorausgesagt wird, weil eventuell auf dem Weg durch Neutrinooszillation transformierte Neutrinos mit der gleichen Wahrscheinlichkeit wechselwirken wie die Originale. Allerdings besitzt SNO wie Superkamiokande eine Energieschwelle von 5 MeV, so daß wie dort nur ^{8}B-Neutrinos nachgewiesen werden können.

Es ist in diesem Kapitel wiederholt von Neutrinooszillationen gesprochen worden, die nur auftreten können, wenn die Neutrinos eine Masse besitzen, ohne daß erklärt wurde, wie man sich den Mechanismus des Wechsels von einem Neutrinoaroma in ein anderes vorzustellen hat. Dies soll nun nachgeholt werden.

Neutrinooszillationen

Die Neutrinos gehören zu den fundamentalen Teilchen der Materie. Nach dem Standardmodell sind sie elektrisch neutrale, masselose Spin ½-Teilchen. Doch warum sollten die Neutrinos keine Masse besitzen, wo doch alle anderen Fundamentalteilchen, die geladenen Leptonen und die Quarks massebehaftet sind? Liegt es an der elektrischen Ladung? Die Teilchenphysik hat hierauf noch keine Antwort. Es gibt einerseits keine a priori-Argumente gegen Neutrino-Massen, andererseits könnten, wie bereits ausgeführt wurde, massive Neutrinos einige gegenwärtige grundlegende Probleme der Physik einer Lösung näherbringen. Deswegen verfolgen schon seit langer Zeit Heerscharen von Hochenergiephysikern akribisch jede erdenkbare Spur einer Neutrino-Masse [Zacek 1978]. Die direkte Methode, die Masse der drei Neutrinotypen zu bestimmen, besteht in der genauen Vermessung des Energiespektrums der bei Schwachen Zerfällen emittierten geladenen Leptonen. Wegen der aromatreuen Leptonenzahlerhaltung (siehe III,1) wird bei dem Zerfall von Teilchen a in Teilchen b vermittels der Schwachen Wechselwirkung mit dem geladenen Lepton l^- bzw. Antilepton l^+ stets auch ein Antineutrino bzw. ein Neutrino emittiert:

$$a \rightarrow b + l^-(l^+) + \bar{\nu}(\nu)$$

Die genaue Form des $l^\mp$-Spektrums hängt von der $\bar{\nu}(\nu)$-Masse ab. Leider macht sich eine eventuelle Neutrino-Masse im wesentlichen in der Nähe der maximal möglichen Energie $E_{l^\mp}$ (= Endenergie des Spektrums) bemerkbar, wo die Ereignisrate gegen Null geht. Hierin liegt die Schwierigkeit direkter Massenbestimmungen. Diese haben bisher nur zur Angabe von oberen Grenzen für die drei Neutrino-Massen geführt. Die derzeit genauesten Obergrenzen wurden für die Elektronneutrino-Masse aus dem Betazerfall des superschweren Wasserstoffs Tritium (${}^3_1H \rightarrow {}^3_2He + e^- + \bar{\nu}_e$), für die Myonneutrino-Masse aus dem Pionzerfall ($\pi^\pm \rightarrow \mu^\pm + \nu_\mu, \bar{\nu}_\mu$) und für die Tauonneutrino-Masse aus dem Tauonzerfall ($\tau^\pm \rightarrow \pi^\pm + \bar{\nu}_\tau, \nu_\tau$) gewonnen. Sie sind [Particle Data Group1994]:

$$m(\nu_e) < 7 \text{ eV}, m(\nu_\mu) < 270 \text{ KeV}, m(\nu_\tau) < 31 \text{ MeV}$$

Der sensitivste Test von Neutrino-Massen wird in der Untersuchung von Neutrinooszillationen gesehen. Diese können dann auftreten, wenn die in Prozessen der Schwachen Wechselwirkung erzeugten und nachweisbaren Neutrinos ν_e, ν_μ und ν_τ keine Eigenzustände der Masse sind, will heißen Zustände, die einen Neutrinostrahl beschreiben oder für die eine Bewegungsgleichung oder *Lagrange*-Funktion aufgestellt werden kann. Wir bezeichnen die Eigenzustände der Masse mit ν_1, ν_2 und ν_3. Diese Zustände können durch eine unitäre Matrix $\boldsymbol{M}$ in die Eigenzustände der Schwachen Wechselwirkung transformiert werden:

$$\begin{pmatrix} \nu_e \\ \nu_\mu \\ \nu_\tau \end{pmatrix} = \boldsymbol{M} \begin{pmatrix} \nu_1 \\ \nu_2 \\ \nu_3 \end{pmatrix}$$

Wir beschränken uns der Einfachheit halber auf zwei Neutrinoaromen ν_e und ν_μ und deren gegenseitige Umwandlung (Oszillation). ***M*** enthält in diesem Fall nur einen freien Parameter, den sog. Mischungswinkel θ, und ν_e und ν_μ stellen sich als Linearkombinationen von ν_1 und ν_2 dar:

$$\begin{aligned} \nu_e &= \nu_1 \cos\theta + \nu_2 \sin\theta \\ \nu_\mu &= -\nu_1 \sin\theta + \nu_2 \cos\theta \end{aligned}$$

ν_e und ν_μ sind Mischzustände von ν_1 und ν_2, θ legt das Mischungsverhältnis fest. Wird durch einen Prozeß der Schwachen Wechselwirkung ein Neutrinostrahl mit nur einem Neutrinoaroma und definiertem Impulsbetrag p, sagen wir ein reiner ν_e-Strahl erzeugt, so setzt sich derselbe in einer Entfernung L vom Entstehungsort nicht mehr ausschließlich aus Elektronneutrinos, sondern aus einer Mischung von ν_e und ν_μ zusammen. Voraussetzung für die teilweise Umwandlung von ν_e und ν_μ ist allerdings, daß die Massen von ν_1 und ν_2 verschieden sind. Wie die Zustandsmischung während der Flugzeit $t = L/v$ zustandekommt, ist in Kasten 6 ausgeführt. Danach hängt die Wahrscheinlichkeit $P(\nu_e \rightarrow \nu_\mu)$ bei festem L und vorgegebener Neutrinoenergie E vom Mischungswinkel θ und von der Differenz der Massenquadrate $\Delta m^2 = m_1^2 - m_2^2$ von ν_1 und ν_2 ab. Für ein bestimmtes Wertepaar $(2\theta, \Delta m^2)$ variiert P periodisch mit L, die Zusammensetzung des Strahls oszilliert. Die Oszillationslänge beträgt

$$l_{\mathrm{Osz.}} = 0{,}79\pi \cdot \frac{E(\mathrm{MeV})}{\Delta m^2(\mathrm{eV}^2)} .$$

Die Oszillation könnte nach *Mikheyev* und *Smirnov* sowie nach *Wolfenstein* in Materie hoher und sich ändernder Elektronendichte durch Neutrino-Elektron-Streuung in einer Art Resonanzeffekt drastisch verstärkt werden (MSW-Effekt) [Reviewartikel: Pal 1992]. Unter Berücksichtigung des MSW-Effektes lassen sich die oben berichteten Sonnenneutrinodefizite durch Oszillationen quantitativ erklären. Die entsprechenden ($\sin^2 2\theta$, Δm^2)-Bereiche sind in der Abbildung II.43 durch schwarze Flecke gekennzeichnet In derselben Abbildung bezeichnet die punktierte Fläche den Bereich zur Erklärung des Defizits an atmosphärischen Neutrinos. Durch die negativen Ergebnisse der Reaktor- und früheren Beschleunigerexperimente werden die schraffierten Bereiche in der rechten oberen Ecke für die drei Umwandlungskanäle $\nu_e\nu_\mu$, $\nu_e\nu_\tau$, $\nu_\mu\nu_\tau$ ausgeschlossen (nach [Vannucci 1993]).

Folgt man dem Zahlenspiel einiger Theoretiker, lassen sich fast alle in diesem Kapitel diskutierten, die Neutrinos betreffenden Schwierigkeiten aus der Welt schaffen: Hinsichtlich des elektrischen Ladungszustandes bilden die drei Neutrinotypen die obere Reihe der drei fundamentalen Leptongenerationen, das u-, c- und t-Quark die obere Reihe der drei fundamentalen Quarkgenerationen (siehe II,1). Nimmt man an, daß die Quadrate der Neutrino-Massen im gleichen Verhältnis skalieren wie die Quadrate der Massen der „oberen" Quarks, und geht man von einer Differenz der Massenquadrate $(\Delta m^2)_{\mu e}$ aus, die dem linken schwarzen Fleck in Abbildung II.43 entspricht ($(\Delta m^2)_{\mu e}$ = $(0{,}5 \div 1{,}0) \cdot 10^{-5}\ \mathrm{eV}^2$), so ergeben sich für die drei Neutrino-Massen größenordnungsmäßig

$$m(\nu_e) \cong 10^{-5}\mathrm{eV}\,,\ m(\nu_\mu) \cong 10^{-3}\mathrm{eV}\,,\ m(\nu_\tau) \cong 10\mathrm{eV}\,.$$

Diese Massen reichten für gewisse Kosmologiemodelle aus, um die theoretisch favorisierte kritische Dichte des Universums zu erreichen (siehe IV,5). Auch wenn sie für einen direkten Nachweis entschieden zu klein wären, könnten Teilchenphysik, Astrophysik und Kosmologie in Eintracht damit leben.

Wer sich noch immer über die mögliche Eigenart der Neutrinos wundert, in Prozessen der Schwachen Wechselwirkung nicht in Form von Eigenzuständen der Masse in Erscheinung zu treten, der sei noch auf ein gesichertes Beispiel völlig analoger Art hingewiesen. Bei der Schwachen Wechselwirkung der Quarks treten diese ebenfalls in Mi-

Kasten 6: Neutrinooszillationen

Vereinfachung: zwei Neutrinoarten (ν_e, ν_μ)
Annahme:Die schwach wechselwirkenden Neutrinos ν_e, ν_μ sind keine Eigenzustände der Masse; diese Eigenzustände seien ν_1, ν_2. ν_e, ν_μ können als Linearkombinationen von ν_1, ν_2 dargestellt werden:

$$\nu_e = \nu_1 \cos\theta + \nu_2 \sin\theta$$

$$\nu_\mu = -\nu_1 \sin\theta + \nu_2 \cos\theta$$

Zeitliche Zustandsänderung:

$$\nu_1(t) = \nu_1(0)\cdot e^{-iE_1 t};\ \nu_2(t) = \nu_2(0)\cdot e^{-iE_2 t};\ \hbar = c = 1$$

$$E_i = \sqrt{p^2 + m_i^2} \approx p + \frac{m_i^2}{2p} \text{ für } m_i << p;\ i = 1,2$$

Für einen reinen ν_e-Strahl ist $\nu_e(0)=1$ und $\nu_\mu(0)=0$
$\Rightarrow$ für das Intensitätsverhältnis

$$\frac{I_e(t)}{I_e(0)} = \left|\frac{\nu_e(t)}{\nu_e(0)}\right|^2 = 1 - \sin^2(2\theta)\cdot\sin^2\frac{(E_2 - E_1)t}{2};$$

$$E_2 - E_1 = \frac{m_2^2 - m_1^2}{2p} = \frac{\Delta m^2}{2p};\ p^2 \approx E^2;\ \mathrm{t} = \frac{L}{v} = \frac{L\cdot E}{p};$$

L = Flugstrecke der Neutrinos

$\Rightarrow$

$$\frac{I_e(t)}{I_e(0)} = 1 - \mathrm{P}(\nu_e \to \nu_\mu) = 1 - \sin^2(2\theta)\cdot\sin^2(\Delta m^2\frac{L}{4E}) =$$

$$1 - \sin^2(2\theta)\cdot\sin^2(1{,}27\cdot\frac{\Delta m^2 L}{E});$$

(Δm^2 in $(\mathrm{eV})^2$; L in m; E in MeV)

$\mathrm{P}(\nu_e \to \nu_\mu)$ bedeutet die Wahrscheinlichkeit für einen Aromawechsel auf der Strecke L.

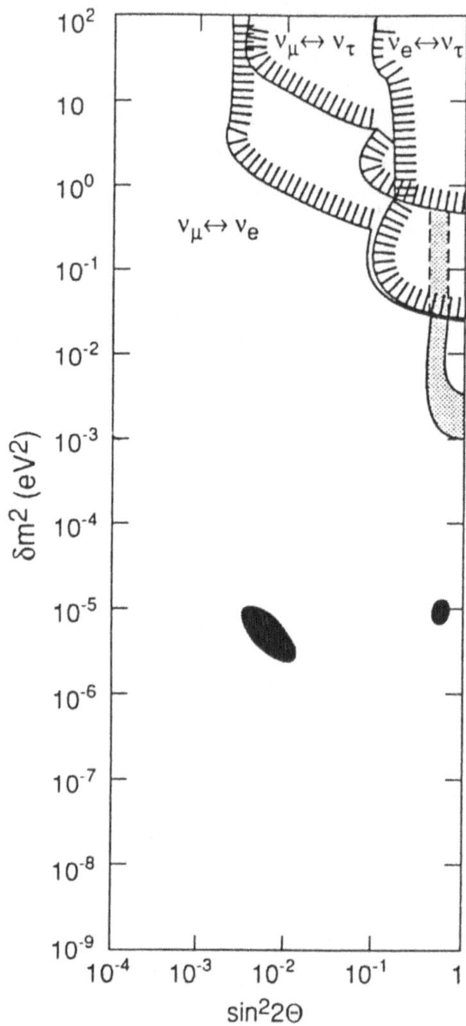

Abb. II.43: Ergebnisse der Suche nach Neutrinooszillationen (nach [Vannucci 1993])

schungen von Masse-Eigenzuständen auf. Dies wird im Standardmodell der Teilchenphysik so berücksichtigt, daß die drei Quarks mit der Ladung $Q = 2/3\ e$ (u, c und t) ungemischt bleiben können und die „unteren" Komponenten der drei Quarkdublette mit $Q = -1/3\ e$ (d, s und b) gemischt werden:

$$\begin{pmatrix} d' \\ s' \\ b' \end{pmatrix} = \boldsymbol{M}_{CKM} \begin{pmatrix} d \\ s \\ b \end{pmatrix}$$

Die Mischungsmatrix $\boldsymbol{M}_{CKM}$ heißt im Standardmodell nach den Erfindern ***C**abibbo-**K**obayashi-**M**askawa*-Matrix. Gehen wir in die Zeit zurück, in der die beiden schwersten Quarks noch unbekannt waren (vor 1976), dann reduziert sich $\boldsymbol{M}_{CKM}$ auf eine zweidimensionale Matrix mit nur einem Parameter θ_C (dem sog. *Cabibbo*-Winkel), die genauso aussieht wie die oben aufgeführte Neutrino-Mischungsmatrix und eine Drehung um θ_C im Zustandsraum (Basiswechsel) beschreibt:

$$\begin{pmatrix} d' \\ s' \end{pmatrix} = \begin{pmatrix} \cos\theta_C & \sin\theta_C \\ -\sin\theta_C & \cos\theta_C \end{pmatrix} \begin{pmatrix} d \\ s \end{pmatrix}$$

Der *Cabibbo*-Winkel θ_C beträgt etwa 13^0 ($|\sin\theta_C| \approx 0{,}22$).

III
Symmetrien in der Teilchenphysik und die „Weltformel“

1 Eine Klassifikation

Von Symmetrieeigenschaften spricht man in der Physik immer dann, wenn ein physikalisches System durch irgendeine Transformation von einem bestimmten Zustand in einen anderen möglichen Zustand übergeht, der sich vom ersteren in gewissen Eigenschaften nicht unterscheidet. Das betrachtete System verhält sich also invariant gegenüber einer Symmetrietransformation hinsichtlich gewisser Eigenschaften. Symmetrieeigenschaften sind danach eng verknüpft mit Invarianzeigenschaften und Erhaltungssätzen. Oft werden die drei Begriffe synonym verwendet.

Symmetrieeigenschaften werden mathematisch durch die Gruppentheorie behandelt. Eine Symmetriegruppe ist durch eine Transformationsvorschrift definiert. Beispiel: die Gruppe der Rotationen im 3-dimensionalen Raum. Die wiederholte Anwendung der Gruppentransformation (d. h. die Verknüpfung von Gruppenelementen) führt nicht aus der Gruppe heraus. Eine Gruppe, bei der die Gruppenmultiplikation (Hintereinanderausführung zweier Transformationen) kommutativ ist, heißt *Abel*sche Gruppe.

Wenn ein physikalisches Phänomen durch eine Symmetriegruppe gekennzeichnet werden kann (oder von einer Symmetriegruppe beherrscht wird), bedeutet dies, daß die das Phänomen beschreibende *Lagrange*-Funktion bzw. *Lagrange*-Dichte invariant ist gegenüber den Transformationen der Gruppe. Die deutsche Mathematikerin *Amalie*

Emmy Noether zeigte 1918, daß jede Invarianz der *Lagrange*-(Dichte)funktion gegenüber einer kontinuierlichen Symmetrietransformation die Existenz einer Erhaltungsgröße impliziert (*Noether*-Theorem, siehe z.B. [Schmutzer 1972, Schopper 1988, Genz 1991]). Die Erhaltungsgröße ist dabei die Erzeugende der Gruppe. So führt z.B. die Invarianz unter Translationen, Zeitverschiebungen und Rotationen zur Erhaltung des Impulses, der Energie und des Drehimpulses (siehe unten). Weitere Beispiele für Symmetriegruppen folgen noch in diesem Kapitel.

In der Teilchenphysik spielen drei Arten von Symmetrien eine besondere Rolle, auf die wir im folgenden kurz eingehen wollen:

(1) Kontinuierliche (äußere) Raum-Zeit-Symmetrien
(2) Diskrete Symmetrien
(3) Kontinuierliche (innere) dynamische Symmetrien

Kontinuierliche (äußere) Raum-Zeit-Symmetrien

Zu dieser Kategorie von Symmetrien gehören vornehmlich die räumliche Translation, die zeitliche Translation und die Rotation um eine beliebige Achse im Raum. Es gilt als allgemein anerkanntes Axiom der modernen Physik, daß Naturgesetze unter jeder dieser Transformationen invariant sind. Im Einklang mit dem *Noether*-Theorem (siehe oben) impliziert Invarianz gegenüber Zeitverschiebungen die Erhaltung der Energie, bedeutet Invarianz unter räumlichen Translationen Impulserhaltung und ist Invarianz unter räumlichen Drehungen gleichbedeutend mit der Drehimpulserhaltung. Beweise hierzu findet der Leser in Lehrbüchern der theoretischen Mechanik. Alle drei Invarianzen können in der Praxis sichergestellt werden durch die Forderung, daß die Bewegungsgleichungen bzw. die *Lagrange*-(Dichte)-funktion, die ein physikalisches System beschreiben, forminvariant gegenüber eigentlichen *Lorentz*transformationen sind. Diese Forminvarianz ist äquivalent damit, daß alle auftretenden Terme in kovarianter Form dargestellt sein müssen (Genaueres hierzu im nächsten Teilkapitel).

Diskrete äußere Symmetrien

Die kontinuierlichen Raum-Zeit-Transformationen oder eigentlichen *Lorentz*transformationen können durch sukzessive Ausführung von infinitesimalen Transformationen erzeugt werden. Es gibt aber auch uneigentliche Symmetrien, die nicht durch infinitesimale Operationen realisiert werden können. Zu diesen diskreten Symmetrieoperationen gehören

- die Raumspiegelung oder Paritätsoperation (P-Transformation)
- die Ladungskonjugation (C-Transformation)
- und die Zeitumkehr-Operation (T-Transformation).

Wir haben diese Symmetrien in II,6 im Zusammenhang mit der Verletzung von Symmetrien durch die Schwache Wechselwirkung bereits kennengelernt und wollen diese nun etwas systematischer behandeln.

Raumspiegelung und Parität

Das Konzept der Parität ist eine typisch quantenmechanische Spezialität und hat kein Analogon in der klassischen Physik. Es hängt mit den Eigenschaften eines quantenmechanischen Systems, beschrieben durch eine Wellenfunktion $\psi(\vec{x})$, gegenüber Raumspiegelungen zusammen. Eine Raumspiegelung oder Paritätsoperation P (Spiegelung am Ursprung des zugrundegelegten Koordinatensystems) ruft die Invertierung der Ortskoordinaten des Systems hervor:

$$P\psi(\vec{x}) = \psi(-\vec{x}) = \pi\psi(\vec{x})$$

π ist der Eigenwert des Paritätsoperators P (und nicht etwa die Kreiszahl!). Eine zweifache Anwendung der Paritätstransformation muß den ursprünglichen Zustand wiederherstellen:

$$P^2\psi(\vec{x}) = P\psi(-\vec{x}) = \pi\psi(-\vec{x}) = \pi^2\psi(\vec{x}) = \psi(\vec{x})$$

Das heißt, π kann nur die beiden Werte ± 1 annehmen. Ein Zustand definierter Parität (Eigenzustand des P-Operators) wird durch eine Wellenfunktion beschrieben, die sich unter der Paritätstransformation entweder nicht ändert oder nur ihr Vorzeichen umkehrt. Im ersten Fall spricht man von einem Zustand gerader Parität, im letzteren von einem Zustand ungerader Parität. Es hat sich beim Studium der Wechselwirkungen von Elementarteilchen gezeigt, daß das Konzept der Parität nur dann widerspruchsfrei angewandt und die Paritätsquantenzahl π als Erhaltungsgröße angesehen werden kann, wenn man den Elementarteilchen neben der oben angeführten räumlichen Parität noch eine „innere Parität" zuordnet (siehe z. B. [Hilscher 1980]). Die Parität ist eine multiplikative Quantenzahl, will heißen: Setzt sich ein System S aus 2 Teilsystemen S_1 und S_2 zusammen, so ist seine Parität π_S das Produkt der Paritäten π_{S_1} und π_{S_2} der Teilsysteme:

$$\pi_S = \pi_{S_1} \cdot \pi_{S_2}$$

Ebenso multiplizieren sich räumliche Parität und innere Parität zur Gesamtparität eines Systems.

Wenn die Kräfte, die ein System beherrschen, die Parität beachten, ändert sich bei Wechselwirkungsprozessen die Gesamtparität des Systems nicht (Paritätserhaltung). Die Erhaltung der Parität läßt aus der Menge der möglichen Prozesse nur bestimmte Wechselwirkungsreaktionen zu. Ein Beispiel: Jeder elektronische Zustand eines Atoms hat eine wohldefinierte Parität, gerade oder ungerade, abhängig vom Drehimpuls des Zustandes. Da die elektromagnetische Kraft die Parität erhält, sind bei der Emission elektrischer Dipolstrahlung, der weitaus häufigsten atomaren Strahlung, nur Übergänge zwischen Zuständen verschiedener Parität möglich, da das Photon die innere Parität $\pi = -1$ besitzt:

$$\pi_{\text{Anfang}} = \pi_\gamma \cdot \pi_{\text{Ende}} = (-1)\pi_{\text{Ende}} = -\pi_{\text{Ende}}.$$

Die Starke und die Elektromagnetische Wechselwirkung erhalten die Parität. Die maximal mögliche Verletzung der Spiegelsymmetrie der Schwachen Wechselwirkung, die wir bereits kennengelernt haben, gehört zu den eigenartigsten und interessantesten Phänomenen in der Teilchenphysik.

Die Spiegelung an einer Ebene kann stets durch eine Raumspiegelung mit nachfolgender Drehung um eine Achse senkrecht zur Ebene um 180° ersetzt werden. Wegen der Rotationsinvarianz physikalischer Vorgänge bedeutet die Verletzung der Paritätserhaltung auch eine Verletzung der Invarianz gegenüber einer Ebenenspiegelung (vergl. II,6).

Ladungskonjugation

Ein fundamentales Symmetrieprinzip der Natur besteht darin, daß es zu jedem Teilchen ein entsprechendes Antiteilchen gibt, wobei zugelassen ist, daß Teilchen und Antiteilchen auch identisch sein können (wie z.B. das Photon oder das neutrale Pion). Teilchen und Antiteilchen haben entgegengesetzte elektromagnetische Eigenschaften, d. h. Ladung und magnetisches Moment unterscheiden sich im Vorzeichen. Genauer gesagt ändern alle ladungsähnlichen (sprich additiven) Quantenzahlen ihr Vorzeichen, wenn man von einem Teilchen zu seinem Antiteilchen übergeht.

Die Ersetzung eines Teilchens durch sein Antiteilchen ist eine weitere diskrete Symmetrieoperation, die sog. Ladungskonjugation. Sie wird quantenmechanisch durch einen Operator C realisiert, der wie der Paritätsoperator P ebenfalls nur die beiden Eigenwerte ±1 hat:

$$C\psi = \pm\psi$$

Die Wellenfunktion eines Systems kann bezüglich der Ladungskonjugations-Transformation gerade oder ungerade sein.

Während masselose Neutrinos ausschließlich „Linkshänder“ sind, gibt es nur rechtshändige Antineutrinos (siehe II,6). Die kombinierte CP-Operation führt zu einem in der Natur verwirklichten Zustand. Lange Zeit schien es so, als respektiere die Schwache Wechselwirkung wenigstens die CP-Symmetrie. Wie wir schon wissen (siehe II,6), verletzt jedoch der Schwache Zerfall des neutralen K-Mesons (K^0) auch die CP-Symmetrie.

Zeitumkehr und CPT-Theorem

Unter der Zeitumkehrtransformation T versteht man die Umkehrung des zeitlichen Ablaufs eines physikalischen Vorgangs oder Ereignisses. Die Bewegungsrichtung kehrt sich wie in einem Film, den man rückwärts laufen läßt, um. Die Invarianz gegenüber der *T*-Transformation bedeutet, daß ein Naturgesetz sich nicht ändert, wenn in allen zeitabhängigen Größen die Zeitkoordinate *t* durch –*t* ersetzt wird. Das Symmetrieprinzip der Zeitumkehr verlangt, daß der zeitgespiegelte Ablauf möglich sein muß. Es sagt aber nichts darüber aus, wie wahrscheinlich der gespiegelte Vorgang ist, ein Umstand, der oft Verwirrung stiftet.

Zu den Grundprinzipien der Quantenfeldtheorie zählt die Annahme (Axiom), daß sich kein physikalisches System verändert, wenn man simultan die dreifache Symmetrietransformation *C*, *P*, und *T* durchführt (*CPT*-Theorem). Eine der Konsequenzen des *CPT*-Theorems ist, daß Teilchen und Antiteilchen über die gleiche Lebensdauer und die gleiche Masse verfügen müssen. Wenn die dreifache Operation *CPT* jedes System invariant läßt, impliziert die *CP*-Verletzung des neutralen Kaons, von der in Kapitel II,6 die Rede war, automatisch auch die Verletzung der Zeitumkehrsymmetrie. Die *CPT*-Invarianz wurde am $K^0 - \overline{K}^0$-System bei CERN [Gibson 1989, Carosi 1990] und am FNAL [Karlsson 1990, Gibbons 1993] mit hoher Präzision (siehe [Particle Data Group 1994]) experimentell verifiziert. Danach besteht kein Zweifel mehr, daß der Schwache Zerfall des neutralen Kaons sowohl die kombinierte *CP*-Symmetrie als auch die Zeitumkehrinvarianz (*T*-Symmetrie) verletzt.

Kontinuierliche (innere) dynamische Symmetrien

Hierzu mögen alle jene Symmetrien zählen, die sich auf Invarianzeigenschaften der *Lagrange*-Funktion bzw. *Lagrange*-Dichtefunktion (welche die Dynamik eines Systems beschreibt) bei kontinuierlichen inneren (oder unitären) d.h. nicht (äußeren) Raum-Zeit-Transformationen beziehen. Insbesondere fallen unter diese Kategorie die Symmetrie der globalen Phasentransformationen und alle lokalen inneren Symmetrien (Eichsymmetrien), auf die wir in diesem Kapitel noch ausführlich zu sprechen kommen. Auch die Symmetrien der Hadronen-Multiplette und Supermultiplette von Kapitel II,2 sind hier ebenso einzuordnen wie die für die Aufstellung von Reaktionsgleichungen so immens praktischen Teilchenzahlsymmetrien (Baryonenzahl- und Leptonenzahl-Erhaltung (siehe unten)).

Zur Illustration der Bedeutung des *Noether*schen Theorems auch im Bereich innerer Symmetrien wollen wir explizit vorführen, wie aus der Invarianz der *Lagrange*-Funktion geladener Teilchen gegenüber globalen (d.h. nicht vom Ort abhängigen) Phasentransformationen die Erhaltung der elektrischen Ladung folgt. Wir müssen uns dabei aber leider auf eine *Lagrange*-Dichtefunktion stützen, die wir erst im nächsten Teilkapitel (III,2) einführen und erläutern werden.

Die Erhaltung der elektrischen Ladung

Wir gehen von der *Lagrange*-Dichte eines *Dirac*-Feldes (z.B. eines Elektrons) aus (Verwendung natürlicher Einheiten, siehe Kasten 1):

$$\mathcal{L} = \mathrm{i}\overline{\psi}\gamma_{\mu}\partial^{\mu}\psi - m\overline{\psi}\psi$$

$\psi, \overline{\psi}$ sind ein *Dirac*-Spinor (*Dirac*-Vektor) und sein adjungierter Vektor (siehe III,2), i ist die imaginäre Einheit.

Nimmt man die Phasentransformationen

$$\psi(\boldsymbol{x}) \rightarrow \psi'(\boldsymbol{x}) = e^{\mathrm{i}\lambda}\psi(\boldsymbol{x})$$
$$\overline{\psi}(\boldsymbol{x}) \rightarrow \overline{\psi}'(\boldsymbol{x}) = e^{-\mathrm{i}\lambda}\overline{\psi}(\boldsymbol{x})$$

(λ = reelle Konstante, $\boldsymbol{x}$ = Vierervektor der Raum-Zeit) vor, ändert sich $\mathcal{L}$ wegen (siehe Kasten 7 in III,2)

$$\partial^{\mu}\psi'(\boldsymbol{x}) = e^{\mathrm{i}\lambda}\partial^{\mu}\psi(\boldsymbol{x})$$

nicht.

Die Familie der Phasentransformationen

$$U(\lambda) \equiv e^{\mathrm{i}\lambda}$$

des reellen Parameters λ bildet eine unitäre *Abel*sche[1] Gruppe („unitär“: siehe Fußnote 3), die U(1) genannt wird. Die Invarianz von $\mathcal{L}$ unter einer U(1)-Transformation bedeutet, daß die Variation $\delta\mathcal{L}$ verschwinden muß. Die explizite Ausführung der Variation (siehe. z. B. S. 314 von [Halzen 1984]) führt zur Erhaltung der Viererstromdichte $j^\mu = -e\overline{\psi}\gamma^\mu\psi$ (siehe III,2):

$$\partial_\mu j^\mu = 0$$

($-e$ ist die Ladung des *Dirac*-Teilchens)

Mit $j^\mu = (\rho, j)$, ρ = Ladungsdichte, j = Stromdichte, siehe III,2) geht obige Gleichung der Viererstromerhaltung über in die aus der klassischen Elektrodynamik vertraute Kontinuitätsgleichung

$$\frac{\partial\rho}{\partial t} + \vec{\nabla}\vec{j} = 0,$$

welche die Ladungserhaltung zum Ausdruck bringt.

Man hat sich in den Anfängen der experimentellen Teilchenphysik gewundert, daß gewisse „ganz normale“ Wechselwirkungsreaktionen einfach nicht nachzuweisen waren. So zerfällt ein Myon z.B. immer in ein Elektron und ein Neutrino-Antineutrino-Paar und niemals in ein Elektron und ein Gammaquant

$$\mu^\pm \not\to e^\pm + \gamma.$$

Oder: Warum zerfällt eigentlich ein Proton z. B. nicht in ein neutrales Pion und ein Positron (die experimentelle untere Grenze für die Lebensdauer des Protons beträgt ca. 10^{31} Jahre, siehe III,3)?

$$p \not\to \pi^0 + e^+$$

Ladungs-, Energie-, Impuls- und Drehimpulserhaltung stehen solchen Zerfällen nicht entgegen.

---

[1]Die Gruppenmultiplikation ist kommutativ:
$U(\lambda_1)U(\lambda_2) = U(\lambda_2)U(\lambda_1)$

Heute wundern sich Teilchenphysiker nicht mehr sonderlich beim Ausbleiben vermuteter Prozesse. Im Gegenteil: Sie haben gelernt, den Spieß herumzudrehen und gerade nach „verbotenen“ Prozessen zu fahnden, weil man erkannt hat, daß sich hinter seltenen oder gar nicht eintretenden Ereignissen stets Symmetrien und Erhaltungsgrößen verbergen. Das Aufspüren von Symmetrieeigenschaften wurde zur Arbeitshypothese der Hochenergiephysik.

Die Erhaltung der Baryonenzahl

Baryonen und Mesonen, die Stark wechselwirkenden Hadronen, unterscheiden sich in einer fundamentalen Eigenschaft: Mesonen können in Wechselwirkungsreaktionen erzeugt und vernichtet werden. So kann z.B. ein π^- von einem Proton in einem Atomkern eingefangen und liquidiert werden, wobei sich das Proton unter Aussendung eines Photons (Erzeugung eines Photons) in ein Neutron verwandelt:

$$\pi^- + p \rightarrow n + \gamma$$

Baryonen dagegen können nicht einzeln erzeugt oder vernichtet werden. Erzeugung und Vernichtung sind nur in Form von Baryon-Antibaryon-Paaren möglich. Zur Beschreibung der Baryonenzahl-Erhaltung hat man eine weitere Quantenzahl, die nur die Werte ±1 und 0 annehmen kann, eingeführt: die Baryonenzahl. Man ordnet allen Baryonen die Baryonenzahl $A = +1$, allen Antibaryonen die Baryonenzahl $A = -1$ und den Nichtbaryonen die Baryonenzahl $A = 0$ zu. Bei einer Wechselwirkungsreaktion muß die Summe der Baryonenzahlen vorher und nachher dieselbe sein (Baryonenzahl-Erhaltung). Die Baryonenzahl ist eine additive Quantenzahl.

Die Baryonenzahl-Erhaltung basiert offenbar auf der Unmöglichkeit, einzelne Quarks zu erzeugen oder zu vernichten. Was den Quarks recht ist, ist den Leptonen billig. Auch die Mitglieder der zweiten Klasse fundamentaler Teilchen lassen sich weder einzeln erzeugen noch vernichten.

Die Erhaltung der Leptonenzahl

Zur Beschreibung der Leptonenzahl-Erhaltung verfährt man ganz analog wie bei den Baryonen und führt eine dreiwertige Quantenzahl $L = \pm 1, 0$, die Leptonenzahl, ein. Doch damit ist es noch nicht genug. Die drei Generationen von Leptonen (siehe II,1) erhalten in jeder Wechselwirkungsreaktion streng die Anzahl der Mitglieder jeder Generation unter sich. Man ist also gezwungen, zwischen einer elektronischen (L_e), myonischen (L_μ) und tauonischen (L_τ) Leptonenzahl zu unterscheiden.

Beispiele:

1. Der Zerfall des Myons (vergleiche oben)

	$\mu^- \rightarrow$	$e^- +$	$\overline{\nu}_e +$	ν_μ
L_μ	+1	0	0	+1
L_e	0	+1	−1	0
L	+1	+1	−1	+1

2. Der Betazerfall des Neutrons

Die Erhaltung der Leptonenzahl verbietet den Zweikörperzerfall des Neutrons:

$$n \not\rightarrow p + e^- .$$

Vielmehr zerfällt das Neutron in der bekannten Weise in drei Teilchen im Endzustand, weshalb das Energiespektrum der emittierten Elektronen kontinuierlich ist:

	$n \rightarrow$	$p +$	$e^- +$	$\overline{\nu}_e$
L_e	0	0	+1	−1
A	+1	+1	0	0

Wegen der Leptonenzahl-Erhaltung wird mit dem Elektron ein elektronisches Antineutrino ausgesandt.

Anhand der Symmetrieeigenschaft der Teilchenzahl-Erhaltung kann man auch sofort einsehen, warum ein Teilchen zum Antiteilchen werden muß, wenn man es in einer Reaktionsgleichung von der rechten auf die linke Seite oder umgekehrt nimmt. Der inverse Betazerfall

$$\begin{array}{lcccc} & \overline{\nu}_e + & p \rightarrow & n + & e^+ \\ L_e & -1 & 0 & 0 & -1 \\ A & 0 & +1 & +1 & 0 \end{array} ,$$

über den *Cowan* und *Reines* 1956 das Antineutrino an einem Reaktor erstmals nachgewiesen haben [Cowan 1956], ist äquivalent mit den Betazerfällen von n und p: Es werden die beteiligten Teilchen lediglich verschieden angeordnet.

2 Eichinvarianz und Elektromagnetisches Feld

Worüber sich Naturwissenschaftler seit jeher den Kopf zerbrochen haben

Solange sich Menschen bemühen, die Natur zu ergründen – sei es philosophisch oder forschend (im modernen naturwissenschaftlichen Sinne des Wortes) –, haben sie versucht, das komplexe Erscheinungsbild der Natur auf wenige einfache Prinzipien und Gesetzmäßigkeiten zurückzuführen. In der griechischen Naturphilosophie herrschte die Meinung vor, daß die Welt aus wenigen, allen Raum erfüllenden Ursubstanzen (Elementen) aufgebaut sei. Aus ursprünglich einer einzigen Ursubstanz (bei *Thales*) wurden später (bei *Empedokles* und v.a. *Aristoteles*) vier Grundsubstanzen, die wenigen universalen Kräften (z.B. Liebe und Hader bei *Empedokles*) unterworfen sein sollten. Den „Substanzphilosophen" standen die „Atomisten" gegenüber, für die die Welt aus dem „Nichts" und unendlich vielen sehr einfachen kleinsten Teilchen (Atomen) bestand (bei *Leukipp* und *Demokrit*). Die Vielfalt der Materie erklärte sich aus unterschiedlichen Formen, Anordnungen und Orientierungen der Atome. Die Naturlehre der Peripatetiker, der von *Aristoteles* gegründeten Philosophenschule, setzte sich wegen ihrer logischen Geschlossenheit gegenüber dem Atomismus durch, wurde nach dem Niedergang der griechischen Kultur von den Arabern weitergepflegt und bildete nach der Gründung der ersten Universitäten im 13. und 14. Jahrhundert die dominierende Lehrmeinung des Abendlandes bis zum Beginn der Neuzeit (*Kopernikus*, *Kepler*, *Galilei*). Der Atomismus setzte sich endgültig erst in unserem Jahrhundert durch.

Es ist unbestritten, daß die naturwissenschaftliche Forschung im 16./17. Jahrhundert einen entscheidenden Fortschrittsschub erfahren hat, als sich die experimentelle Physik mit *Gilbert*, *Galilei* und *Bacon* aus der philosophischen Umklammerung löste. Es ist aber ebenso richtig und wichtig zu bedenken, daß der Zuwachs an physikalischen Erkenntnissen seither und bis heute immer auch von geistesgeschichtlichen, philosophischen, weltanschaulichen und gesellschaftlichen Einflüssen und Zusammenhängen mitbestimmt wird. Die Ende des 18. Jahrhunderts aufkommende, von *Friedrich Wilhelm von Schelling* begründete „romantische Naturphilosophie", die sich gegen die Empirie als Forschungsmethode wandte, trug einerseits sicherlich nicht zur Förderung der Physik bei. Andererseits prägten gewisse Teilaspekte dieser Weltanschauung in einer Weise das Denken und Handeln großer Naturforscher des 19. Jahrhunderts, daß – wissenschaftsgeschichtlich gesehen – ihr Einfluß einen entscheidenden Beitrag in Richtung einer vereinheitlichenden Entwicklung der neueren Physik geleistet hat. So bestand ein Grundgedanke der romantischen Naturphilosophie in der Überzeugung von einer inneren Verwandtschaft aller Naturkräfte und der Ähnlichkeit aller Phänomene. Im Gegensatz zu den Atomisten war für die Sympathisanten der Naturphilosophie nicht die Materie sondern die Kraft (Energie) die primäre Naturgegebenheit („Dynamismus"). Die großen Leistungen von *Johann Wilhelm Ritter* (Chemie des Galvanismus), *Christian Oersted* und *Michael Faraday* (Elektromagnetismus) sowie *Julius Robert Mayer* (Prinzip einer universellen Energieerhaltung) sind ohne den Einfluß der dynamistischen Weltanschauung und der spekulativen Grundeinstellung der romantischen Naturphilosophie kaum zu verstehen. Die von *Oersted* und *Faraday* durch ihre Experimente eingeleitete Vereinigung von Elektrizität und Magnetismus erfuhr durch die einheitliche Theorie des Elektromagnetismus von *James Clerk Maxwell* 1862 ihre krönende Vollendung.

Die Suche nach einer einheitlichen Feldtheorie der Naturkräfte wurde zu einer vordringlichen Aufgabe der Physik des 20. Jahrhunderts. Große Genies widmeten viele Jahre ihres Lebens dieser Herausforderung. Nachdem *Albert Einstein* seine allgemeine Relativitätstheorie vollendet hatte, versuchte er, die geometrische Deutung der Gravitation auf das elektromagnetische Feld zu übertragen. Bis zu seinem Tod im Jahre 1955 arbeitete er an einer Theorie, welche das Schwerefeld und das Elektromagnetische Feld auf einer einzigen geometrischen Grundlage vereinigen sollte. Je tiefer er in die Problematik eindrang, desto hoffnungsloser stellte sie sich ihm dar. „William Clerk Maxwells Kind, das elektromagnetische Feld, weigerte sich, mit typisch schottischer Sturheit, sich geometrisch erfassen zu lassen", schreibt *G. Gamov* in seiner „Biographie der Physik" [Gamov 1965]. *Werner Heisenbergs* Ringen um eine einheitliche Feldtheorie, bei der Symmetrieeigenschaften der Naturgesetze eine eminent wichtige Rolle spielten, ist in der Öffentlichkeit so bekannt geworden, daß im Volksmund von *Heisenbergs* „Weltformel" die Rede war. Leider war es auch *Heisenberg* nicht vergönnt, den erhofften Durchbruch zu schaffen. *Wolfgang Pauli*, der *Heisenberg* bei seinen Arbeiten an einer allgemeinen Feldtheorie der Elementarteilchen in herzlicher Freundschaft wissenschaftlich unterstützte, mußte aus gesundheitlichen Gründen aufgeben. *Heisenberg* bemerkt dazu in seinem Buch „Der Teil und das Ganze" [Heisenberg 1969]: „Ich kann nicht daran zweifeln, daß der Beginn seiner Erkrankung in jenen Wochen gelegen hat, in denen er die Hoffnung auf eine baldige Vollendung der Theorie der Elementarteilchen aufgegeben hat. Aber was hier Ursache und was Wirkung gewesen ist, wage ich nicht zu beurteilen."

Herrmann Weyl, ein Zeitgenosse Einsteins, hatte 1919 in Erweiterung des Relativitätsprinzips der Gravitationstheorie *Einsteins* die Idee der Eichinvarianz als eine physikalische Symmetrie vorgeschlagen. Bis dahin waren in der Physik nur „globale" Symmetrien bekannt. Globale Symmetrietransformationen rufen überall im Raum gleichzeitig denselben Effekt hervor, hängen also nicht vom Ort ab, an dem die Symmetrieoperation durchgeführt wird. Im Gegensatz dazu stellte *Weyls* Eichinvarianz eine „lokale" Symmetrie dar, die vom Ort im vierdimensionalen $(t,\vec{x})$-Raum abhängt. Leider konnte kurz nach Bekanntwerden der Theorie gezeigt werden, daß *Weyls* Interpretation der Eichinvarianz falsch war. Und so geriet eine Jahrhundertidee, auf deren Grundlage die theoretische Teilchenphysik heute eine einheitliche Beschreibung aller fundamentalen Kräfte zuversichtlich zu erzielen hofft (siehe III,3), schnell wieder in Vergessenheit. Es dauerte über 50 Jahre, bis die Eichinvarianz wiederentdeckt, neu interpretiert und ihre bahnbrechende Bedeutung erkannt und verstanden wurde. Daß das Konzept der Eichinvarianz überhaupt überlebte, lag daran, daß sich die Eichinvarianz als nützliche Symmetrie der *Maxwell*schen Gleichungen erwies. Während sich die mathematische Form der Eichsymmetrie seit *Weyl*s Pionierarbeit fast nicht geändert hat, ist die physikalische Interpretation seit den siebziger Jahren eine grundlegend andere.

In diesem Kapitel unternehmen wir den Versuch, den steinigen aber letztendlich bis heute sehr erfolgreichen Weg in Richtung einer vereinheitlichten Feldtheorie der Elementarteilchen und ihrer fundamentalen Wechselwirkungen seit der Wiederentdeckung des *Weyl*schen Ansatzes nachzuzeichnen. Das dazu unbedingt erforderliche mathematische Rüstzeug und notwendige Grundlagen der theoretischen Physik werden jeweils an geeigneter Stelle in komprimierter Form bereitgestellt, um ein Nachschlagen in Lehrbüchern, das für den Leser die Gefahr, den roten Faden zu verlieren, in sich birgt, überflüssig zu machen. Den Grundsätzen dieses Buches treu bleibend, soll die Mathematik aber nur insoweit als methodisches Mittel zur Erhellung der physikalischen Argumentation eingesetzt werden, als eine rein verbale Darstellung der Aufgabe des Verständlichmachens nicht mehr gerecht werden kann. Es soll nicht Unterricht in theoretischer Physik erteilt, sondern vielmehr versucht werden, die sachlogischen Deduktionen des theoretischen Unterbaus des Standardmodells der Teilchenphysik wenigstens in ihrer Struktur nachvollzieh- und begreifbar zu machen. Es ist auf keinen Fall daran gedacht und aufgrund der verkürzten Darstellung auch überhaupt nicht möglich, daß die Berechnungen selbst nachvollzogen werden. Sie sollen vielmehr nur überflogen werden. Wer die zugrundeliegende Mathematik wirklich verstehen will, muß sich in die Spezialliteratur (siehe „Ergänzende und weiterführende Literatur“ am Ende des Buches) vertiefen.

Damit die notwendigen Formeln möglichst überschaubar bleiben, werden im folgenden wieder die natürlichen Einheiten der Teilchenphysik (siehe Kasten 1) verwendet und bei Betrachtungen zur Elektrodynamik die dort auftretenden Feldkonstanten $\varepsilon_0 = \mu_0 = 1$ gesetzt, wie es in der Quantenfeldtheorie üblich ist („*Heaviside*sches Maßsystem“).

Die *Lorentz*invarianz der *Maxwell*schen Gleichungen

Die kovariante Form der Maxwellschen Gleichungen

Wir beginnen mit den klassischen Gesetzen des Elektromagnetismus in Gestalt der *Maxwell*schen Gleichungen für das Vakuum:

$$\vec{\nabla} \cdot \vec{E} = \rho; \; \vec{\nabla} \times \vec{E} = -\frac{\partial \vec{B}}{\partial t}$$

$$\vec{\nabla} \cdot \vec{B} = 0; \; \vec{\nabla} \times \vec{B} = \frac{\partial \vec{E}}{\partial t} + \vec{j}.$$

Hier sind ρ und $\vec{j}$ die Ladungs- bzw. Stromdichte und $\vec{E}, \vec{B}$ die Feldstärkevektoren.

Mit den Vierervektoren (siehe Kasten 7)

$$j^\mu = (\rho, \vec{j}) \text{ und } A^\mu = (\varphi, \vec{A})$$

und dem Feldtensor (antisymmetrische 4 x 4-Matrix)

$$F^{\mu\nu} = \partial^\mu A^\nu - \partial^\nu A^\mu$$

erhalten die *Maxwell*schen Gleichungen von oben die kompakte lorentzkovariante Form (vergleiche Kasten 7)

$$\partial_\mu F^{\mu\nu} = j^\nu.$$

φ und $\vec{A}$ sind das elektrostatische Skalar- und das magnetische Vektorpotential. Die Feldstärkevektoren $\vec{E}$ und $\vec{B}$ lassen sich durch die Potentiale ausdrücken:

$$\vec{B} = \vec{\nabla} \times \vec{A}$$

$$\vec{E} = -\vec{\nabla}\varphi - \frac{\partial \vec{A}}{\partial t}$$

Eichinvarianz der Klassischen Elektrodynamik

Globale und lokale Symmetrien

Stellen wir uns eine freibewegliche Kugel in einem hügeligen Gelände vor. Die auf sie wirkende Antriebskraft ist proportional zum Gradienten der Höhe z (bezüglich irgendeines Nullniveaus z.B. Meeresniveaus). Wenn man das gesamte Gelände um Δz anheben würde, änderten sich die Kräfte auf die rollende Kugel nicht. Die Bewegung der Kugel wird durch den vom Ort unabhängigen Hub nicht beeinflußt. Es liegt eine globale Transformationssymmetrie vor. Das Wort „global" weist daraufhin, daß die Transformation der Höhenanhebung an allen Orten des betrachteten Geländes gleichzeitig und in gleicher Form erfolgt. Führte man eine von Ort zu Ort verschiedene Anhebung, also eine lokale Transformation durch, veränderte sich die Form des Geländes und damit das Kraftfeld, das die Bewegung der Kugel bestimmt. Das System Kugel/Gelände ist in diesem Fall nicht invariant unter der lokalen Symmetrietransformation. Die Verletzung der Invarianz ließe sich jedoch durch ein vom Ort abhängiges Kompensationsfeld künstlich prinzipiell wieder rückgängig machen.

Ganz analog zu diesem mechanischen Beispiel ändert sich in einem elektrischen Feld $\vec{E}(x, y, z)$ die Kraft auf eine Probeladung nicht, wenn man das elektrostatische Potential $\varphi(x,y,z)$ global um einen konstanten Wert α ändert. Interessant ist nun die Frage, ob es in der Elektrodynamik möglich ist, eine ortsabhängige Potentialänderung $\alpha(x,y,z)$ so vorzunehmen, daß das elektrische Feld invariant bleibt; denn schließlich könnte ja ein zeitlich veränderliches Magnetfeld zur

Kompensation der lokalen Änderung des elektrischen Feldes bei lokaler Potentialtransformation in Erwägung gezogen werden. Der Haken ist nur, daß auch für das magnetische Feld eine lokale Symmetrie existieren müßte, damit die erstrebte lokale Symmetrie des elektrischen Feldes auch für bewegte Ladungen gewährleistet wäre. Dazu müßte sich das Vektorpotential $\vec{A}$ lokal verändern lassen ohne das Magnetfeld $\vec{B}$ zu beeinflussen. Dies könnte durch ein zeitlich veränderliches $\vec{E}$-Feld bewerkstelligt werden, kollidierte es nicht mit der Invarianz des elektrischen Feldes von oben! Die Invarianz von elektrischem und magnetischem Feld gegenüber gleichzeitiger lokaler Transformation der beiden Potentialfelder φ und $\vec{A}$ scheint auf den ersten Blick kaum realisierbar zu sein. Aber es geht!

Lokale Eichinvarianz

In jedem Lehrbuch der klassischen Elektrodynamik kann man nachlesen, daß durch Einführung eines zusätzlichen beliebigen Skalarfeldes $\Lambda(t,x,y,z)$ (es muß nur differenzierbar sein!) in der Tat die beiden Potentiale φ und $\vec{A}$ lokal transformiert werden können, ohne daß sich $\vec{E}$ und $\vec{B}$ ändern. Die Transformationen

$$\varphi \rightarrow \varphi' = \varphi - \frac{\partial \Lambda}{\partial t}$$

und

$$\vec{A} \rightarrow \vec{A}' = \vec{A} + \vec{\nabla}\Lambda$$

leisten dies, wovon man sich durch Nachrechnen leicht überzeugt. In Vierervektor-Schreibweise lautet die gemeinsame Transformation, die lokale Eichtransformation heißt:

$$A^{\mu} \rightarrow A^{\mu'} = A^{\mu} - \partial^{\mu}\Lambda \qquad (*)$$

Kasten 7: Vierervektoren und die *Lorentz*kovarianz der Naturgesetze

Jeder Satz von 4 Größen, der sich unter *Lorentz*transformationen wie

$$x = (ct, \vec{x}) = (x^0, x^1, x^2, x^3) = x^\mu;\ \mu = 0,1,2,3;\ x^0 = ct$$

verhält, heißt Vierervektor. So ist z.B. der Energie-Impuls-Vektor

$$p = (\tfrac{1}{c}E, \vec{p}) = (p^0, p^1, p^2, p^3) \equiv p^\mu$$

ein solcher Vierervektor (vergl. Kasten 2).

Das Skalarprodukt zweier Vierervektoren $a = (a^0, \vec{a})$ und $b = (b^0, \vec{b})$, definiert durch $a \cdot b = a^0 b^0 - \vec{a} \cdot \vec{b}$ ist eine *lorentz*invariante Größe.

Beispiele:

$$x \cdot x = x^2 = (ct)^2 - \vec{x}^2$$

$$p \cdot p = p^2 = \frac{E^2}{c^2} - \vec{p}^2 = m^2 c^2$$

Wenn man neben dem Vierervektortyp mit oberen Indizes $a \equiv a^\mu$ einen zweiten Typ mit unteren Indizes

$$a_\mu = (a_0, a_1, a_2, a_3) = (a_0, -\vec{a})$$

einführt, kann man die Bildung des Skalarprodukts so vornehmen wie bei Dreiervektoren (Summe der Produkte aus den Komponenten):

$$a \cdot b = \sum_\mu a_\mu b^\mu = \sum_\mu a^\mu b_\mu = a_0 b^0 - \vec{a} \cdot \vec{b}$$

$$= a^0 b_0 - \vec{a} \cdot \vec{b} = a_0 b_0 - \sum_i a_i b_i;\ \mu = 0,1,2,3;\ i = 1,2,3$$

wobei $a_0 = a^0$, $b_0 = b^0$ und $a_i = -a^i$ (i = 1, 2, 3) ist. Die a_i (a^i) sind die „raumartigen" Komponenten von $a_\mu (a^\mu)$. Üblicherweise läßt man das Summenzeichen weg und vereinbart: über gleiche Indizes wird summiert.

Fortsetzung Kasten 7

Wir schreiben also ab jetzt das Skalarprodukt zweier Vierervektoren $\boldsymbol{a}$ und $\boldsymbol{b}$ in der sog. kovarianten Form

$$\boldsymbol{a} \cdot \boldsymbol{b} = a_\mu b^\mu = a^\mu b_\mu$$

Unter Verwendung des „metrischen Tensors“

$$g_{\mu\nu} = \begin{pmatrix} 1 & & & 0 \\ & -1 & & \\ & & -1 & \\ 0 & & & -1 \end{pmatrix} = g^{\mu\nu}$$

und der oben getroffenen Summationsvereinbarung lassen sich die beiden Typen von Vierervektoren ineinander überführen:

$$a_\mu = g_{\mu\nu} a^\nu \text{ bzw. } a^\mu = g^{\mu\nu} a_\nu \,.$$

Vektoren mit oberem (unterem) Index heißen kontravariant (kovariant).

Zeitliche und räumliche Ableitungen lassen sich zu einem Vierergradienten zusammenfassen. Es ist

$$\frac{\partial}{\partial x_\mu} \equiv \partial^\mu = \left(\frac{1}{c} \frac{\partial}{\partial t}, -\vec{\nabla} \right) \text{ und } \frac{\partial}{\partial x^\mu} \equiv \partial_\mu = \left(\frac{1}{c} \frac{\partial}{\partial t}, \vec{\nabla} \right).$$

Die Einführung von kontravarianten und kovarianten Vierervektoren bringt nicht nur mathematische Vorteile, sondern gestattet v.a. eine fundamentale Annahme der modernen Physik über die Grundgesetze der Natur elegant zu formulieren:

Die Grundgesetze der Natur nehmen in allen Inertialsystemen (*Lorentz*systemen) die gleiche Form an. Die Gleichungen, welche diese Gesetze ausdrücken, sind forminvariant gegenüber *Lorentz*transformationen. Man nennt diese Eigenschaft *Lorentz*kovarianz. Eine Gleichung hat dann eine kovariante *Lorentz*form, wenn sich alle nicht wiederholenden (oberen und unteren) Indizes auf beiden Seiten des Gleichheitszeichens „ausbalancieren“ und alle mehrfach auftretenden Indizes gleich häufig als obere wie untere Indizes auftreten, wobei die Summationsvereinbarung von oben zu beachten ist. Wir werden im folgenden noch genügend Beispiele dazu kennenlernen.

Noch wesentlich spektakulärer und u. U. sogar der Schlüssel für eine einheitliche Theorie aller fundamentalen Wechselwirkungen ist die Schlußweise in umgekehrter Richtung: Man kann zeigen, daß aus der Forderung einer lokalen Eichinvarianz die Existenz des elektromagnetischen Feldes der *Maxwell*schen Gleichungen hervorgeht. Dazu werden wir die klassische Physik verlassen und Felder quantenmechanisch betrachten.

Die Quantenmechanik beschreibt Teilchen bzw. Felder durch eine (*de Broglie*) Wellenfunktion ψ. Alle realiter beobachtbaren Effekte hängen nicht von ψ sondern von $|\psi|^2$, der Wahrscheinlichkeitsdichte, ab, so daß die absolute Phase λ einer Wellenfunktion prinzipiell nicht feststellbar ist.

$$\psi = e^{i\lambda}\tilde{\psi}$$

$$|\psi|^2 = |\tilde{\psi}|^2$$

Jede Quantentheorie muß deswegen invariant sein gegenüber globalen Phasendrehungen der Form

$$\psi \rightarrow \psi' = e^{i\alpha}\psi,$$

wo α eine Konstante ist. Die Phase kann überall gleichzeitig um den gleichen Betrag α ohne irgendwelche feststellbare Auswirkungen geändert werden („globale Eichsymmetrie“). Was passiert aber bei lokalen Phasendrehungen, d.h. wenn α von $(ct,\vec{x}) \equiv \boldsymbol{x}$ abhängt? Man spricht bei einer Transformation der Art

$$\psi(\boldsymbol{x}) \rightarrow \psi'(\boldsymbol{x}) = e^{i\alpha(\boldsymbol{x})}\psi(\boldsymbol{x})$$

wieder von einer lokalen Eichtransformation.

Quantenmechanische Bewegungsgleichungen wie z.B. die *Schrödinger*-Gleichung oder *Lagrange*-Funktionen enthalten Ableitungen der Wellenfunktion $\psi(\boldsymbol{x})$. Globale Eichtransformationen werden durch Ableitungen nicht tangiert, wohl aber lokale:

$$\partial_\mu \psi(\boldsymbol{x}) \to \partial_\mu \psi'(\boldsymbol{x}) = e^{\mathrm{i}\alpha} \partial_\mu \psi(\boldsymbol{x}); \quad \alpha = \text{konstant}$$

$$\partial_\mu \psi(\boldsymbol{x}) \to \partial_\mu \psi'(\boldsymbol{x}) = \partial_\mu e^{\mathrm{i}\alpha(\boldsymbol{x})} \psi(\boldsymbol{x}) = e^{\mathrm{i}\alpha(\boldsymbol{x})} (\partial_\mu \psi(\boldsymbol{x}) + \mathrm{i}\psi(\boldsymbol{x}) \partial_\mu \alpha(\boldsymbol{x}))$$

Der Term mit der Ableitung von $\alpha(\boldsymbol{x})$ zerstört die lokale Phaseninvarianz.

Die nichtrelativistische *Schrödinger*-Gleichung

$$-\frac{1}{2m} \nabla^2 \psi(\boldsymbol{x}) = \mathrm{i} \frac{\partial \psi(\boldsymbol{x})}{\partial t}$$

z.B. ist nicht invariant gegenüber der lokalen Eichtransformation $\psi(\boldsymbol{x}) \to \psi'(\boldsymbol{x}) = e^{\mathrm{i}\alpha(\boldsymbol{x})} \psi(\boldsymbol{x})$, weil sich die Ableitungsterme von $\alpha(\boldsymbol{x})$ nicht herausheben. Lokale Phasentransformationsinvarianz kann jedoch erzielt werden, wenn die Bewegungsgleichungen für geladene Teilchen und die Beobachtungsgrößen, welche Ableitungen enthalten, durch Einführung des elektromagnetischen Viererfeldes $A_\mu(\boldsymbol{x})$ modifiziert werden. Wenn man überall den Ableitungsvierervektor ∂_μ ersetzt durch den kovarianten Ableitungsvektor

$$D_\mu = \partial_\mu + \mathrm{i}eA_\mu$$

wobei e die Ladung des Teilchens ist, welches durch die Wellenfunktion $\psi(\boldsymbol{x})$ beschrieben wird, und die Feldfunktion $A_\mu(x)$ bei Phasendrehungen der lokalen Transformation

$$A_\mu(\boldsymbol{x}) \to A'_\mu(\boldsymbol{x}) = A_\mu(\boldsymbol{x}) - \frac{1}{e} \partial_\mu \alpha(\boldsymbol{x}) \qquad (**)$$

gehorcht ($\alpha(\boldsymbol{x})$ = lokaler Phasendrehwinkel), so ist es nicht schwer zu verifizieren, daß die kovariante Ableitung D_μ eine lokale Phasentransformation (Phasendrehung der Wellenfunktion um $\alpha(\boldsymbol{x})$) nicht beeinflußt.

Die Transformation (**) hat exakt die Form (*) der Elektrodynamik! Die Ersetzung der einfachen Viererableitung durch D_μ entspricht der bekannten Ersetzung

$$p_\mu \to p_\mu - eA_\mu \qquad \text{(klassisch)}$$

bzw.

$$\partial_\mu \to (\partial_\mu + ieA_\mu) \qquad \text{(quantenmechanisch)},$$

die man vornehmen muß, wenn man von den Bewegungsgleichungen eines ungeladenen Teilchens zu jenen eines die Ladung e tragenden Teilchens übergeht.

Was heißt das nun alles in einfachen Worten?

Verlangt man von den fundamentalen Gleichungen, welche die Bewegung geladener Teilchen beschreiben, daß sie invariant gegenüber beliebigen ortsabhängigen Phasendrehungen der Wellen- oder Feldfunktionen sind, so macht dies die Einführung einer neuen Feldfunktion $A_\mu(\boldsymbol{x})$ erforderlich, die genau dem Viererpotential der Elektrodynamik mit dem Eichverhalten der *Maxwell*schen Gleichungen entspricht. In der Sprache der Quantenfeldtheorie lautet dieselbe Aussage so: die Forderung der lokalen Phaseninvarianz der Feldgleichungen geladener Teilchen ruft zwangsläufig das Photon als Vermittlerteilchen der elektromagnetischen Kraft auf den Plan!

Wir wollen dieses sensationelle Ergebnis noch etwas vertiefen, bildet es doch den Ausgangspunkt zur Entwicklung der modernen Theorie der Elementarteilchenphysik, die gute Aussichten hat, vielleicht eines Tages das Wunschziel der großen Vereinigung aller fundamentalen Naturkräfte (siehe III,3) zu erreichen. Wir müssen dazu noch ein paar Grundlagen der Quantenfeldtheorie bereitstellen.

Warum das Photon keine Masse hat

Die theoretische Mechanik beschreibt die Dynamik von punktförmigen Teilchen bzw. kontinuierlichen Systemen durch *Lagrange*-Funktionen bzw. *Lagrange*-Dichtefunktionen. Die *Lagrange*-Funktion ist die Differenz von kinetischer Energie E_k und potentieller Energie E_p:

$$L = E_\mathrm{k} - E_\mathrm{p}\,.$$

Sie gehorcht im Fall diskreter punktförmiger Teilchen der *Euler-Lagrange*-Gleichung

$$\frac{d}{dt}\left(\frac{\partial L}{\partial \dot{q}_i}\right)-\frac{\partial L}{\partial q_i}=0,$$

wobei q_i verallgemeinerte Teilchenkoordinaten sind und $\dot{q}_i$ für dq_i / dt steht. Für den Fall kontinuierlicher Systeme (kontinuierlich verteilter Objekte) ersetzt die *Lagrange*-Dichte $\mathcal{L}$ die Rolle von L:

$$L(q_i,\dot{q}_i,t)\rightarrow \mathcal{L}(\varphi,\frac{\partial\varphi}{\partial x_\mu},x_\mu)$$

Hier ist $\varphi(\boldsymbol{x})$ eine kontinuierlich variierende Raum-Zeit-Funktion von $\boldsymbol{x} = x_\mu$ (Feldfunktion). Die *Euler-Lagrange*-Gleichung für $\mathcal{L}$ lautet:

$$\frac{\partial}{\partial x_\mu}\left(\frac{\partial \mathcal{L}}{\partial\left(\frac{\partial\varphi}{\partial x_\mu}\right)}\right)-\frac{\partial \mathcal{L}}{\partial\varphi}=0$$

Es ist $L=\int \mathcal{L}d^3\boldsymbol{x}\equiv\int \mathcal{L}d\vec{x}$.

Setzt man die *Lagrange*-Dichte $\mathcal{L}$ in die *Euler-Lagrange*-Gleichung ein, erhält man die Bewegungsgleichung. Anstatt eine (relativistische) Bewegungsgleichung aufzustellen, genügt es, die *Lagrange*-Dichte $\mathcal{L}$ (als *Lorentz*skalar!) zu finden. Ist $\mathcal{L}$ ein *Lorentz*skalar, resultiert aus der *Euler-Lagrange*-Gleichung eine kovariante Bewegungsgleichung (vergleiche Kasten 7).

Beispiele:

Setzt man die *Lagrange*-Dichte

$$\mathcal{L}=\frac{1}{2}(\partial_\mu\varphi)(\partial^\mu\varphi)-\frac{1}{2}m^2\varphi^2$$

in die *Euler-Lagrange*-Gleichung ein, erhält man die *Klein-Gordon*-Gleichung

$$\partial_\mu \partial^\mu \varphi + m^2 \varphi = 0\,,$$

die Bewegungsgleichung eines spinlosen ungeladenen Teilchens (als Feld). Sie ist nichts anderes als die relativistische Form der *Schrödinger*-Gleichung (siehe oben). Die *Lagrange*-Dichte eines *Dirac*-Feldes (z.B. eines relativistischen Elektrons) lautet

$$\mathcal{L} = \mathrm{i}\overline{\psi}\gamma^\mu \partial_\mu \psi - m\overline{\psi}\psi.$$

Hierbei ist ψ ein vierkomponentiger *Dirac*-Vektor („*Dirac*-Spinor") und $\overline{\psi} = \psi^+ \gamma^0$ der adjungierte Vektor (mit ψ^+ = die hermitesch konjugierte Feldfunktion zu ψ); γ^μ sind die *Dirac*-γ-Matrizen. (Näheres siehe Lehrbücher über Quantenfeldtheorie, wie z. B. [Bjorken 1967].) In die *Euler-Lagrange*-Gleichung eingesetzt, liefert $\mathcal{L}$ die *Dirac*-Gleichung in kovarianter Form, die Bewegungsgleichung eines relativistischen Spin 1/2-Teilchens:

$$(\mathrm{i}\gamma^\mu \partial_\mu - m)\psi = 0.$$

Die *Maxwell*-Gleichungen (vergl. oben)

$$\partial_\mu F^{\mu\nu} = j^\nu$$

sind gleichbedeutend mit der *Lagrange*-Dichte

$$\mathcal{L} = -\tfrac{1}{4} F_{\mu\nu} F^{\mu\nu} - j^\mu A_\mu\,.$$

Die lokale Eichinvarianz der *Dirac-Lagrange*-Dichte für ein Elektron erfordert – wie wir gesehen haben – die Ersetzung

$$\partial_\mu \to D_\mu = \partial_\mu + \mathrm{i}eA_\mu,$$

wodurch $\mathcal{L}$ übergeht in

$$\mathcal{L} = \overline{\psi}(\mathrm{i}\gamma^\mu D_\mu - m)\psi = \overline{\psi}(\mathrm{i}\gamma^\mu \partial_\mu - m)\psi - eA_\mu \overline{\psi}\gamma^\mu \psi$$
$$= \mathcal{L}_{\text{frei}} - j^\mu A_\mu \text{ mit } j^\mu = e\overline{\psi}\gamma^\mu \psi$$

Man überzeugt sich leicht, daß die neue *Dirac-Lagrange*-Dichte $\mathcal{L}$ in der Tat invariant ist gegenüber der vereinten Transformation

$$A_\mu(\boldsymbol{x}) \to A'_\mu(\boldsymbol{x}) = A_\mu(\boldsymbol{x}) - \frac{1}{e}\partial_\mu \alpha(\boldsymbol{x})$$

$$\psi(\boldsymbol{x}) \to \psi'(\boldsymbol{x}) = \mathrm{e}^{\mathrm{i}\alpha(x)}\psi(\boldsymbol{x}).$$

$\mathcal{L}_{\text{frei}}$ beschreibt die Bewegung des Elektrons ohne Berücksichtigung der Ladung, der Term $j^\mu A_\mu$ berücksichtigt die Kopplung des elektromagnetischen Feldes A_μ an die Elementarladung e. Um zu einer vollständigen *Lagrange*-Dichte im Sinne der Quantenelektrodynamik (QED) zu kommen, muß noch ein Term hinzugefügt werden, der die Ausbreitung des freien Photons beschreibt. Er ist uns von der *Lagrange*-Dichte der *Maxwell*-Gleichungen (siehe oben) schon bekannt. Damit lautet die vollständige *Lagrange*-Dichte der QED:

$$\mathcal{L}_{\text{QED}} = \mathcal{L}_{\text{frei}} - j^\mu A_\mu - \tfrac{1}{4} F_{\mu\nu} F^{\mu\nu}.$$

Besäße das Photon eine Masse, müßte in $\mathcal{L}_{\text{QED}}$ noch ein Massenterm hinzugefügt werden, der wegen der *Lorentz*kovarianz von $\mathcal{L}$ und aus Dimensionsgründen die Form

$$\mathcal{L}_\gamma = \frac{1}{2} m^2 A^\mu A_\mu$$

hätte (vergl. *Klein-Gordon*-Gleichung, oben). Ein solcher Massenterm verletzt aber offensichtlich die lokale Eichinvarianz:

$$A^\mu A_\mu \to (A^\mu - \frac{1}{e}\partial^\mu \alpha)(A_\mu - \frac{1}{e}\partial_\mu \alpha) \neq A^\mu A_\mu.$$

Damit wurde gezeigt, daß sich aus der lokalen Eichinvarianz der QED zwangsläufig die Existenz eines masselosen Photons ableitet.

Die doppelte lokale Transformation (Eichtransformation) der Phase des Elektrons und des elektromagnetischen Feldes A_μ, die $\mathcal{L}_{\text{QED}}$ invariant läßt, kann auch so interpretiert werden: Eine Phasenänderung wird durch die Änderung des elektromagnetischen Feldes kompensiert. Eine Phasenänderung tritt z. B. bei der elektromagnetischen Wechselwirkung zweier Ladungen auf. Sie wird ermöglicht durch die (lokale) Emission und Absorption eines Photons. Die Kraftwirkung wird durch Photonaustausch hervorgerufen.

Die Vermittlerteilchen (Feldquanten) der Schwachen und der Starken Kraft (Farbkraft), die Feldbosonen $W^{\pm}$, Z^0 und die Gluonen lassen sich ebenfalls mit der lokalen Eichinvarianz von *Lagrange*-Dichten begründen (siehe nächstes Kapitel, III,3). Damit ist es erstmals gelungen, drei der vier fundamentalen Kräfte auf eine gemeinsame Ursache zurückzuführen. Die Wiederentdeckung und Neuinterpretation (zur historischen Entwicklung siehe z.B. [Moriyasu 1982, 1983, Kibble 1993]) und das Erkennen der grundlegenden Bedeutung von lokalen Eichsymmetrien gehört zu den größten Leistungen der theoretischen Teilchenphysik.

3 Unter dem Geleit der Eichsymmetrie auf dem (steinigen) Weg zur „großen Vereinigung" aller fundamentalen Naturkräfte

Gruppentheorie als Wegzehrung

Es wurde bereits auf die Bedeutung der Gruppentheorie als der Theorie der Symmetrien in der Teilchenphysik hingewiesen. Wir müssen hier einige wenige Aussagen der Gruppentheorie zusammenstellen, auf die wir uns bei der weiteren Argumentation stützen wollen und ohne die wir den vor uns liegenden Weg nicht bewältigen. In Kasten 8 wird erklärt, was unter einer Gruppe verstanden wird.

Zur Beschreibung kontinuierlicher Symmetrietransformationen in der Physik müssen die Gruppenelemente nach Parametern differenzierbar sein. Eine Gruppe, deren Elemente differenzierbare Funktionen sind, heißt *Lie*-Gruppe. Wir haben mit der kontinuierlichen Gruppe der Phasentransformationen „U(1)" bereits eine *Lie*-Gruppe kennengelernt, bei der die Elemente $U(\theta) = e^{i\theta}$ von einem reellen Parameter θ abhängen.

Kasten 8: Definition einer Gruppe

Eine Menge von Elementen $\{A, B, C, ...\}$ bildet eine Gruppe, wenn folgende Bedingungen erfüllt sind:
(a) Die Verknüpfung $A \cdot B$ zweier Elemente A, B der Menge liefert wieder ein Element der Menge
(b) Es gibt ein Einheitselement E in der Menge, so daß für jedes Element X der Menge gilt:

$$X \cdot E = E \cdot X = X$$

(c) zu jedem Element X gibt es ein inverses Element X^{-1} mit

$$X \cdot X^{-1} = X^{-1} \cdot X = E$$

(d) Die Verknüpfung von Elementen ist assoziativ:

$$A \cdot (B \cdot C) = (A \cdot B) \cdot C$$

$$\frac{dU}{d\theta} = \mathrm{i}e^{\mathrm{i}\theta}$$

Eine infinitesimale U(1)-Transformation (Phasenverschiebung um $d\theta$) hat die Form

$$dU = \mathrm{i}e^{\mathrm{i}\theta} d\theta = \mathrm{i}U d\theta.$$

Man kann zeigen, daß jedes Element einer *Lie*-Gruppe, die von n Parametern $\theta_1, \theta_2, \ldots, \theta_n$ abhängt, in der Form

$$X(\theta_1, \theta_2, \ldots, \theta_n) = e^{\sum_{j=1}^{n} \mathrm{i}\theta^j T_j} = e^{\mathrm{i}\theta^j T_j}$$

geschrieben werden kann, wobei mit der Schreibweise des Terms rechts des Gleichheitszeichens die in III,2 eingeführte Summationsvereinbarung verwendet wurde. Den n Parametern $\theta_1, \theta_2, \ldots, \theta_n$ sind n Größen $T_1, T_2, \ldots, T_n$ zugeordnet, die die Erzeugenden der *Lie*-Gruppe heißen. Physikalisch stellen sie die Erzeugenden einer Transformation dar.

Kasten 9: Die SO(n)-Gruppen

Die Rotationen in einem n-dimensionalen euklidischen Raum bilden eine Gruppe, die O(n) genannt wird. Die Elemente von O(n) können durch ($n \times n$)-Matrizen $\boldsymbol{R}$ mit $n(n-1)/2$ unabhängigen Parametern dargestellt werden. Die Matrizen $\boldsymbol{R}$ sind orthogonal ($\boldsymbol{R}^{\mathrm{T}}\boldsymbol{R} = \mathbf{1}$, $\boldsymbol{R}^{\mathrm{T}}$ = transponierte Matrix von $\boldsymbol{R}$). Die Zahl der unabhängigen Matrixelemente folgt aus der Orthogonalitätsforderung. Hat zusätzlich die Determinante von $\boldsymbol{R}$ den Wert +1, so heißt die Gruppe SO(n) (Spezielle orthogonale n x n-Matrizen).

Jedem bekannt sind die Elemente von SO(2), die Matrizen der Rotationen in einer Ebene:

$$\boldsymbol{R} = \begin{pmatrix} \cos\theta & \sin\theta \\ -\sin\theta & \cos\theta \end{pmatrix}$$

Sie drehen einen Vektor $\begin{pmatrix} x \\ y \end{pmatrix}$ um den Winkel θ:

$$\begin{pmatrix} x' \\ y' \end{pmatrix} = \boldsymbol{R}\begin{pmatrix} x \\ y \end{pmatrix}.$$

Die Gruppe SO(2) hat einen Parameter (genau wie U(1)).

In Kästen 9, 10 und 11 werden drei wichtige Beispiele von *Lie*-Gruppen vorgestellt.

Verallgemeinerte Eichtransformationen

Die Dynamik eines physikalischen Mikrosystems, das aus n Teilchen (Feldern $\varphi^i(\boldsymbol{x})$, $i = 1,2,...,n$) bestehen möge, werde durch eine *Lagrange*-Dichtefunktion

$$\mathcal{L}(\varphi^i(\boldsymbol{x}), \partial_\mu \varphi^i(\boldsymbol{x}))$$

beschrieben. Unter einer inneren Symmetrie wollen wir die Invarianz von $\mathcal{L}$ gegenüber einer *Lie*-Gruppe G von Transformationen, die auf die Felder $\varphi^i(\boldsymbol{x})$ wirken, verstehen. Die infinitesimale Form[2] einer solchen Transformation hat die allgemeine Gestalt

$$\varphi^i(\boldsymbol{x}) \xrightarrow{\mathrm{G}} \varphi^i(\boldsymbol{x}) + \mathrm{i}\theta^\alpha (\boldsymbol{T}_\alpha)^i_j \varphi^j(\boldsymbol{x});$$

$i,j = 1, 2, ..., n$; $\alpha = 1, 2, ..., N$. N ist die Zahl der Erzeugenden von G. Es gilt die Summationsvereinbarung (siehe III,2). N hat den Wert 1 für U(1), 3 für SU(2) und 8 für SU(3). Die Zahl der Erzeugenden gibt an, wieviele unabhängige Transformationen in G existieren. $\boldsymbol{T}_\alpha$ sind die Matrizen der Darstellung, zu der die Felder $\varphi^i(\boldsymbol{x})$ gehören. θ^α sind N kontinuierliche komplexe Variable, die nicht vom Viererort $\boldsymbol{x}$ abhängen. Ist z.B. G = SU(2) und bilden die $\varphi^i(\boldsymbol{x})$ Isodublette, so sind die $\boldsymbol{T}_\alpha = \tau_\alpha$ (α = 1, 2, 3) die *Pauli*-Matrizen. Wenn die Felder einen Isovektor bilden (z.B. das Pion-Triplett $\begin{pmatrix} \pi^+ \\ \pi^0 \\ \pi^- \end{pmatrix}$, ist $(\boldsymbol{T}_\alpha)^i_j = \varepsilon_{\alpha ij}$ der antisymmetrische Tensor, der durch die folgenden Eigenschaften definiert ist:

$$\varepsilon_{\alpha_{ij}} = \begin{cases} +1 \text{ wenn } \alpha ij = \text{ gerade Permutation von 1,2,3} \\ -1 \text{ wenn } \alpha ij = \text{ungerade Permutation von 1,2,3} \\ 0 \quad \text{wenn zwei Indizes gleich sind} \end{cases}$$

Da die Parameter θ^α $\boldsymbol{x}$-unabhängig sind, transformieren sich die Ableitungen der Felder wie die Felder selbst:

$$\partial_\mu \varphi^i(\boldsymbol{x}) \xrightarrow{\mathrm{G}} \partial_\mu \varphi^i(\boldsymbol{x}) + \mathrm{i}\theta^\alpha (\boldsymbol{T}_\alpha)^i_j \partial_\mu \varphi^j(\boldsymbol{x}).$$

---

[2] infinitesimal soll heißen: Die Entwicklung der Transformationsmatrix $\boldsymbol{U} = e^{\mathrm{i}\theta^\alpha T_\alpha}$ nach Potenzen von θ^α wird nach dem linearen Term (1. Potenz von θ^α) abgebrochen.

Kasten 10: Die SU(2)-Gruppe

Die Elemente einer SU(n)-Gruppe sind ($n \times n$)-unitäre Matrizen[3] mit n^2 komplexen Elementen und $n^2 - 1$ unabhängigen Parametern. Für die Determinante der Gruppenelemente muß gelten: det(**U**) = +1 (Spezielle unitäre Matrizen bzw. Operatoren).
Die Elemente einer SU(n)-Gruppe lassen sich immer in der Form

$$\boldsymbol{U} = e^{\sum_{j=1}^{n^2-1} \theta^j \boldsymbol{H}_j}$$

darstellen, wobei die θ^j reelle Parameter und $\boldsymbol{H}_j$ hermitesche Matrizen[4] mit Spur ($\boldsymbol{H}_j$) = 0 sind.
Die Paare der fundamentalen Teilchen (siehe II,1) lassen sich als zweikomponentige Vektoren eines abstrakten Raumes auffassen und mathematisch wie die Spinoren von Spin 1/2-Teilchen behandeln. Wie bei den Spinoren die zwei Komponenten die beiden möglichen Spinrichtungen ($\begin{pmatrix} \uparrow \\ \downarrow \end{pmatrix}$) der Fermionen repräsentieren, sind die Leptonen und Quarks Vertreter zweier abstrakter Spinzustände. Wir haben denselben Formalismus bereits bei der Einführung des Isospins für die Ladungszustände des Nukleons ($\begin{pmatrix} \mathrm{p} \\ \mathrm{n} \end{pmatrix}$) kennengelernt. Die SU(2)-Matrizen vermitteln Rotationen der Spinoren in zweidimensionalen abstrakten komplexen Räumen und mischen dabei physikalische Zustände. Die Erzeugenden der SU(2)-Gruppe sind die bekannten *Pauli*-Matrizen (siehe Lehrbücher der Quantenmechanik).

---

[3] Für eine unitäre Matrix $\boldsymbol{U}$ gilt: $\boldsymbol{U}^+\boldsymbol{U} = \boldsymbol{U}\boldsymbol{U}^+ = \mathbf{1}$ mit $\boldsymbol{U}^+ = (\boldsymbol{U}^{\mathrm{T}})^*$ (siehe Fußnote 4), wobei $\boldsymbol{U}^{\mathrm{T}}$ die transponierte Matrix und $\boldsymbol{U}^*$ die konjugiert komplexe Matrix von $\boldsymbol{U}$ ist.

[4] Eine Matrix $\boldsymbol{H}$ ist hermitesch, wenn gilt: $\boldsymbol{H}^+ = \boldsymbol{H}$ (mit $\boldsymbol{H}^+ = (\boldsymbol{H}^{\mathrm{T}})^*$) oder $h_{ik} = h_{ki}^*$

Kasten 11: Die SU(3)-Gruppe

Jedes Quark kommt in drei Farbzuständen vor (siehe II,1):

$$q = \begin{pmatrix} q_r \\ q_g \\ q_b \end{pmatrix}$$

In Erweiterung der SU(2)-Symmetrie operieren (3×3)-unitäre Matrizen im „Farbraum" der Quarks. Die SU(3)-Gruppe wird von 8 hermiteschen Matrizen $\boldsymbol{L}_i$ $(i = 1,2,\ldots,8)$ erzeugt, welche die Vertauschungsrelationen

$$[\boldsymbol{L}_a, \boldsymbol{L}_b] = \mathrm{i} f_{abc} \boldsymbol{L}_c$$

erfüllen. Die f_{abc} sind vollständig antisymmetrische reelle Parameter (Strukturkonstanten genannt), von denen nur 9 von null verschieden sind. Die $\boldsymbol{L}$-Matrizen sind erweiterte *Pauli*-Matrizen mit Spur $(\boldsymbol{L}) = 0$.

Ist $\mathcal{L}$ invariant unter G, folgt aus dem *Noether*schen Theorem (siehe III,1) die Existenz von N erhaltenen Strömen in verallgemeinernder Analogie zur Viererstromerhaltung bei U(1), aus der die Erhaltung der Ladung resultiert (siehe III,1).

Ersetzt man nun die Gruppe G der globalen inneren Transformationen durch die Gruppe G´ der lokalen Transformationen $(\theta^\alpha \rightarrow \theta^\alpha(\boldsymbol{x}))$

$$\varphi^i(\boldsymbol{x}) \xrightarrow{G'} \varphi^i(\boldsymbol{x}) + \mathrm{i}\theta^\alpha(\boldsymbol{x})(\boldsymbol{T}_\alpha)^i_j \varphi^j(\boldsymbol{x}), \qquad (*)$$

zerstören wie bei der U(1)-Gruppe Ableitungsterme $\partial_\mu \varphi^i$ die Eichinvarianz von $\mathcal{L}$. Diese kann wiederhergestellt werden, wenn man N Eichfelder $W^\alpha_\mu(\boldsymbol{x})$ $(\alpha = 1,2,\ldots,N)$ einführt, die sich unter G´ wie folgt transformieren [Illiopoulos 1980]:

$$W^\alpha_\mu(\boldsymbol{x}) \xrightarrow{G'} W^\alpha_\mu(\boldsymbol{x}) - f^\alpha_{\beta\gamma}(\boldsymbol{x}) W^\gamma_\mu \theta^\beta(\boldsymbol{x}) + \frac{1}{g}\partial_\mu \theta^\alpha(\boldsymbol{x}), \qquad (**)$$

worin g eine (freie) Konstante und $f^{\alpha}_{\beta\gamma}$ die Strukturkonstanten der Gruppe sind, die durch die Vertauschungsrelationen

$$\left[\boldsymbol{T}_{\alpha},\boldsymbol{T}_{\beta}\right]=\mathrm{i}f^{\gamma}_{\alpha\beta}\boldsymbol{T}_{\gamma}$$

bestimmt sind. Für U(1) verschwinden die $f^{\alpha}_{\beta\gamma}$; U(1) hat keine Strukturkonstanten.

Definiert man wie im Fall des elektromagnetischen Feldes eine kovariante Ableitung (siehe III,2)

$$D_{\mu}\varphi^{i}(\boldsymbol{x})\equiv\partial_{\mu}\varphi^{i}-\mathrm{i}g(\boldsymbol{T}_{\alpha})^{i}_{j}W^{\alpha}_{\mu}(\boldsymbol{x})\varphi^{j}(\boldsymbol{x}),$$

die sich unter G´ genauso transformiert wie die Felder $\varphi^{i}(x)$ selbst, so ist die *Lagrange*-Dichtefunktion

$$\mathcal{L}_{1}(\varphi^{i},D_{\mu}\varphi^{i})$$

unter der gemeinsamen Transformation (*) und (**) invariant. Man kann der Vollständigkeit halber zu $\mathcal{L}_1$ noch einen kinetischen Term für die Eichfelder hinzufügen:

$$\mathcal{L}_{1}\rightarrow\mathcal{L}_{2}=\mathcal{L}_{1}-\tfrac{1}{4}G^{\alpha}_{\mu\nu}G^{\mu\nu}_{\alpha}$$

mit

$$G^{\alpha}_{\mu\nu}(\boldsymbol{x})=\partial_{\mu}W^{\alpha}_{\nu}(\boldsymbol{x})-\partial_{\nu}W^{\alpha}_{\mu}(\boldsymbol{x})-gf^{\alpha}_{\beta\gamma}W^{\beta}_{\mu}(\boldsymbol{x})W^{\gamma}_{\nu}(\boldsymbol{x}).$$

Ein Massenterm $\propto W_{\mu}W^{\mu}$ würde wie beim Photon die Eichinvarianz zerstören!

Hiermit soll es mit der formalen Vorbereitung genug sein. Wir sind nun hinreichend gerüstet, den phänomenologischen Weg zur Vereinheitlichung der fundamentalen Kräfte anzutreten.

Aller Anfang ist schwer

Die Erhaltung der elektrischen Ladung in der QED ist eine Konsequenz der Invarianz der *Lagrange*-Dichte unter der Gruppe

$G \equiv U(1)$ der globalen Phasentransformationen (siehe III,2). Wir schreiben hierfür symbolisch:

$$G^{U(1)} \mathcal{L}(\varphi) \rightarrow \mathcal{L}(\varphi')$$

Läßt man lokale Phasentransformationen zu, wird die Invarianz von $\mathcal{L}$ zerstört. $\mathcal{L}$ ändert sich unter $G(\boldsymbol{x})$:

$$G^{U(1)}(\boldsymbol{x}) \mathcal{L}(\varphi) \rightarrow \mathcal{L}'(\varphi').$$

Die Einführung des masselosen Photonfeldes A_μ stellt die Invarianz von $\mathcal{L}$ wieder her: die Änderung der *Lagrange*-Dichte durch die lokale Eichtransformation wird durch eine simultane Transformation der Photon-Wellenfunktion kompensiert:

$$G^{U(1)}(\boldsymbol{x}) \mathcal{L}(\varphi, A_\mu) \rightarrow \mathcal{L}(\varphi', A'_\mu).$$

Der erste Schritt einer verallgemeinernden Erweiterung der Eichinvarianz der QED auf andere Naturkräfte wurde – historisch gesehen – mit der Kernkraft versucht und scheiterte. Die Ladungsunabhängigkeit der Kernkraft kann ausgedrückt werden durch die Invarianz der *Lagrange*-Dichte des Nukleonensystems eines Kerns unter Rotationen im Isospinraum. Diese werden durch die SU(2)-Gruppe beschrieben:

$$G^{SU(2)} \mathcal{L}(N) \rightarrow \mathcal{L}(N').$$

(N steht für Nukleonen)

Verlangt man, daß sich $\mathcal{L}$ auch unter lokalen Isospintransformationen nicht ändert, muß man wie in der QED ein zusätzliches Eichfeld ρ einführen:

$$G^{SU(2)}(\boldsymbol{x}) \mathcal{L}(N, \rho) \rightarrow \mathcal{L}(N', \rho').$$

Da das Nukleon N bei der Wechselwirkung mit dem ρ-Feld seine Ladung ändern kann oder auch nicht, muß das Eichfeld ρ in 3 Ladungszuständen (ρ^+, ρ^0, ρ^-) vorkommen. Da ferner die Ladung mit dem Isospin zusammenhängt (siehe II,2), müssen die Eichteilchen selbst einen Isospin besitzen. Der Isospin ist aber die Quelle der neuen Eichteilchen. Folglich muß man zulassen, daß die Eichfelder unter sich selbst wechselwirken können, im Unterschied zum Photon der QED. Die tiefere Ursache für diesen gravierenden Unterschied liegt darin, daß Phasentransformationen kommutativ sind und Rotationen nicht. Oder anders ausgedrückt: U(1) bildet eine *Abel*sche Gruppe und SU(2) ist Nicht*abel*sch.

Die skizzierte Übertragung der lokalen Eichsymmetrie der QED auf die Isospininvarianz wurde 1954 von *Chen-Ning Yang* und *Robert Mills* versucht und wieder aufgegeben, da sich kein masseloses ρ-Triplett ausmachen ließ. Ähnliche Probleme treten bei der Anwendung der lokalen SU(2)-Symmetrie auf die Schwache Kraft auf. Auch hier lassen sich die Lepton- und Quarkgenerationen durch Isospindublette in einem Schwachen Isospinraum beschreiben. Der Erhaltung des Schwachen Isospins entspricht, analog zur Starken Kraft, die Ladungsunabhängigkeit der Schwachen Wechselwirkung. Soll z.B. die Lepton-*Lagrange*-Dichte unter lokalen Isospinrotationen ($SU(2)^W$) invariant sein, ist dies wie im Fall des Starken Isospins nur möglich, wenn ein masseloses Ladungstriplett (W^+, W^0, W^-) als Eichfeld existiert. Ein neutrales Feldteilchen W^0 der Schwachen Kraft impliziert Wechselwirkungsreaktionen, bei denen kein Ladungswechsel der beteiligten Leptonen stattfindet (sog. neutrale Ströme, siehe Abbildung III.1), so z. B. die elastische Streuung eines Neutrinos an einem Elektron (Abbildung III.1). Die neutralen Ströme gibt es in der Tat. Sie wurden 1973 mit der Gargamelle-Blasenkammer am CERN entdeckt [Hasert 1973, 1974, Georgi 1974, Schopper 1988]. Aber dies war viel später als der Versuch, die lokale Isospinsymmetrie auf die Schwache Kraft anzuwenden. Sowohl die Forderung neutraler Ströme als auch masseloser Eichbosonen $W^{\pm}$, W^0 standen zur Zeit, als sie erstmals erhoben wurden, im krassen Gegensatz zur experimentellen Erfahrung (wegen der extrem kurzen Reichweite der Schwachen Kraft müssen die Schwachen Feldbosonen über eine sehr große Masse verfügen!). Es schien so, als sei die lokale Eichsymmetrie kein Universalprinzip, mit dem man die fundamentalen Kräfte zu erklären vermochte, sondern eher ein singulärer Glücksfall in der QED. Die

Mißerfolge verzögerten die Entwicklung der Eichfeldtheorie um fast ein Jahrzehnt [Moriyasu 1982, 1983].

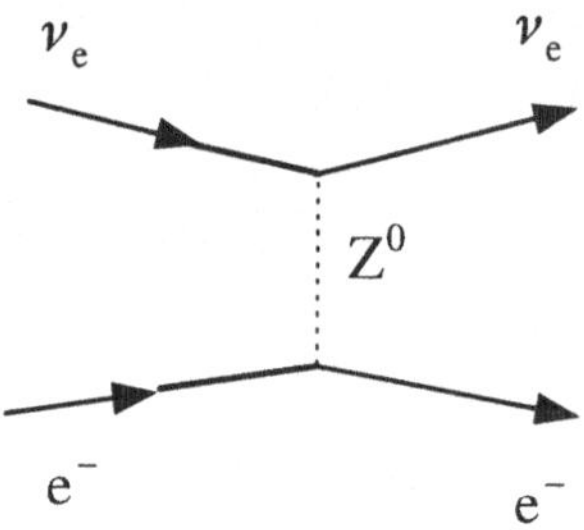

Abb. III.1: Neutraler Strom der elastischen νe-Streuung

Der große Durchbruch: Vereinigung der Elektromagnetischen und der Schwachen Kraft

Der Higgs-Mechanismus

Die Hauptschwierigkeit der *Yang-Mills*-Theorie besteht darin, daß lokale Eichsymmetrien von Bewegungsgleichungen immer zu masselosen Feldteilchen führen, die es in der Natur nicht gibt und die Kraftfeldern von unendlicher Reichweite entsprechen. 1964 kam *Peter Higgs* an der Universität von Edinburgh auf einen Mechanismus, der in anderen Bereichen der Physik, v.a. in der Festkörperphysik, etwas Alltägliches ist (z.B. bei der Supraleitung und beim Ferromagnetismus) und „spontane Symmetriebrechung“ genannt wird. Eine „gebrochene“ Symmetrie liegt dann vor, wenn eine Symmetrie für die *Lagrange*-Funktion bzw. die Bewegungsgleichungen eines Systems, nicht aber für den Grundzustand des Systems zutrifft. Wie der Grundzustand beschaffen ist, hängt in der Regel von bestimmten Parametern ab. Bei Überschreiten eines kritischen Wertes eines Parameters (z. B. Temperatur) kann eine Symmetrie spontan gebrochen werden. Auf die Erörterung dieses Phänomens anhand von klassischen Beispielen muß hier leider verzichtet werden und auf verständliche Darstellungen der Literatur [Illiopoulos 1980, t'Hooft 1980, Sivardiere 1983, Kap. 14 in

Halzen 1984, Lo Secco 1985, Weinberg 1986, Schopper 1988] verwiesen werden.

Higgs führte in die lokale Feldtheorie ein zusätzliches Feld ein, das die merkwürdige Eigenschaft hat, im Vakuum nicht zu verschwinden [Veltman 1987]. Es kann als ein den gesamten Raum erfüllendes konstantes Hintergrundfeld angesehen werden. Seine Quanten sind spinlos (skalares Feld) und tragen einen Schwachen Isospin wie die Leptonen und Quarks. Im Unterschied zu diesen *Higgs*-Bosonen mit nur einem Spinzustand (s = 0) besitzen die *Yang-Mills*-Eichfelder als masselose Vektorfelder (Spin1-Bosonen) zwei Spinzustände (parallel und antiparallel zur Bewegungsrichtung), die in der klassischen Physik zwei transversalen Polarisationsrichtungen (wie beim elektromagnetischen Feld) entsprechen. Massebehaftete Vektorbosonen haben dagegen drei Spinrichtungen ($s_z = 0, \pm 1$). Der „*Higgs*-Mechanismus" besteht in einer spontanen Symmetriebrechung unter lokaler Eichinvarianz der *Lagrange*-Dichtefunktion für ein *Higgs*-Feld. Durch Wahl einer speziellen Eichtransformation kann dabei erreicht werden, daß aus einem ursprünglichen 2-komponentigen *Higgs*-Feld (analog zu den beiden Komponenten Proton und Neutron des Nukleons) ein einziges massives skalares Boson (das „*Higgs*-Teilchen") und ein massives Vektorboson, das Eichfeld einer Kraft, das an das *Higgs*-Teilchen koppelt, entstehen. Bei globaler Eichinvarianz hätte die gleiche spontane Symmetriebrechung zu einem massiven und einem masselosen skalaren Feld („*Goldstone*-Boson") geführt[5]. Der Übergang von einer globalen zu einer lokalen Eichsymmetrie ruft – wie wir bereits wissen – zunächst ein masseloses Vektorboson, das *Yang-Mills*-Teilchen auf den Plan. Die Wahl eines geeigneten Grundzustands und einer speziellen Eichung bricht spontan die Symmetrie und führt dazu, daß sich das Vektorboson das skalare *Goldstone*-Boson einverleibt und eine Masse bekommt. Auf diese Weise verschwindet das *Goldstone*-Boson, und das Vektorboson übernimmt von dem *Goldstone*-Boson die ihm noch fehlende dritte

---

[5] Nach dem sog. *Goldstone*-Theorem ist die spontane Brechung einer kontinuierlichen globalen Symmetrie immer von dem Auftreten masseloser skalarer Teilchen („*Golstone*-Bosonen") begleitet.

Spin-Komponente s_z, so daß die Zahl der Spin-Freiheitsgrade erhalten bleibt. Das Endprodukt des „*Higgs*-Mechanismus" sind zwei schwere Bosonen: ein skalares Boson, das sog. *Higgs*-Teilchen und ein Vektorboson (Eichboson) als Feldquant einer Kraft. *Abdus Salam* (siehe unten) beschrieb den *Higgs*-Mechanismus anschaulich einmal so: Die masselosen *Yang-Mills*-Teilchen verleiben sich die *Higgs*-Teilchen ein, um Gewicht anzunehmen, und die von ihnen verschlungenen *Higgs*-Teilchen werden unsichtbar [t'Hooft 1980].

Das Weinberg-Salam-Modell (WSM)

Nach Vorarbeiten von *Sheldon Glashow* präsentierten *Steven Weinberg*, *Abdus Salam* und *John Ward* 1967 eine Theorie der Schwachen Wechselwirkung, die auf der vereinigten lokalen SU(2)- und U(1)-Symmetrie basierte und vier masselose Feldbosonen produzierte: W^+, W^0, W^- und B^0. Die drei W-Bosonen resultierten aus der SU(2)-Symmetrie des Schwachen Isospins, und das B^0-Meson rührte von der U(1)-Phasensymmetrie der QED her. Die elektrisch geladenen W-Bosonen sollten diejenigen Schwachen Prozesse vermitteln, bei denen ein Ladungswechsel der beteiligten Reaktionspartner erfolgte („geladene Ströme"), zwei orthogonale Linearkombinationen von W^0 und B^0 stellten die neutralen Vermittler-Teilchen dar: das Z^0-Boson für die neutralen Ströme der Schwachen Kraft und das Photon γ für die Elektromagnetische Kraft. Der *Higgs*-Mechanismus wurde bemüht, den Schwachen Bosonen $W^\pm$, Z^0 die erforderliche große Masse zu beschaffen. Die detaillierte Theorie zeigt, daß dazu vier *Higgs*-Felder benötigt werden. Drei von ihnen werden von drei Eichfeldern ($W^\pm$, Z^0) „verspeist", so daß als Endergebnis zwei schwere geladene Feldquanten $W^\pm$, das schwere neutrale Z^0-Boson, das „nicht verspeiste" *Higgs*-Boson und das masselose neutrale Photon dabei herauskommen. Die Schwache und die Elektromagnetische Kraft werden auf diese Weise durch eine einzige Theorie beschrieben. Die die Kraft vermittelnden Feldbosonen beider Wechselwirkungen sind Mitglieder ein und derselben Eichfeldfamilie, geboren aus einer lokalen, spontan gebrochenen Eichsymmetrie ($SU(2) \times U(1)$) [Weinberg 1986, Dodd 1988].

Die Mischung von W^0 und B^0 zur Erzeugung von Z^0 und γ (bzw. A_μ) wird durch den Mischungsparameter Θ_W, den sog. *Weinberg*-Winkel charakterisiert:

$$A_\mu = \sin\Theta_W W_\mu^0 + \cos\Theta_W B_\mu^0$$

$$Z_\mu^0 = \cos\Theta_W W_\mu^0 - \sin\Theta_W B_\mu^0$$

Θ_W verknüpft über

$$\sin\Theta_W = \frac{e}{g}$$

die elektrische Kopplung e mit der schwachen Kopplung g und ist ein freier Parameter der Theorie, der aus experimentellen Daten zu ermitteln ist. Der aus verschiedenen Experimenten abgeleitete Mittelwert für $\sin^2\Theta_W$ ist [Particle Data Group 1994]

$$\sin^2\Theta_W = 0{,}2319 \pm 0{,}0005$$

Die sog. *Fermi*-Konstante[6] G_F hängt mit g über

$$\frac{G_F}{\sqrt{2}} = \frac{g^2}{8M_W^2}$$

zusammen (M_W = Masse des W-Bosons). G_F ist aus Lebensdauermessungen bekannt:

$$G_F = \frac{1{,}02}{M_p^2} \cdot 10^{-5} \qquad (M_p = \text{Masse des Protons})$$

Aus G_F und $g^2 = e^2 / \sin^2\Theta_W = 4\pi / (137 \sin^2\Theta_W)$ errechnet sich

$$M_W = 78{,}2\ \text{GeV/c}^2.$$

---

6 Die *Fermi*-Konstante ist diejenige Konstante, die beim Vergleich der Stärke der fundamentalen Kräfte untereinander üblicherweise herangezogen wird (vergl. II,5).

Detaillierte Rechnungen, die Strahlungskorrekturen durch Schleifendiagramme berücksichtigen (vergl. Abbildung II.6), ergeben einen um etwa 3 GeV/c^2 höheren Wert.

Zwischen den Massen von $W^\pm$, und Z^0 besteht im WSM die Beziehung

$$M_W^2 = M_{Z^0}^2 \cos^2 \Theta_W .$$

Hieraus ergibt sich eine Z^0-Masse von 1,14 M_W. Das WSM sagt also zwei elektrisch geladene intermediäre Vektorbosonen $W^\pm$ mit der Masse von

$$M_W \approx 81 \text{ GeV}/c^2$$

und ein neutrales Feldteilchen Z^0 mit der Masse

$$M_{Z^0} \approx 92 \text{ GeV}/c^2$$

voraus.

Wirkungsquerschnitte für Reaktionen der Schwachen Wechselwirkung (wie z.B. die Neutrino-Nukleon-Streuung) und Zerfallskonstanten von Betazerfällen sind proportional zu $\alpha_W{}^2 = (g^2/4\pi)^2$. Die Konstante α_W ist für die Stärke der Schwachen Kraft ebenso ein Maß wie die Feinstrukturkonstante $\alpha_E = e^2/4\pi = 1/137$ die Stärke der Elektromagnetischen Kraft festlegt (vergl. II,1). Wegen der Verknüpfung der beiden Kopplungskonstanten g und e über den *Weinberg*-Winkel (siehe oben) ist $\alpha_W = \alpha_E / \sin^2\theta_W \approx 4\alpha_E$. Danach wäre die Schwache Wechselwirkung stärker als die Elektromagnetische, im Widerspruch zu allen Erfahrungen , nach denen die Schwache Kraft die schwächste aller Wechselwirkungen ist, sieht man von der Gravitation ab. Wie ist dieser scheinbare Widerspruch aufzulösen?

Im Vergleich zur Elektromagnetischen Wechselwirkung ist die Schwache Wechselwirkung nicht wegen einer sehr kleinen Kopplungskonstanten g, sondern wegen der sehr großen Masse des bei der Wechselwirkung ausgetauschten Eichbosons (Propagators, siehe II,1) bei Energien, die klein gegen oder vergleichbar mit dieser Masse sind, so schwach. Die nach den in diesem Buch nicht behandelten *Feynman*-Regeln berechneten Ausdrücke für Wirkungsquerschnitte und

Zerfallskonstanten Schwacher Prozesse bei niedrigen Energien enthalten einen Faktor G_F^2 ($\propto \alpha_W^2 / M_W^4$), durch den die Abhängigkeit von der Masse der Schwachen Vektorbosonen $W^\pm$ und Z^0 zum Ausdruck kommt . Bei sehr hohen Energien ($E \gg M_W c^2$), wenn die Massen der $W^\pm$- und Z^0-Bosonen vernachlässigbar werden, verschwinden die Unterschiede in der Stärke der beiden Kräfte (Vereinigung von Elektromagnetischer und Schwacher Kraft, vergl. auch Abbildung II.32, Kapitel II,5).

Die experimentelle Überprüfung des Weinberg-Salam-Modells

Den ersten großen Teilerfolg konnte die *Salam-Weinberg*-Theorie verbuchen, als im Sommer 1973 am CERN in einer großen, mit flüssigem Freon gefüllten Blasenkammer („Gargamelle"), die als Target und Detektor in einem Neutrinostrahl aufgestellt war, Streureaktionen beobachtet wurden, die exakt den vorhergesagten neutralen Strömen entsprachen. In der Mehrzahl der Neutrino(ν)-Nukleon(N)-Wechselwirkungen wird neben mehreren Hadronen jeweils ein geladenes Lepton erzeugt:

$$\nu_\mu + \mathrm{N} \rightarrow \mu^- + \text{Hadronen}$$

Bei etwa einem Viertel aller Fälle wird jedoch kein geladenes Lepton beobachtet. Es handelt sich hier um Streuprozesse, bei denen das beteiligte Lepton seinen Ladungszustand nicht ändert:

$$\nu_\mu + \mathrm{N} \rightarrow \nu_\mu + \text{Hadronen}$$

Beide Arten von Prozessen sind in Abbildung III.2 graphisch dargestellt. Auch mit Antineutrinos lassen sich Streuereignisse durch Austausch des Z^0-Bosons erzeugen. Selbst rein leptonische Ereignisse ohne Ladungswechsel treten auf:

$$\nu_\mu + e^- \rightarrow \nu_\mu + e^-$$

$$\bar{\nu}_\mu + e^- \rightarrow \bar{\nu}_\mu + e^-$$

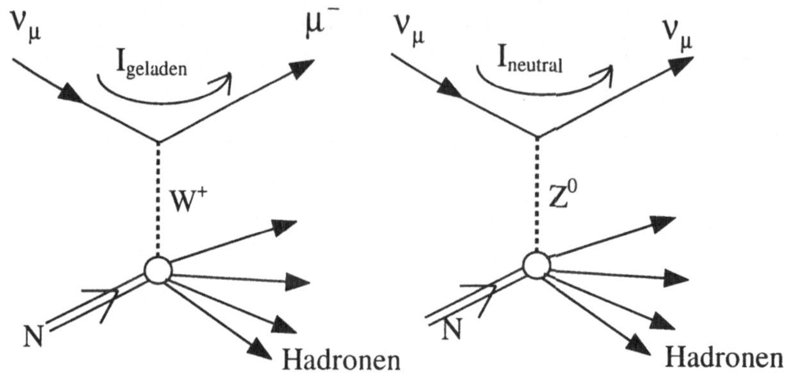

Abb. III.2: „Geladene" und „Neutrale Ströme" bei νN-Wechselwirkungsreaktionen

Wegen der gemeinsamen Wurzel von Z^0 und Photon im WSM sollte sich bei tiefinelastischen Elektron-Nukleon-Streuprozessen neben dem Photonaustausch zwischen dem Elektron und einem Konstituentenquark im Nukleon auch der konkurrierende Z^0-Austausch bemerkbar machen (Elektroschwache Reaktionen). Unterscheiden lassen sich beide Prozesse durch die Verletzung der Spiegelinvarianz (siehe III,1) der Schwachen Wechselwirkung. Die Mischung von Photon- und Z^0-Austausch konnte in der Tat durch paritätsverletzende Interferenzeffekte (siehe z. B. [Prescott 1978, 1979] nachgewiesen werden.

Die überzeugendste Bestätigung der Elektroschwachen Theorie von *Glashow, Salam* und *Weinberg* aber war die direkte Erzeugung der $W^{\pm}$- und Z^0-Bosonen bei Frontalzusammenstößen von Protonen mit Antiprotonen von je 270 GeV Energie. Der Nachweis gelang erstmals 1983 in zwei Experimenten am $\bar{p}p$-Speicherring beim CERN. Dazu wurde unter Leitung von *Carlo Rubbia,* der auch einem der beiden Experimente vorstand, das Superprotonsynchrotron (SPS) des CERN eigens für die Suche nach dem Schwachen Boson in eine $\bar{p}p$-Kollisionsmaschine umgebaut. Die Erzeugung eines hinreichend intensiven Antiprotonstrahls besorgte *Simon van der Meer* durch die trickreiche Konstruktion eines Antiproton-Akkumulators. Beide Physiker wurden 1984 für diese Leistung mit dem Nobelpreis für Physik ausgezeichnet. Die experimentell ermittelten Massen stimmten in hervorragender Weise mit den WSM-Daten überein. Nach [Particle Data Group 1994] betragen die aktuellen experimentellen Werte

$$m_W = 80{,}22 \pm 0{,}26 \text{ GeV} / c^2$$

$$m_{Z^0} = 91{,}187 \pm 0{,}007 \text{ GeV} / c^2$$

Der Autor des vorliegenden Buches hat als ehemaliger Mitarbeiter von *Carlo Rubbia* anläßlich der Nobelpreisverleihung eine Würdigung der wissenschaftlichen Leistungen vorgenommen, die zur Entdeckung der intermediären Vektorbosonen geführt haben [Hilscher 1985].

Aus Symmetriegründen darf natürlich nicht unerwähnt bleiben, daß die Väter der Elektroschwachen Theorie *Glashow, Salam* und *Weinberg* für ihre bahnbrechende Arbeit 1979 den Nobelpreis erhielten [Kühn 1980].

Nach der Entdeckung am CERN wurden die Elektroschwachen Eichbosonen auch im FNAL (Chicago) und am SLAC-Collider in den USA erzeugt und vermessen. An den Großkollisionsmaschinen der jüngsten Generation (LEP (CERN, 1989/90), HERA (DESY, 1990), SLC (SLAC, 1989) und TEVATRON (FNAL, 1988)) widmet man dem Studium dieser Eichbosonen besondere Aufmerksamkeit, weil die präzise Bestimmung charakteristischer Parameter, wie Masse, Massenunschärfe bzw. Lebensdauer (Linienform) und anderer es ermöglicht, theoretische Berechnungen im Rahmen des Standardmodells, insbesondere Strahlungskorrekturen, extrem genau zu testen und wichtige Konstanten des Standardmodells festzulegen. In „Die Geschichte der Quarks" (Kapitel II,2) wurde bei der Behandlung des Top-Quarks bereits auf die Bedeutung der genauen Kenntnis der $W^{\pm}$- und Z^0-Parameter für den Test der Elektroschwachen Theorie und den Einfluß von Strahlungskorrekturen auf die W- und Z-Masse (vergl. Abbildung II.6 in II,2) hingewiesen. Die Elektroschwachen Eichbosonen spielen als Testteilchen für das Standardmodell gewissermaßen eine ähnliche Rolle wie in vergangenen Jahren das Elektron und das Myon für die Überprüfung der QED. Die Präzisionsmessungen des magnetischen Moments von Elektron und Myon hat die Leistungsfähigkeit der Theorie der QED auf die Probe gestellt. Mittlerweile stimmen experimenteller und theoretischer Wert für das Elektron bis auf die neunte und für das Myon bis auf die siebte Dezimale überein (Referenzen in [Particle Data Group 1994])! Die natürliche Massenunschärfe des Z^0-Bosons gibt Aufschluß über die Zahl leichter Neutrinospezies bzw. die Zahl der Generationen leichter Leptonen (mehr hierzu in IV,6) und – aus Symmetriegründen – damit auch über die Zahl der Quarkgenerationen (vergl. II,1).

Der Glanz des so erfolgreichen WSM wird allerdings noch durch einen leichten Schatten etwas getrübt: Die Entdeckung des geforderten *Higgs*-Bosons steht noch aus. Über seine Eigenschaften weiß man sehr wenig. Man hofft, daß sich das exotische Teilchen spätestens bei den Energien der nächsten Beschleunigergeneration zu erkennen geben wird. Aus Betrachtungen zur Konsistenz des Standardmodells lassen sich theoretische Obergrenzen für die *Higgs*-Masse ableiten. Danach sollte $m_{\mathrm{Higgs}} \leq 650$ GeV/c^2 sein [Lindner 1995]. Das würde bedeuten, daß man mit dem LHC die Frage, ob es das ominöse *Higgs*-Teilchen tatsächlich gibt, oder ob das gegenwärtige Standardmodell durch neue Konzepte modifiziert oder abgelöst werden muß, vermutlich endgültig wird beantworten können.

Eichtheorie der Farben und die Starke Kraft

Der Quantenchromodynamik (QCD, siehe II,5) liegt die Idee zugrunde, daß die Farbladungen der Quarks als Quellen der Starken Kraft fungieren, genauso wie die elektrische Ladung die Ursache der Elektromagnetischen Wechselwirkung zwischen elektrisch geladenen Teilchen ist. Da die Quarks sowohl elektrische als auch Farbladungen tragen, unterliegen sie sowohl der Elektromagnetischen als auch der Starken Wechselwirkung. Darüber hinaus sind sie schwer, d.h. sie sind der Gravitationskraft unterworfen, und können auch Schwach untereinander und mit Leptonen wechselwirken. Trotz vieler Parallelen zwischen QCD und QED ist die Farbdynamik wesentlich komplizierter als die Elektrodynamik, weil es drei verschiedene Farbladungen gibt, zwischen denen stets Anziehung herrschen muß, um die drei verschieden gefärbten Quarks in einem Baryon zusammenzubinden. Aber auch die Kraft zwischen Farbe und Antifarbe muß attraktiv sein, um die Stabilität der Mesonen zu erklären.

In III,2 wurde gezeigt, daß die Elektromagnetische Kraft der QED auf der lokalen Invarianz der Bewegungsgleichung (*Lagrange*-Dichtefunktion) für geladene Teilchen (z.B. Elektronen) gegenüber einer ortsabhängigen Umdefinition (Transformation) der Phasen der Wellenfunktionen beruht (U(1)-Symmetriegruppe). Für die Elektroschwache Kraft erweist sich die Kombination von U(1)-Phasentransformationen und SU(2)-Isospinrotationen als eine geeignete Symmetriegruppe (U(1) × SU(2); U(1) und SU(2) sind Untergruppen), wie oben dargelegt wurde. Die Empirie lehrt, daß die Starke Wechselwirkung farbunabhängig ist und daß die Natur nach außen hin jegliche Farbigkeit verborgen hält. Alle Hadronen sind Farbsingulette (farblos). Deshalb würde sich eine Umdefinition der Farbladungen der Quarks in einem Hadron in der Erscheinungswelt nie bemerkbar machen, solange die Summe der Farben „weiß" ergibt.

Wir können uns die Farbladungen als Zustände eines abstrakten Raumes vorstellen. Rotationen in diesem Raum beeinflussen die Quarkdynamik offensichtlich nicht. Die drei Farbladungen rot, grün, und blau der QCD bilden als Triplett die fundamentale Darstellung einer Symmetriegruppe, $SU(3)_C$ genannt, (genau wie die Isospinoren die fundamentale Darstellung von SU(2) bilden). Die $SU(3)_C$-Transformationen beschreiben Rotationen im Farbraum. Durch die Anwendung von $SU(3)_C$ -Transformationen auf das Farbtriplett

$$q = \begin{pmatrix} q_r \\ q_g \\ q_b \end{pmatrix}$$

werden die drei Farben gemischt, und es entstehen drei verschiedene Kombinationen K_1, K_2, K_3 der ursprünglichen Farben r, g, b, die wir z.B. violett (v), türkis (t), orange (o) nennen könnten [Schopper 1988]:

$$G^{SU(3)_c}\, q = \begin{pmatrix} K_1(\mathrm{r,g,b}) \\ K_2(\mathrm{r,g,b}) \\ K_3(\mathrm{r,g,b}) \end{pmatrix} = \begin{pmatrix} q_\mathrm{v} \\ q_\mathrm{t} \\ q_\mathrm{o} \end{pmatrix}$$

Eine Feldtheorie, welche die Quarkwechselwirkung beschreiben soll, darf nicht von der Art der Einfärbung der Quarks abhängen. In der Tat darf die Farbcodierung der Quarks an jedem Punkt des Raumes verschieden sein. Dies bedeutet mit anderen Worten, daß die *Lagrange*-Dichte $\mathcal{L}$ eines Quarksystems lokal invariant gegenüber $SU(3)_C$-Gruppentransformationen sein sollte und damit die Kriterien einer lokalen Eichtheorie erfüllt.

Wie in den bisher erörterten Eichtheorien führt die Forderung der lokalen Eichinvarianz zu neuen Eichfeldern, welche Farbänderungen von Ort zu Ort zu vermitteln vermögen, und die durch masselose Bosonen repräsentiert werden. Die Ausarbeitung dieser Idee ergibt 8 Spin 1-Teilchen, die uns schon bekannten Gluonen. Bei der Emission und Absorption von Gluonen ändert sich die Farbladung der Quarks. Deshalb sind die Gluonen selbst farbgeladen und können somit auch untereinander wechselwirken. Mathematisch gesehen rührt diese Eigenschaft – wie bei der SU(2)-Symmetrie – daher, daß die $SU(3)_C$-Gruppe ebenfalls eine Nicht*abel*sche Symmetriegruppe ist. Das Bild, das uns die QCD mit der $SU(3)_C$-Eichsymmetrie über die Wechselwirkung der in den Hadronen eingeschlossenen Quarks vermittelt, ist uns phänomenologisch schon vertraut (siehe II,5): eine kontinuierliche Abfolge von Gluon-Austauschprozessen zwischen den Quarks, die dabei ständig ihren Farbzustand ändern, und zwar so, daß das Hadron insgesamt immer farblos erscheint. Neu für unsere Erkenntnis ist, daß wir jetzt die Wurzel dieses Bildes verstehen: wieder eine lokale Eichsymmetrie. Abbildung III.3 veranschaulicht noch einmal die Quark-Antiquark-Bindung in einem Meson.

Die Theorie des Standardmodells hat damit zu einer einheitlichen Beschreibung der Elektroschwachen und der Starken Wechselwirkung gefunden. Während die Eichsymmetrie der Elektroschwachen Kraft ($U(1) \times SU(2)$) spontan gebrochen wird, liegt bei der $SU(3)_C$ der Starken Kraft eine ungebrochene Eichsymmetrie vor.

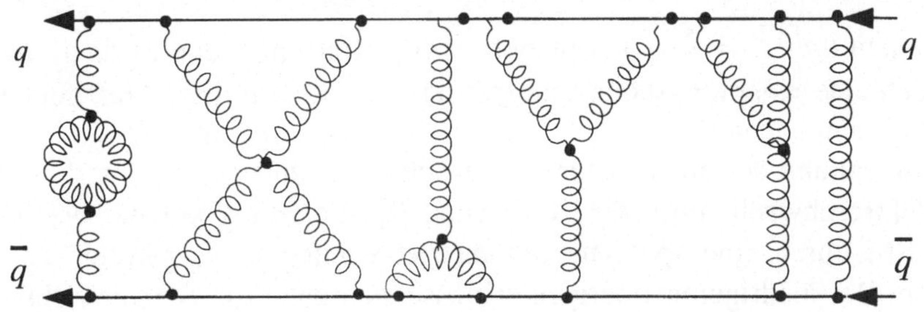

Abb. III.3: Veranschaulichung der Quark-Antiquark-Bindung eines Mesons vermittels Gluonenaustauschs

Die „große Vereinigung"

Wie wir in Kapitel II,5 gesehen haben, sind die sog. Kopplungskonstanten der QED und der QCD tatsächlich keine Konstanten. Während aber mit zunehmender Energie (bzw. abnehmendem Abstand) die Elektromagnetische Kopplung (Elementarladung) zunimmt, fällt die Starke Kopplung (Farbladung) mit der Energiezunahme. Ursache hierfür ist die Abschirmung der „nackten" Ladungen durch virtuelle Ladungswolken. Das gegensätzliche Verhalten beruht auf einem fundamentalen Unterschied der den beiden Wechselwirkungen zugrundeliegenden Eichsymmetrien, auf den wiederholt hingewiesen wurde: Die QED ist eine *Abel*sche Eichtheorie, die QCD ist Nicht*abelsch*. Wie wir wissen (siehe oben), basiert auch die Schwache Kraft auf einer Nicht*abel*schen Symmetriegruppe. Von daher sollte auch die Schwache Ladung mit steigender Energie abnehmen. In der Tat gibt es auffallende Analogien zwischen der Starken und der Schwachen Kraft, auf die in diesem Buch nicht näher eingegangen werden konnte. So tragen z. B. die Schwachen Eichbosonen eine Schwache Ladung und können deshalb auch – wie die Gluonen – untereinander koppeln.

Es ist also anzunehmen, daß die Kopplungskonstanten der drei Wechselwirkungen konvergieren und sich bei irgendeiner sehr hohen Energie oder kleinen Längenskala mit großer Wahrscheinlichkeit – unter Berücksichtigung einer in GUT-Theorien (siehe unten) notwendigen Umnormierung der Elektromagnetischen Kopplungskonstanten ($\alpha_E^{GUT} = \frac{5}{3}\alpha_E$) [Lindner 1995] – treffen. Wenn es dann nur noch eine Kopplungskonstante gibt, können die drei Eich(kraft)felder als Komponenten eines einzigen Eichfeldes aufgefaßt werden. Die Aufspaltung des einen Feldes in zunächst 2 Komponenten (Stark und Elektroschwach) oder die Aufhebung der Entartung könnte wie im WSM durch eine spontane Symmetriebrechung hervorgerufen werden. Bei niedrigeren Energien schlösse sich dann die Symmetriebrechung der Elektroschwachen einheitlichen Kraft an.

Die dimensionslosen „Feinstrukturkonstanten" $\alpha_\kappa = g_\kappa / 4\pi$ (κ= E, W, S) der drei Fundamentalkräfte variieren ungefähr umgekehrt proportional zum Logarithmus der Wechselwirkungsenergie. Die Proportionalitätskonstante wird durch die Details der Feldtheorien festgelegt (GUTs, SUSY-GUTs, siehe unten). Die „große Vereinigung" der Kräfte sollte danach bei etwa 10^{15}–10^{16} GeV eintreten, einer Energie, die um ca. zwölf Zehnerpotenzen höher liegt als die heute erreichbaren Beschleunigerenergien (siehe Abbildung II.32 in II,5). Hier erwartet man $\frac{5}{3}\alpha_E = \alpha_W = \alpha_S \approx \frac{1}{40}$.

Theorien zur Vereinigung der Elektroschwachen Kraft mit der Starken Kraft heißen GUT-Theorien („**G**rand **U**nified **T**heories") [Georgi 1981, Quigg 1985, Bethge 1986, Dodd 1988]. Darüber hinaus gibt es auch Bemühungen, die Gravitation als Quantenfeldtheorie in die große Vereinigung einzubeziehen. Dies kann im Rahmen einer sog. Supersymmetrie („SUSY") geschehen, einer Symmetrie zwischen Fermionen und Bosonen. [Gaillard 1982, Quigg 1985, Haber 1986, Freedman 1986]. In ihr werden die bisher getrennt betrachteten Fermionen (mit halbzahligem Spin) und Bosonen (mit ganzzahligem Spin) zu einer Super-Teilchenfamilie zusammengefaßt. Die Supersymmetrie transformiert Bosonen in Fermionen und umgekehrt. Dem „minimalen SUSY Standardmodell" liegt eine globale Supersymmetrie zugrunde, die keine Verbindung zur Gravitation zuläßt. Wenn man aber anstelle der globalen Symmetrie lokale Symmetrie fordert, läßt sich eine Brücke zur Gravitation schlagen. Ansätze in dieser Richtung fungieren unter dem Begriff „Supergravitation". Das in einer Supergravitation enthaltene Eichboson der Gravitation ist das Graviton, ein Spin 2-Teilchen. Wegen der Fermion-Boson-Symmetrie tritt neben dem Graviton auch ein diesem zugeordnetes Spin 3/2-Teilchen (Gravitino) auf. Überhaupt haben alle Teilchen einer SUSY-Theorie einen Partner. Nach verbreiteter Nomenklatur wird bei dem bosonischen Partner eines Fermions ein „s“ vor seinen Namen gesetzt und an den Wortstamm des fermionischen Partners eines Bosons die Silbe „-ino“ angefügt. So heißen z.B. die Spin 0-Partner der Quarks „Squarks“ und die Spin 1/2-Partner der Spin 1-Gluonen „Gluinos“. SUSY-Modelle werden auf einer Energieskala im Bereich von $\sim 10^{16}$ GeV formuliert. Die Vereinigung aller Kräfte setzt bei Abständen bzw. Energien ein, bei denen die Gravitation so stark wie die anderen Kräfte wird. Dies geschieht im Bereich der sog. *Planck*-Energie von ungefähr 10^{19} GeV (*Planck*-Skala; $E_{\text{Planck}} / c^2 = \sqrt{\hbar c / G}$; G = universelle Gravitationskonstante). Auf der *Planck*-Skala muß die Gravitation quantenmechanisch behandelt werden. Eine Theorie der Quantengravitation in diesem Bereich gibt es noch nicht. Die Energielücke zwischen 10^{16} GeV und 10^{19} GeV ist heute v. a. die Domäne der sog. (Super-) Stringtheorien, die weiter unten angesprochen werden.

Kehren wir aus dem oben betretenen Super-Bereich theoretischer Spekulationen zu den GUTs zurück. In den letzten Jahren verlagerte sich das Betätigungsfeld einiger Hochenergiephysiker von den Großbeschleunigereinrichtungen mit ihrem hektischen Betrieb in absolut stille Regionen tief unterhalb der Erdoberfläche, in stillgelegte Bergwerksstollen. Sie wollen dort mit riesigen Target- und Detektorsystemen herausfinden, ob das Proton wirklich ein stabiles Teilchen ist, oder ob es – zwar mit einer Lebensdauer von mehr als 20 Zehnerpotenzen mal dem Alter des Universums – vielleicht doch zerfällt, wie z.B. in ein Positron und ein neutrales Meson [Lo Secco]

$$p \rightarrow e^+ + \pi^0$$

oder

$$p \rightarrow e^+ + K^0$$

Solche Zerfälle sollte es nach den GUT-Theorien geben. Bis heute konnte aber noch kein Protonzerfall eindeutig nachgewiesen werden, obwohl durchaus verdächtige Ereignisse gemeldet wurden. Die Tatsache, daß sich der Proton-Zerfall in den existierenden Mammutdetektoren innerhalb einiger Beobachtungsjahre nicht zeigte, läßt nur eine Abschätzung der unteren Grenze der Lebensdauer des Protons zu. Sie liegt bei etwa 10^{31} Jahren [Particle Data Group 1994], eine Zeit, die einerseits mit manchen GUT-Modellen nicht mehr vereinbar ist, die aber andererseits die GUTs generell nicht zu Fall bringt. Die theoretische Lebensdauer des Protons hängt mit dem Energiewert der großen Vereinigung in den verschiedenen GUT-Modellen zusammen. Man ist dabei, die Nachweisdetektoren zu vergrößern und zu verbessern, und die Suche geht weiter, weil der Protonzerfall zu den kritischsten Testreaktionen für die GUTs zählt. Warum eigentlich?

Den GUT-Modellen liegt eine höhere (lokale) Eichsymmetrie zugrunde, deren Transformationen Quarks in Leptonen überführt und umgekehrt. Dadurch werden die Baryonenzahl- und Leptonenzahlerhaltung (siehe III,1) verletzt. Diese höhere Symmetriegruppe muß die $SU(2) \times U(1)$-Gruppe der Elektroschwachen Wechselwirkung und die $SU(3)_C$-Farbgruppe als Untergruppen enthalten. Das einfachste GUT-Modell von *H. Georgi* und *S. L. Glashow* basiert auf der SU(5)-Symmetrie [Georgi 1974, Georgi 1981, Bethge 1986]. Da die SU(5)-Gruppe durch $5^2 - 1 = 24$ Erzeugende definiert ist (vergleiche Kasten 9), kommen in der entsprechenden Eichtheorie insgesamt 24 Feldbosonen vor. Zu ihnen gehören die bekannten Vektorbosonen der Untergruppen: die 8 Gluonen der Farbkraft, die $W^{\pm}$-Bosonen, das Z^0-Boson und das Photon der Elektroschwachen Kraft. Zu diesen 12 Feldbosonen kommen noch einmal 12 weitere Teilchen, oft X-Bosonen genannt, hinzu. Diese vermitteln Quark-Lepton-Übergänge und verursachen damit u.a. auch den Protonzerfall, der z.B. so aussehen könnte wie in Abbildung III.4 symbolisch dargestellt.

Der GUT-Ansatz ist in mindestens zweierlei Hinsicht unbefriedigend:

1. Er berücksichtigt nicht die vierte Fundamentalkraft, die Gravitation (siehe oben)
2. Er reduziert kaum die große Zahl der freien, von der Theorie nicht bestimmbaren Parameter im Vergleich zum Standardmodell der Elementarteilchen, und er erhöht die bereits beträchtliche Zahl

„elementarer“ Teilchen des Standardmodells um weitere 12 Feldquanten, deren Massen auch noch um 12 Zehnerpotenzen (!) größer sein sollen als die der W-Bosonen.

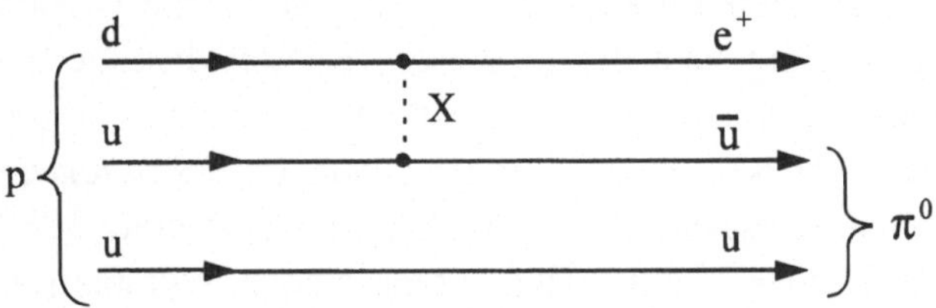

Abb. III.4: Quarkdiagramm zum Protonzerfall

Es ist daher verständlich, daß alternativ zum Standardmodell und darauf aufbauenden Vereinigungstheorien (wie z.B. SU(5)) andere Wege beschritten wurden. Einige Ansätze laufen auf die Einführung einer vierten Spektroskopie hinaus, will heißen, sie unterlegen den Teilchen des Standardmodells eine gemeinsame Substruktur. Eine andere Richtung versucht das künstlich eingeführte und bisher nicht beobachtete *Higgs*-Boson als ein effektives Teilchen eines dynamischen Effektes zu verstehen. Man verwendet dabei eine Analogie aus der Supraleitung, die als spontan gebrochene $U(1)_{\text{Elektromag.}}$-Symmetrie gedeutet werden kann. Auf die Erörterung solcher alternativen Denkansätze muß hier verzichtet werden.

In den letzten Jahren ging eine große Euphorie von einer alle Kräfte vereinigenden Theorie aus, bei der die Quantenobjekte nicht mehr als punktförmig sondern als fadenförmig („string“) angesehen werden und bei der keine punktförmige Kopplungen mehr existieren. „Stringtheorien“ lassen sich grundsätzlich nur supersymmetrisch formulieren. Daher nennt man sie auch „Super-Stringtheorien“. Die Superstring-Physik spielt sich in hochdimensionalen Räumen (z.B. 26-dim.) ab, und eine der Schwierigkeiten besteht darin, die hohe Dimensionalität auf die uns vertrauten vier Dimensionen zu reduzieren [Green 1986]. Anfänglich glaubte man, es gäbe nur zwei konsistente solche Theorien, aber inzwischen weiß man, daß sich hunderttausende davon konstruieren lassen. Diese Schwierigkeiten sind Grund genug, um hier auf eine Diskussion der Superstrings zu verzichten, auf deren Grundlage man eine „Theory of Everything" (TOE) hofft aufbauen zu können.

Wie eine endgültige „TOE" aussehen und ob es sie überhaupt jemals geben wird, vermag heute noch niemand zu sagen. Man ist sich aber weitgehend darin einig, daß die in diesem Kapitel diskutierten Symmetrieprinzipien die Basis jeder vereinheitlichenden Theorie bilden werden. Der frühere Generaldirektor von CERN, *Herwig Schopper*, sagte in einem Festvortrag auf der 52. Physikertagung 1988 in Karlsruhe u.a. [Schopper 1988]: „Heutzutage sind es Symmetrieprinzipien, die am Ursprung unseres Verstehens zu stehen scheinen. Wir glauben, daß wir die Erscheinungen einschließlich des Verständnisses der sogenannten Elementarteilchen auf die Existenz von Eichfeldern zurückführen können, wobei aus der unendlich großen Mannigfaltigkeit von Eichfeldern einige durch bestimmte Symmetrien, die unterhalb gewisser Energien spontan gebrochen sind, ausgewählt werden. Warum bestimmte Symmetrien, die wir im übrigen noch nicht kennen, an der Basis des Naturverstehens stehen, wissen wir allerdings nicht."
Damit sind wir am Ende des mühevollen Weges der Vereinheitlichung der fundamentalen Naturkräfte angelangt. Die „Weltformel" oder „TOE" ist noch nicht in Sicht. Deutlich zu erkennen sind jedoch Wegweiser, die alle in *eine* Richtung zeigen.

IV
Teilchenphysik und Kosmologie

1 Die Symbiose zweier Naturwissenschaften

Typisch für die Entwicklung der Naturwissenschaften ist u. a. eine zunehmende Spezialisierung und als Folge hiervon das Entstehen immer neuer Disziplinen. Besonders deutlich ist dieser Trend an der Physik unseres Jahrhunderts zu verfolgen. Den Allroundphysiker, der sich in allen Bereichen der Physik gleichermaßen beheimatet fühlt und überall bei der Diskussion offener Fragen mitreden kann, gibt es schon seit Generationen nicht mehr. Die Zahl der Fachzeitschriften wächst ins Unermeßliche und die Kommunikation zwischen den Fachleuten verschiedener Spezialgebiete wird zum Problem. Fast unglaublich muß es daher anmuten, daß sich in jüngerer Zeit zwei Naturwissenschaften entgegen aller allgemeinen Tendenz aufeinander zubewegten und eine Symbiose eingingen, deren Forschungsanliegen ursprünglich aber auch gar nichts miteinander zu tun zu haben schienen, ja die sich mit scheinbar diametral entgegengesetzten Problemstellungen, nämlich der Physik bei kleinsten und bei größten Raum-Zeit-Skalen, beschäftigten. Die Rede ist hier von der Teilchenphysik und der Kosmologie. Ausgerechnet die Teilchenphysiker, die sich mit der Mikrowelt der fundamentalen Komponenten der Materie und deren Wechselwirkungen befassen, und die Astrophysiker und Kosmologen, die die Physik des Universums zu ergründen suchen, veranstalten seit Jahren gemeinsame Konferenzen und veröffentlichen ihre Forschungsergebnisse in denselben Zeitschriften. Während man die Experimentalphysiker wenigstens noch anhand ihres Arbeitsplatzes

(Großbeschleuniger-Labore oder Weltraumteleskop- bzw. -antennenstationen) ihrer angestammten Zunft zuordnen kann, läßt sich so mancher Theoretiker aufgrund seiner Arbeiten nicht mehr so ohne weiteres einem der beiden traditionellen Fachgebiete zuweisen. Stellvertretend für viele sei hier der im letzten Kapitel bereits herausgehobene Nobelpreisträger *Steven Weinberg* genannt, der nicht nur entscheidend zur Entwicklung der Theorie der Elektroschwachen Wechselwirkung (siehe Kapitel III,3) beigetragen, sondern sich auch durch seine Bücher und Aufsätze zur Kosmologie und allgemeinen Relativitätstheorie einen Namen gemacht hat. Sein allgemein verständlich geschriebenes Buch „Die ersten drei Minuten“ [Weinberg 1982] wurde ein Weltbestseller. *Weinberg* ist Professor für Teilchenphysik an der Universität von Texas in Austin/Texas und leitender Wissenschaftler am Smithonian Observatory.

Was hat Kosmologen und Teilchenphysiker zusammengeführt? Seit Beginn der siebziger Jahre hat sich in der Kosmologie ein Modell des Universums durchgesetzt, das heute als Standardmodell bezeichnet wird und das aufgrund zahlreicher Indizien, auf die wir teilweise eingehen werden, davon ausgeht, daß das heute beobachtbare Universum aus einem Anfangszustand beliebig hoher Energiedichte (bzw. Temperatur) in einer Art Urexplosion („Urknall“)[1] enstanden ist. Seit diesem Urknall dehnt sich das Weltall kontinuierlich aus und kühlt sich dabei ab. Es hat mehrere thermodynamische Gleichgewichtszustände durchlaufen und ist nach einigen hunderttausend Jahren in einen relativ kalten Zustand der atomaren Welt eingemündet, aus dem heraus sich das Zusammenballen der Materie zu Klumpen in Form von Sternen, Galaxien und Galaxienhaufen vollzogen hat. (Die Entwicklungsgeschichte des frühen Universums wird in IV,3 behandelt.) Versucht man, die Strukturen und Erscheinungen des Kosmos, die wir heute mit dem Auge, mit Teleskopen und Antennen wahrnehmen können, physikalisch zu erklären und zu verstehen, wobei vorausge-

---

[1]Der Begriff Urknall wird hier nicht nur für den eigentlichen Schöpfungsakt, der den Zeitnullpunkt der Entwicklung des Universums festlegt, gewählt, sondern soll auch im erweiterten Sinn die sehr frühe Epoche etwa der ersten Minuten miteinschließen.

setzt werden muß, daß die Gesetze der Physik zu allen Zeiten dieselben waren und sind, muß man die zeitliche Entwicklung zurückverfolgen und sich an den „Anfang“ herantasten, d.h. die Physik des Universums bei sehr hohen Temperaturen studieren. Die Physik hoher Energien oder kleiner Abstände aber ist die Physik der Elementarteilchen. Will man also das heute existierende Universum verstehen, muß man sich zwangsläufig mit Teilchenphysik befassen.

Umgekehrt kann die Teilchenphysik ihr anvisiertes Ziel einer einheitlichen Beschreibung aller fundamentalen Wechselwirkungen, wenn überhaupt, nur mit Unterstützung der Kosmologie erreichen. Wie wir im letzten Kapitel erfahren haben, soll die „große Vereinigung“ oberhalb von etwa 10^{15} GeV und der für alle Wechselwirkungen einheitliche Zustand bei der *Planck*-Energie von etwa 10^{19} GeV auftreten. In diesen Energiebereich wird man mit irdischen Beschleunigern mit Sicherheit niemals vorstoßen. Aber der Urknall[1] vollzog sich bei solchen Energien, die im Zusammenhang mit der Vereinigung aller fundamentalen Wechselwirkungen eine Rolle spielen. Zur Überprüfung und Untermauerung von theoretischen Modellen der Vereinheitlichung der Kräfte ist der Teilchenphysiker gezwungen, die Kosmologie zu Rate zu ziehen. Beschleunigerexperimente können hier nur noch indirekt und beschränkt weiterhelfen. Aber auch die Eigenschaften des für die „große Vereinigung“ relevanten Zustands der heißen „Ur-Teilchensuppe“ können heute nur noch indirekt unter Zugrundelegung kosmologischer Modelle aus den Beobachtungsdaten deduziert werden. Wir haben es hier mit einer komplexen Vernetzung zweier Wissenschaften zu tun, die sich gegenseitig bedingen und bei der jeweils die Entwicklung des einen Gebiets die des anderen beeinflußt [Ledermann 1990].

Die symbiotische Verflechtung der modernen Kosmologie und der Teilchenphysik hat auf der experimentellen Seite kurioserweise zur Folge, daß einige Tests kosmologischer Modellaussagen nicht mit Teleskopen, sondern in Beschleunigerlaboren durchgeführt werden. Die großen Kollisionsanlagen von CERN, DESY, SLAC und FNAL sind Plätze, an denen das Standard-Urknallmodell überprüft werden kann. Aber auch Kernphysikdaten aus Beschleunigerexperimenten bei niedrigen Energien sind für die Modellbildung von entscheidender

Bedeutung, wie wir am Beispiel der Sonnenmodelle (II,6) gesehen haben und in diesem Kapitel an weiteren Beispielen noch sehen werden. Auf der anderen Seite werden die hochempfindlichen Großteleskope der astronomischen Observatorien u. a. dazu benötigt, Aussagen der Vereinigungstheorien zu überprüfen. Wir haben in III kennengelernt, daß während der Abkühlung des Raumes bei gewissen Temperaturen eine Art Phasenübergänge stattfinden sollte, die mit einer spontanen Symmetriebrechung verbunden sind und durch den sog. *Higgs*-Mechanismus realisiert werden. Die Energie der *Higgs*-Felder materialisiert sich dabei in die Massen der Eichbosonen, die in andere Teilchen zerfallen (vergl. III,3). Das aktuelle Urknall-Modell geht davon aus, daß bei der Geburt des Universums die existierende Materie durch *Higgs*-Phasenübergänge geschaffen wurde. Die beobachtete relativ gleichmäßige Verteilung von Galaxienhaufen und Galaxien in großen Raumbereichen hat höchstwahrscheinlich etwas mit einem solchen Phasenübergang zu tun. Die großräumige Struktur der Galaxienverteilung deutet auf einen symmetriebrechenden Phasenübergang hin, wie ihn die Theorien der „großen Vereinigung" beinhalten. Deshalb sind Teleskope und Antennen der Astronomen eine Möglichkeit, den Phasenübergang zu studieren.

Grundlegende Probleme der Wechselbeziehung von Teilchenphysik und Kosmologie sollen im Mittelpunkt dieses vierten und letzten Kapitels stehen. (Der Leser findet in [Lindley 1991] neben einer Sammlung von Originalarbeiten zur Thematik „Kosmologie und Teilchenphysik" eine erschöpfende Literaturübersicht.). Es wird zunächst das ursprüngliche Urknall-Modell vorgestellt. Einige Schwierigkeiten mit diesem Modell konnten durch die Einbeziehung einer inflationären Ära in den Urknallprozeß aus dem Wege geräumt werden, wobei hier die Theorien der „großen Vereinigung" Pate gestanden haben. Das „inflationäre Universum" als Erweiterung des klassischen Standardmodells zum modernen Urknall-Standardmodell des Universums wird nach der Diskussion der Schwierigkeiten des traditionellen Modells als Retter aus der Not eingeführt. Wahrhaft sensationell ist das erste große Ergebnis der 1989 angelaufenen Experimente an den LEP-Speicherringen am CERN bei Genf und an der SLC-Kollisionsmaschine am SLAC in Stanford: bestätigen sie doch in eindrucksvoller Weise die Existenz von nur drei leichten Lepton- und damit aus Symmetriegründen auch höchstwahrscheinlich von nur drei leichten Quarkfamilien, ein Befund, den Kosmologen auf der Basis des Standardmodells und gestützt auf Beobachtungsdaten zur Häufigkeit leichter Elemente aus der Urknallepoche schon seit längerer Zeit vorausgesagt haben. Es ist dies das erstemal, daß eine konkrete quantitative Vorhersage der Kosmologie zu einer fundamentalen Frage der Physik durch Beschleunigerexperimente verifiziert werden konnte. Diese einzigartige Geschichte, welche eindrucksvoll die fruchtbare Symbiose von Teilchenphysik und Kosmologie widerspiegelt, soll uns zum Schluß von Kapitel IV beschäftigen.

2 Das Standard-Urknallmodell der Kosmologie

Fakten und Annahmen

Unveränderlichkeit der physikalischen Gesetze

Wir gehen davon aus, daß die Gesetze der Physik sich nicht mit der Zeit ändern. Sie sind seit der Entstehung des Universums dieselben wie heute.

Homogenität und Isotropie des Weltalls; das kosmologische Prinzip

Wenn man von der Erde aus mit Teleskopen und Antennen in verschiedenen Richtungen tief in das All „hineinschaut", so sieht die räumliche Verteilung der leuchtenden Materie, die Verteilung der leichten Elemente, die im Urknall erzeugt wurden, und die spektrale Verteilung und Intensität der aus dem Urknall übriggebliebenen sog. 2,7 K-Hintergrundstrahlung (siehe IV,3) überall gleich aus, d. h. von unserem Sonnensystem aus betrachtet, erscheint das Universum isotrop. Wenn wir annehmen, daß unsere Erde, unsere Sonne und auch unsere Galaxie keine ausgezeichneten Beobachtungsorte im Universum sind, d. h. wenn wir davon ausgehen, daß das Universum von jedem beliebigen Punkt aus isotrop erscheint, so bedeutet dies, daß das Universum auch homogen sein muß (kosmologisches Prinzip). Wenn auch jüngste systematische Studien zur Verteilung von

Galaxien und Galaxienhaufen auf eine schwammartige oder schaumartige Struktur des sichtbaren Universums hindeuten [Lapparent 1988, Geller 1989, Broadhurst 1990, Huchra 1991], so kann daraus nicht auf eine Verletzung der Homogenität auf großen Skalen geschlossen werden. Dazu muß über größere Raumbereiche gemittelt werden, als es bisher getan wurde [Burns 1986, Dominguez-Tenreiro 1988, Bührke 1990, Kolb 1990, Riordan 1993, Börner 1993]. Die Untersuchung der Massenverteilung ist ein aktuelles Forschungsanliegen der Kosmologie. Auf neue Erkenntnisse können wir gespannt sein!

Die Homogenitätsannahme besagt, daß das Universum kein Zentrum und keinen Rand besitzt. Nach dem Relativitätsprinzip ist nicht nur kein Raumpunkt, sondern auch kein Zeitpunkt, ausgezeichnet, d. h. das kosmologische Prinzip sollte zu jeder Zeit gegolten haben. (Den Urknall als Singularität müssen wir hier ausschließen.) Aus der Annahme der Zeitunabhängigkeit des kosmologischen Prinzips folgt unmittelbar, daß zu jedem Zeitpunkt die Relativgeschwindigkeit $v(t)$ zweier kosmologischer Objekte (z.B. zweier Galaxienhaufen) proportional zu ihrem Abstand $R(t)$ sein muß, falls das Universum nicht stationär ist, sondern expandiert (oder auch schrumpft). Wir nennen eine solche Expansion (bzw. Schrumpfung) homogene Expansion (bzw. homogene Schrumpfung).

Gehen wir also gemäß dem kosmologischen Prinzip davon aus, daß das Verhältnis

$$\chi = \frac{r(t)}{R(t)}$$

zweier beliebiger kosmischer Entfernungen $r(t)$ und $R(t)$ zu jedem Zeitpunkt dasselbe ist, dann gilt für die zeitliche Änderung der Entfernung (z.B. zwischen je zwei Galaxienhaufen)

$$\dot{r}(t) = \dot{R}(t)\chi = \frac{\dot{R}(t)}{R(t)} r(t)$$

Setzen wir $H(t) = \dot{R}(t) / R(t)$, so erhalten wir das sog. *Hubble*-Gesetz

$$\dot{r}(t) = v(t) = H(t) \cdot r(t) \qquad (*)$$

Eine gute Plausibilitätsbetrachtung hierzu findet der Leser in [Weinberg 1982]. Der Proportionalitätsfaktor *H(t)* heißt *Hubble-*Parameter. Das kosmologische Prinzip geht auf den russischen Physiker und Mathematiker *Alexander Friedmann* zurück, der – im Gegensatz zu *Einstein*[2] – nicht an ein statisches Universum glaubte und bereits 1922 ein Modell eines expandierenden Universums entwickelt hat [Friedmann 1922]. Wir kommen auf *Friedmann* noch einmal zurück, wenn wir die Dynamik des expandierenden Weltalls betrachten werden.

Das Weltall expandiert

Die Spektrallinien des Lichts, das wir von fernen Galaxien auf der Erde empfangen, ist zu längeren Wellenlängen hin verschoben („Rotverschiebung"). Gedeutet werden kann diese Wellenlängenverschiebung durch den Dopplereffekt. Aus der Richtung der Verschiebung, nämlich zum Roten hin, muß geschlossen werden, daß sich die fernen Galaxien von der Erde wegbewegen. Nach dem kosmologischen Prinzip heißt dies, daß sich jede Galaxie von jeder immer weiter entfernt. In den zwanziger Jahren hatten *Edwin P. Hubble* und andere begonnen, die Rotverschiebung der Spektrallinien von Sternenlicht systematisch zu studieren. *Hubble* schätzte anhand der scheinbaren Helligkeit der jeweils hellsten Sterne die Entfernung von Galaxien ab und stellte diesen Entfernungen die aus der Rotverschiebung ermittelten Geschwindigkeiten gegenüber. Seine und anderer Beobachtungsergebnisse interpretierend kam er 1929 zu dem Schluß, daß die Fluchtgeschwindigkeiten proportional zur Entfernung der Galaxien zunehmen [Hubble 1929]. Obwohl seine Meßdaten aus heutiger Sicht nur mit Voreingenommenheit diesen Schluß zulassen, besteht heute nach mehr als einem halben Jahrhundert intensiver For-

---

2 *Einstein* hat in seine Feldgleichungen der Allgemeinen Relativitätstheorie künstlich eine kosmologische Konstante eingeführt, um ein statisches Universum, an dessen Existenz er glaubte, zu erzwingen. Er hat später eingeräumt, daß dies der größte Fehler seines Lebens war.

schung kein Zweifel mehr an der Gültigkeit des *Hubble*-Gesetzes (*), welches das *Friedmann*sche kosmologische Prinzip (s.o.) bestätigt. Das *Hubble*-Gesetz besagt – richtig interpretiert –, daß sich das Universum wie ein aufgehender Rosinenkuchenteig ausdehnt: Der Raum zwischen den Galaxien vergrößert sich, während die Galaxien – sieht man einmal von der inneren Gravitationsdynamik und anderen internen Prozessen ab – ähnlich wie die Rosinen im Teig sich nicht durch die Raumexpansion verändern; die Rosinen bleiben Rosinen. Abbildung IV.1 zeigt die Geschwindigkeits-Abstands-Beziehung einiger bekannter Galaxien. Der heutige Wert des *Hubble*-Parameters, die *Hubble*-Konstante H_0, beträgt [Dominguez-Tenreiro 1988, Kolb 1990, Börner 1993]

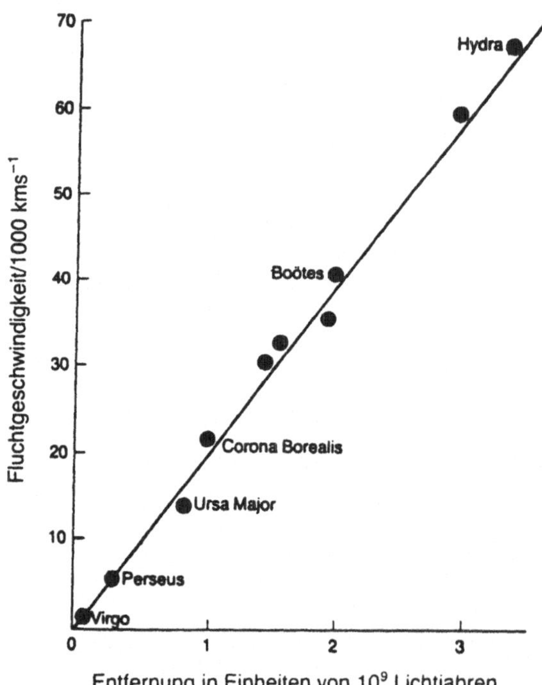

Abb. IV.1: Fluchtgeschwindigkeiten einiger Galaxien in Abhängigkeit von ihrer Entfernung zur Erde, nach [Hawking 1989]

$$H_0 = 100h \frac{\text{km}}{\text{s} \cdot \text{Mpc}}, \text{ wobei } 0{,}4 \leq h \leq 1{,}0$$

(1 Mpc = 1 Megaparsec = $3{,}2615 \cdot 10^6$ Lichtjahre = $3{,}0856 \cdot 10^{19}$ km)

Neben der Rotverschiebung der Spektrallinien gibt es weitere experimentell abgesicherte Hinweise auf die Expansion des Universums, von denen hier nur einer besonders erwähnt werden soll. Kehren wir für einen Moment die Zeitrichtung um und lassen das Universum schrumpfen, so verdichtet sich die Materie immer mehr, Galaxien verschmelzen und es bildet sich schließlich irgendwann eine heiße „Suppe" von Elementarteilchen und elektromagnetischer Strahlung im thermodynamischen Gleichgewicht aus (siehe IV,2). Jetzt lassen wir die Zeit wieder in der gewohnten Vorwärtsrichtung ablaufen und verfolgen die Strahlung bei fortschreitender Expansion des Raumes. Aufgrund der Dopplerverschiebung wird die Wellenlänge der Strahlung größer, ihre Energie nimmt ab und die Temperatur des momentanen Gleichgewichtszustandes sinkt. Die spektrale Verteilung der mit der Materie im thermischen Gleichgewicht befindlichen Strahlung ist die *Planck*-Verteilung eines schwarzen Körpers (das All ist der ideale Hohlraum) zur jeweiligen Temperatur T. Irgendwann ist die Temperatur der Strahlung so niedrig (ungefähr 10^5 K), daß diese nicht mehr in der Lage ist, gebildete Atome zu ionisieren. Von dieser Zeit an wird die Materie für die Strahlung durchlässig. Die Strahlung koppelt von der Materie ab und durchquert ungehindert den Raum. Sie sollte heute noch als Hintergrundstrahlung vorhanden sein. Allerdings hat die die Erde erreichende Strahlung eine Distanz von mehr als 10^{10} Lichtjahren zurückgelegt und sich dabei aufgrund der Dopplerverschiebung auf einige *Kelvin* abgekühlt. Wie wir noch zeigen werden, sollten nach dem Standardmodell die Wellenlängen dieser Strahlung im Mikrowellenbereich liegen (siehe IV,3).

Die Idee der Existenz dieser Hintergrundstrahlung aus dem frühen Universum geht auf *G. Gamov* und Mitarbeiter sowie – unabhängig davon – auf *Jim Peebles* zurück. Als sich *Dicke* und *Peebles* von der Princeton Universität (USA) auf die Suche nach der Mikrowellenstrahlung machten, war sie in den nicht weit von Princeton entfernt gelegenen Bell Telephone Laboratories 1964 von *Arno Penzias* und *Robert Wilson* bereits zufällig entdeckt worden [Penzias 1965]. Die beiden Radioastronomen stießen auf die isotrope Hintergrundstrahlung, als sie sich bemühten, den Rauschpegel der Radioantenne der Bell Telephone Company auf Crawford Hill bei Holmdale in New Jersey zu reduzieren. Die Antenne war errichtet worden, um Nachrichten über Satellit zu vermitteln. *Penzias* wurde erst in einem Telefongespräch von einem Freund auf die vermutete Ursache der entdeckten Strahlung und die sensationelle Bedeutung der Entdeckung aufmerksam gemacht. *Penzias* und *Wilson* erhielten 1978 für ihre Entdeckung, die für die Kosmologie von grundlegender Bedeutung war und ist, den Nobelpreis für Physik.

Die spektrale Verteilung der Mikrowellen-Hintergrundstrahlung ist heute sehr genau vermessen (siehe Abbildung IV.2). Sie entspricht – wie bereits erwähnt – einer Schwarzkörperstrahlung von 2,726 ± 0,005 K [Mather 1994].

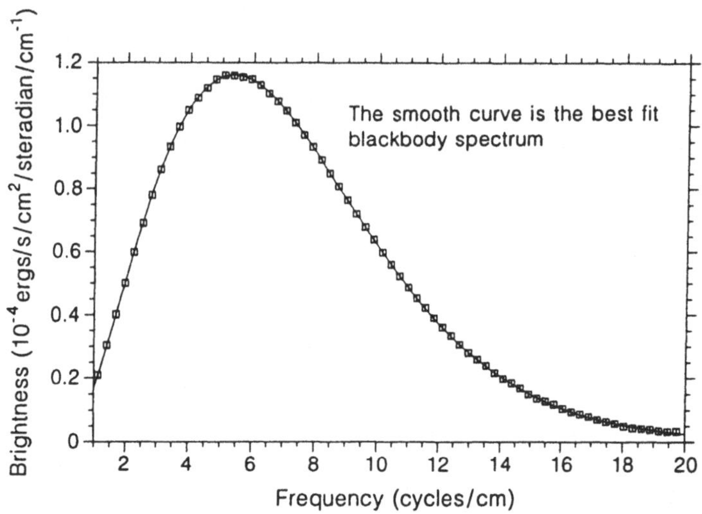

Abb. IV.2: *Planck*-Verteilung der 2,7 K-Hintergrundstrahlung (COBE-Daten, NASA, [Fig. 1, Börner 1993])

Dynamik des expandierenden Universums

Der Raum des Universums ist dreidimensional, ein Faktum, das durchaus nicht trivial ist und den String-Physikern von TOE-Theorien Probleme bereitet (siehe III,3). Die Dynamik des Universums wird durch die Tensor-Feldgleichungen der *Einstein*schen Allgemeinen Relativitätstheorie beschrieben, die wir hier natürlich nicht aufgreifen wollen, die wir aber für die folgende Plausibilitätsbetrachtung auch nicht benötigen, weil die klassische *Newton*sche Mechanik glücklicherweise auf die gleiche entscheidende *Friedmann*-Gleichung führt wie die Allgemeine Relativitätstheorie.

Betrachten wir eine Galaxie der Masse m auf der Oberfläche eines kugelförmigen Ausschnitts der homogen verteilt gedachten kosmischen Materie mit Radius $R(t)$. Ihre potentielle Energie E_p beträgt dann

$$E_P = -G\frac{mM}{R} = -G\frac{m}{R}\frac{4\pi}{3}R^3\rho = -\frac{4\pi}{3}GmR^2\rho$$

wobei G die Gravitationskonstante und M Kugelmasse ist. (Die Massen außerhalb der Kugel tragen nicht zu E_p bei!)

Die Radialgeschwindigkeit $R(t)$ entspricht der Fluchtgeschwindigkeit der *Hubble*-Gleichung (*). Die Gesamtenergie der Galaxie ist

$$E_{tot} = \frac{1}{2}m\dot{R}^2 - \frac{4\pi}{3}GmR^2\rho = \frac{1}{2}mR^2\left(H^2 - \frac{8\pi}{3}\rho G\right)$$

Da E_{tot} eine Konstante ist, können wir durch

$$K = -\frac{2E_{tot}}{mc^2} = \frac{R^2}{c^2}\left(\frac{8\pi}{3}\rho G - H^2\right)$$

einen zeitunabhängigen Parameter K definieren.

Wenn $K > 0 \Rightarrow E_{tot} < 0 \Rightarrow$ die Fluchtbewegung kommt irgendwann zum Stillstand und verkehrt sich in eine Fallbewegung.

Wenn $K < 0 \Rightarrow E_{\text{tot}} > 0 \Rightarrow$ die Kugel expandiert für alle Zeiten.

Wenn $K = 0 \Rightarrow E_{\text{tot}} = 0 \Rightarrow$ Grenzfall: $\dot{R}(t) \to 0$.

Da der absolute Wert von K wegen der willkürlichen Wahl von m und $R(t)$ frei wählbar ist, wird üblicherweise $K = \pm 1, 0$ gesetzt. Damit ergibt sich die *Friedmann*-Gleichung

$$\left(\frac{\dot{R}}{R}\right)^2 = \frac{8\pi}{3} G\rho - \frac{Kc^2}{R^2} \qquad (**)$$

Ob der Parameter K positiv, negativ oder 0 ist, hängt von der Dichte $\rho(t)$ ab. Die Dichte für den Grenzfall $K = 0$ heißt kritische Dichte ρ_c. Es ist nach der obigen Definitionsgleichung für K

$$\rho_c = \frac{3}{8}\frac{H^2}{\pi G} \qquad (***)$$

Die in der Kosmologie am meisten diskutierte Größe ist der sog. Dichteparameter Ω, definiert durch

$$\Omega(t) = \frac{\rho(t)}{\rho_c(t)}.$$

Mit ihm läßt sich die *Friedmann*-Gleichung in der Form

$$H^2(\Omega - 1) = \frac{K}{R^2}; K = \pm 1{,}0 \qquad (**')$$

schreiben.

Ohne Beweis sei hier nur erwähnt, daß der Wert des Parameters K nach der Allgemeinen Relativitätstheorie die Krümmung des Raumes bestimmt. Ein Universum, dessen Expansionsbewegung sich aufgrund der starken Gravitation ($\rho > \rho_c$, $K = +1$) irgendwann einmal in sein Gegenteil verkehrt, entspricht einem in sich zurückgekrümmten Raum, der endlich aber unbegrenzt ist. Er wird „geschlossen“

genannt. In zwei statt drei Dimensionen wäre dies eine Kugeloberfläche (siehe Abbildung IV.3). Der Fall des für alle Zeiten expandierenden („offenen“) Raumes ($\rho < \rho_c$, $K = -1$) entspräche in zwei Dimensionen einer Sattelfläche (siehe Abbildung IV.3). Der Grenzfall $K = 0$ ($\rho = \rho_c$) bedeutet einen nichtgekrümmten euklidischen Raum, den die Kosmologen „flach“ nennen und der in zwei Dimensionen einer Ebene entspräche (siehe Abbildung IV.3). Für die drei möglichen Raumstrukturen lassen sich aus (**') die folgenden Äquivalenzbeziehungen ablesen.:

$K = +1 \Rightarrow \Omega > 1 \Rightarrow \rho > \rho_c$: geschlossenes Universum
$K = 0 \Rightarrow \Omega = 1 \Rightarrow \rho = \rho_c$: flaches Universum
$K = -1 \Rightarrow \Omega < 1 \Rightarrow \rho < \rho_c$: offenes Universum

Während im heutigen kalten Universum die Energie im wesentlichen in Form von Masse vorhanden ist, teilte sich im frühen Stadium des Universums die Energie auf relativistische Energien von Elementarteilchen und auf Strahlungsquanten auf (siehe IV,3). Das Universum bildete ein heißes ionisiertes Teilchengas (Plasma) im thermodynamischen Gleichgewicht, dessen Zustand durch Temperatur T, Energiedichte u und Druck p charakterisiert werden kann, wobei die drei Größen nicht unabhängig voneinander sind. Wie wir noch sehen werden (IV,4), spricht vieles dafür, daß das beobachtbare Universum seit sehr früher Zeit ($t \approx 10^{-35}\,\mathrm{s}$) flach ist. Wir setzen deshalb bei den nachfolgenden Betrachtungen $K = 0$ bzw. $\Omega = 1$ voraus.

Für den Fall des relativistischen Universums ersetzen wir $\rho(t)$ durch die Energiedichte

$$u(t) = \rho(t)c^2 .$$

Die Energie E im Volumen $V = \frac{4\pi}{3} R^3$ ist

$$E = \frac{4\pi}{3} R^3 u .$$

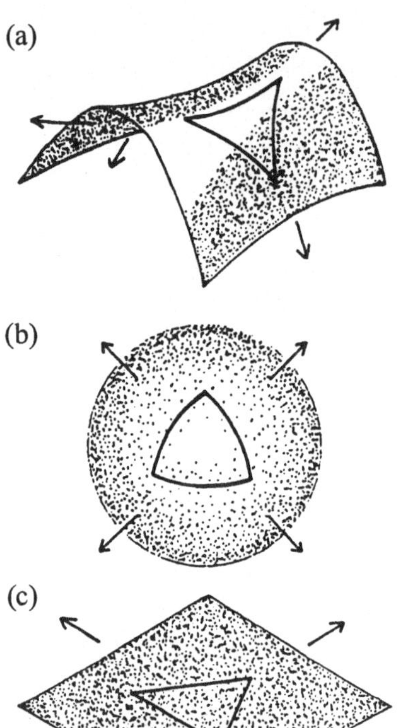

Abb. IV.3: Verschiedene Krümmungsverhalten des Raumes in 2 Dimensionen: (a) offenes Universum, (b) geschlossenes Universum(c), flaches Universum

Die zeitliche Ableitung dieser Gleichung ergibt

$$\dot{E} = \dot{u}V + 3Vu\frac{\dot{R}}{R}.$$

Dehnt sich das Gas aufgrund seines Druckes p (quasi isobarer Zustand) aus, ist nach dem 1.Hauptsatz der Thermodynamik

$$\dot{E} = -p\dot{V} = -3pV\frac{\dot{R}}{R}.$$

Kombination der beiden $\dot{E}$-Gleichungen ergibt

$$-\dot{u} = 3\frac{\dot{R}}{R}(u+p)\,.$$

(Beachten Sie, daß u und p die gleiche Dimension haben.)
Ersetzt man in der *Friedmann*-Gleichung (**) ρ durch u/c^2, multipliziert mit R^2, differenziert nach t und setzt für $\dot{u}$ die rechte Seite der letzten Gleichung oben ein, so ergibt sich die Bremsbeschleunigung

$$\ddot{R} = -\frac{4\pi G}{3c^2}(u+3p)R\,.$$

Diese Gleichung beschreibt das dynamische Verhalten eines flachen *Friedmann*-Universums. Sie wird in exakt der gleichen Form von der Allgemeinen Relativitätstheorie geliefert.

Wenn wir wissen wollen, wie sich in einem flachen *Friedmann*-Universum unsere kosmologische Standardentfernung R zeitlich verändert, unterscheiden wir am einfachsten zwei Grenzfälle: das sehr heiße und das kalte Universum. Wenn die Energie des Weltalls von der Ruhmasse dominiert wird, spricht man von der materiedominierten Ära. In ihr ist die Masse näherungsweise eine Konstante, so daß

$$u_{\mathrm{M}}(t) \propto R^{-3}(t)\,.$$

Sind p und u größenordnungsmäßig vergleichbar, spielen Ruhenergien keine Rolle, und relativistische Teilchen können wie Strahlungsquanten behandelt werden. Befindet sich das Universum in einem solchen relativistischen Zustand, spricht man von einer strahlungsdominierten Ära. In ihr ist die Energiedichte nach dem *Stefan-Boltzmann*-Gesetz

$$u_{\mathrm{St}}(t) \propto T^4(t)\,.$$

Eine homogene Expansion (oder Schrumpfung) impliziert für die Wellenlänge λ der Strahlung

$$\lambda(t) \propto R(t)\,.$$

Mit $E = kT \propto 1/\lambda(t) \propto 1/R(t)$ gilt

$$u_{St} \propto R^{-4}(t).$$

Beide Epochen gemeinsam werden durch

$$u(t) \propto R^{-n}(t); \quad n = \begin{cases} 3 \text{ für materiedominierte Ära} \\ 4 \text{ für strahlungsdominierte Ära} \end{cases}$$

erfaßt.

Für die materiedominierte Ära ergibt sich damit aus der *Friedmann*-Gleichung (**)

$$\dot{R}^2 = const \cdot R^{-1}.$$

Diese Differentialgleichung wird gelöst durch

$$R(t) \propto t^{2/3}.$$

Die entsprechende Differentialgleichung für die strahlungsdominierte Ära lautet

$$\dot{R}^2 = const \cdot R^{-2}$$

mit der Lösung

$$R(t) \propto t^{1/2}$$

Für $K = \pm 1$ sehen die Ausdrücke für R(t) etwas komplizierter aus. Die Funktionsgraphen für alle drei *Friedmann*-Universa in der materiedominierten Ära sind in Abbildung IV.4 dargestellt.

Mit $H = \dot{R} / R$ entwickelt sich der *Hubble*-Parameter mit der Zeit so:

$$H(t) = \begin{cases} 2/3t \text{ für eine materiedominierte Ära} \\ 1/2t \text{ für eine strahlungsdominierte Ära} \end{cases}$$

Aus dem heutigen Wert $H_0 = 100h \text{ kms}^{-1}\text{Mpc}^{-1}$ errechnet sich über die oben hergeleitete Beziehung für $H(t)$ mit $0{,}4 \leq h \leq 1$ das Alter t_0 für ein materiedominiertes Universum zu

$$6{,}25 \cdot 10^9 \,\text{Jahre} \le t_0 \le 16{,}3 \cdot 10^9 \,\text{Jahre}$$

Die *Hubble*-Zeit H_0^{-1} ist nach dem Ausdruck für $H(t)$ oben im Falle der materiedominierten Ära um einen Faktor 3/2 größer als t_0. Sie legt die Zeitskala fest für ein expandierendes Universum mit konstanter Fluchtgeschwindigkeit $\dot{R} = R / t$, d.h. ohne Gravitationsbremse:

$$H_0^{-1} = \frac{R_0}{\dot{R}_0} = \frac{R_0}{\frac{R_0}{t_H}} = t_H \,;\; t_H = \frac{3}{2} t_0$$

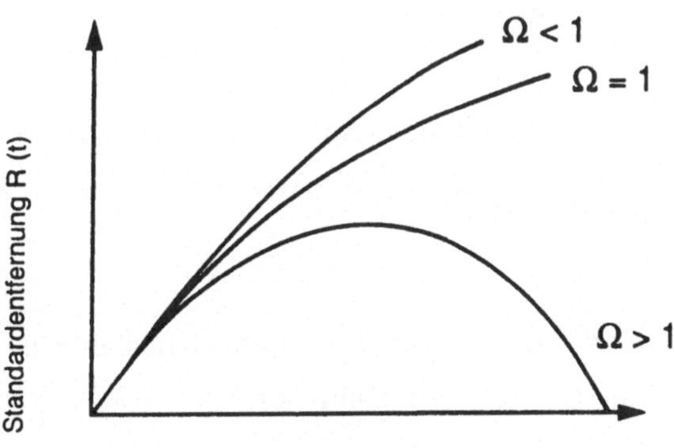

Abb. IV.4: Standardentfernung $R(t)$ für die drei *Friedmann*-Universa in der materiedominierten Ära

3 Entwicklungsgeschichte des frühen Universums

Dreht man die Zeitrichtung um und verfolgt die heute beobachtbare Expansion des Universums zeitlich zurück, endet man zwangsläufig bei einer Singularität der Energiedichte $u(t)$ oder der Temperatur $T(t)$, bei der alle Entfernungen $R(t)$ verschwinden. Diese Singularität definiert den Beginn der Zeitrechnung und wird „Urknall" („big bang") genannt. Als Maß für die Temperatur des Universums wählen wir die Energie der elektromagnetischen Strahlung bzw. der Strahlungsquanten. Nach dem *Wien*schen Verschiebungsgesetz ist die häufigste

Energie der Schwarzkörperstrahlung proportional zur Temperatur *T*. Wir setzen für Umrechnungszwecke der Einfachheit halber (vergl. IV,2)

$$E(t) \approx kT(t);\ k = 8{,}6 \cdot 10^{-5}\ \mathrm{eVK}^{-1},$$

wobei *E* die Quantenenergie und *k* die *Boltzmann*-Konstante bedeuten. Für ein flaches Universum im strahlungsdominierten Zustand können wir den Zusammenhang von Temperatur und Zeit leicht angeben: nach IV,2 ist

$$\left(\frac{\dot{R}}{R}(t)\right)^2 = \left(\frac{1}{2}t^{-1}\right)^2 = \frac{8\pi}{3c^2} G u_{\mathrm{St}}(t).$$

Die Energiedichte u_{St} ist nach *Stefan-Boltzmann*

$$u_{\mathrm{St}} = \frac{4}{\mathrm{c}} \sigma T^4,$$

wobei $\sigma = 5{,}67 \cdot 10^{-8}\ \mathrm{Wm}^{-2}\mathrm{K}^{-4}$ die *Stefan-Boltzmann*-Konstante ist. u_{St} oben eingesetzt ergibt mit $G = 6{,}67 \cdot 10^{-11}\,\mathrm{Nm}^2\mathrm{kg}^{-2}$

$$T(t) = \frac{1{,}5 \cdot 10^{10}}{t^{1/2}} \mathrm{K}\ (t \text{ in s})$$

Die obigen Ausdrücke für *E*(*t*) und *T*(*t*) sollen uns für die folgenden Ausführungen zur Orientierung dienen.

Die Entwicklungsgeschichte des frühen Universums ist gekennzeichnet durch symmetriebrechende Phasenübergänge unmittelbar nach der Initialzündung und danach durch eine Abfolge thermodynamischer Gleichgewichtszustände mit gelegentlichen Abkopplungen gewisser Teilchenarten. Die Vorgänge einiger charakteristischer Epochen, wie sie sich abgespielt haben könnten, sollen kurz angeschnitten werden. Es sei aber darauf hingewiesen, daß es sich bei dem im folgenden geschilderten Entwicklungsszenarium für das frühe Universum auf Grund des heutigen Erkenntnisstandes zum großen Teil lediglich um theoretische Spekulationen handeln kann. Einen groben Überblick über die zeitliche Abfolge verschiedener Epochen während der Expansion des Universums versucht Abbildung IV.5 zu vermitteln. Abbildung IV.6 korreliert die Zeit mit der Temperatur, den Quantenenergien, der räumlichen Ausdehnung und den vorherrschenden Teilchenarten.

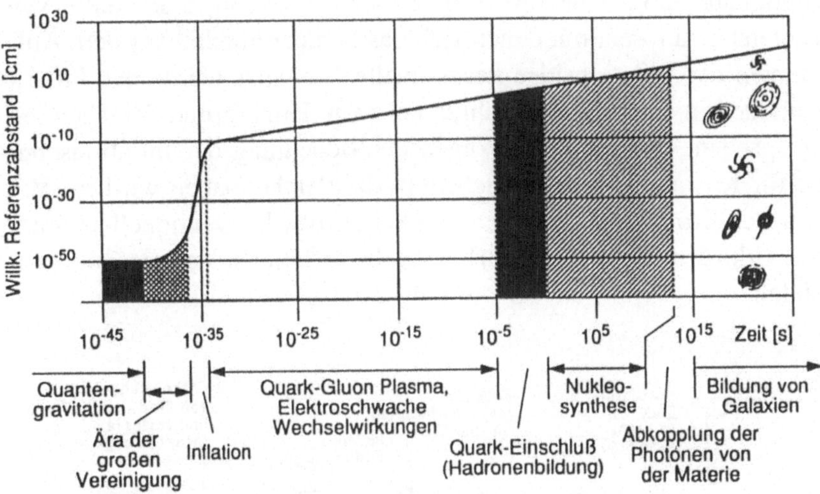

Abb. IV.5: Zeitliche Abfolge verschiedener Entwicklungsepochen des Universums nach dem Standard-Urknallmodell

In den ersten 10^{-43} Sekunden bis zur *Planck*-Energie[3] von etwa 10^{19} GeV war die Stärke der Gravitation vergleichbar mit der der anderen Wechselwirkungen; es gab sozusagen nur eine einzige Wechselwirkung (Vereinigung aller Kräfte). Derzeit gibt es zur Physik dieser Epoche, in der die Gravitation quantenmechanisch behandelt werden muß, zur sog. Quantengravitation, einer Vereinigung von Allgemeiner Relativitätstheorie und Quantenmechanik bzw. Quantenfeldtheorie, noch keine zufriedenstellende Theorie. Quantenfluktuationen in dieser Startphase könnten die Keimzellen für die späteren großräumigen Strukturen (vergl. IV,2) gewesen sein. Nach 10^{-43} s löste

[3] $E_{\text{Planck}} / c^2 \approx \sqrt{(\hbar c / G)}$

sich in einem ersten Phasenübergang die Gravitation aus der Vereinigung aller Kräfte. Nach 10^{-35} Sekunden fand die nächste Symmetriebrechung statt: die Starke Kraft verabschiedete sich aus der „großen Vereinigung“, mit der sich die GUT-Theorien (siehe III,3) befassen. Diesem symmetriebrechenden Phasenübergang vorausgegangen ist wahrscheinlich eine Ära exponentieller Expansion (sog. inflationäre Ära). Eine inflationäre Epoche vermag eine Reihe von Problemen zu lösen, mit denen sich das Standardmodell vor dem Aufkommen der Inflationsidee herumquälte. Denkbar wurde das Inflationsmodell in den achtziger Jahren auf dem Hintergrund der Theorien zur „großen Vereinigung“. Wegen der Bedeutung der Inflationsepoche für Kosmologie und Teilchenphysik gleichermaßen wird in IV,4 nach der Erörterung der Schwierigkeiten des konventionellen Standard-Urknallmodells (ohne Inflation) die Inflationsidee gesondert behandelt.

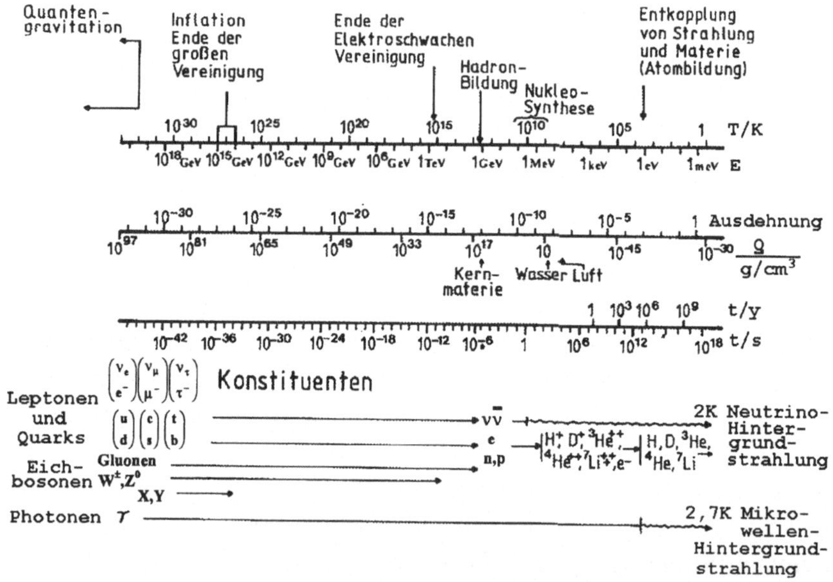

Abb. IV.6: Die zeitliche Korrelation wichtiger Parameter des Universums

In den nächsten 10^{-6} Sekunden war der Raum von einem heißen Plasma aus Quarks und Leptonen angefüllt, die sich im thermischen Gleichgewicht mit dem Photonengas befanden. Betrachten wir z. B. die Zeit um $t \approx 10^{-12}$ s. Die Temperatur beträgt 10^{16} K und entspricht einer mittleren Quantenenergie von etwa 1000 GeV. Die Reaktionen

$$\gamma + \gamma \leftrightarrow \bar{\mathrm{l}} + \mathrm{l} \quad (\mathrm{l} = \mathrm{e}, \mu, \tau, \nu_{\mathrm{e}}, \nu_{\mu}, \nu_{\tau})$$

$$\gamma + \gamma \leftrightarrow \bar{\mathrm{q}} + \mathrm{q} \quad (\mathrm{q} = \mathrm{u}, \mathrm{d}, \mathrm{s}, \mathrm{c}, \mathrm{t}, \mathrm{b})$$

laufen in beiden Richtungen ab. Die Energie- und Teilchendichte der Photonen erhält man durch Integration der *Planck*schen Strahlungsformel zu

$$u_\gamma = 4{,}7 \cdot 10^3 T^4 \text{ eV / m}^3 \qquad (T \text{ in Kelvin})$$

$$n_\gamma = 2{,}0 \cdot 10^7 T^3 \text{ Photonen / m}^3$$

Um etwa $t \approx 10^{-6}$ s ($T \approx 10^{13}$ K) begannen sich die Quarks aus dem Plasma durch Zusammenschluß zu Hadronen auszukoppeln. Die Energie der Photonen reicht bei $T > 10^{13}$ K aus, um auch Nukleon-Antinukleon-Paare direkt zu erzeugen:

$$\gamma + \gamma \leftrightarrow \overline{\mathrm{N}} + \mathrm{N}$$

Materie und Antimaterie scheinen in gleichen Mengen vorzukommen. Wie ist es da zu erklären, daß von der Zeit an, da die Photonenergie nicht mehr ausreichte, Nukleon-Antinukleon-Paare zu erzeugen, und alle vorhandenen Paare zerstrahlen (Reaktion oben verläuft dann ausschließlich von rechts nach links) bis zum heutigen Tag offensichtlich die baryonische Materie überwiegt? Ja, es sieht so aus, als enthalte das beobachtbare Universum gar keine Antimaterie. Eine Erklärung hierzu haben wiederum die GUT-Theorien parat. Die Eichbosonen der Großen Vereinigung (X-Bosonen), welche die Transformationen von Quarks in Leptonen und umgekehrt bei $E > 10^{15}$ GeV vermitteln (siehe III,3 und Abbildung III.4), verletzen bei ihrem Zerfall die CP-Symmetrie (vergl. II,6 und III,1). Das Verzweigungsverhältnis der Zerfallsraten

$$\frac{\Gamma(X \to qq)}{\Gamma(\overline{X} \to \overline{qq})} = 1 + \varepsilon$$

weicht geringfügig von 1 ab ($\varepsilon \neq 0$) und erzeugt einen leichten Überschuß an Quark- gegenüber Antiquarkmaterie, so daß für $t > 10^{-6}$ s nur noch hadronische Materie zurückbleibt, nachdem die Antimaterie durch Vernichtung mit Materie verschwunden ist.

Nachdem es neben den Photonen nur noch Nukleonen, Leptonen und Antileptonen gibt, dominieren Lepton-Antilepton-Paare, weil die Leptonen bzw. Antileptonen im Gegensatz zu den Nukleonen noch durch $\gamma\gamma$-Streuung und Paarbildung erzeugt werden können. Mit abnehmender Temperatur sinkt ihre Anzahl, bis bei $t \approx 10^{-2}$ Sekunden ($T \approx 10^{11}$ K, $E \approx 10$ MeV) nur noch die leichteren Leptonen (Elektronen, Positronen, Neutrinos und Antineutrinos) zurückbleiben. Entsprechende Reaktionen der Neutrinos und Antineutrinos aus der zweiten und dritten Leptongeneration finden wegen der hohen Massen ihrer geladenen Partner nicht mehr statt. Die Leptonen der Elektronfamilie wechselwirken Schwach mit den Nukleonen und wandeln dabei Protonen in Neutronen und umgekehrt um:

$$p + \nu_e \leftrightarrow n + e^+$$

$$n + \nu_e \leftrightarrow p + e^-$$

Zu den aufgeführten Lepton-Nukleon-Streuprozessen tritt der Neutronzerfall

$$n \to p + e^- + \overline{\nu}_e$$

hinzu. Durch Vermittlung des neutralen Schwachen Vektorbosons Z^0 können alle 3 Neutrinogenerationen erzeugt werden:

$$e^+ + e^- \leftrightarrow \begin{cases} \nu_e + \overline{\nu}_e \\ \nu_\mu + \overline{\nu}_\mu \\ \nu_\tau + \overline{\nu}_\tau \end{cases}$$

Wenn die Neutrinos masselos sind oder vergleichbare sehr kleine Massen besitzen, befinden sich diese 3 Reaktionen im Gleichgewicht und das Verhältnis der Teilchenzahlen der drei Neutrinoarten bleibt konstant. Die Leptonen unterliegen als Fermionen der *Fermi-Dirac*-Statistik. Durch Integration der *Fermi-Dirac*-Verteilung berechnen sich (wie im Fall der Photonen) die Energie- und Teilchenzahldichten der Leptonen. Es ergeben sich die folgenden Relationen [Krane 1988]:

$$n_{\mathrm{e}} = \frac{3}{2} n_\gamma$$

$$u_{\mathrm{e}} = \frac{7}{4} u_\gamma$$

$$n_\nu = \frac{3}{4} g n_\gamma$$

$$u_\nu = \frac{7}{8} g u_\gamma$$

($g = 3 =$ Zahl der Neutrinoaromen).

Die Neutron-Masse m_{n} ist etwas größer als die Proton-Masse m_{p}; deshalb gibt es im thermischen Gleichgewicht bei der Temperatur T etwas weniger Neutronen als Protonen (siehe obige Reaktionsgleichungen). Das Verhältnis $n_{\mathrm{n}}/n_{\mathrm{p}}$ wird durch den *Boltzmann*-Faktor festgelegt:

$$n_{\mathrm{n}} / n_{\mathrm{p}} = e^{-Q/kT}; \; Q / c^2 = m_{\mathrm{n}} - m_{\mathrm{p}} \approx 1{,}3 \text{ MeV} / \mathrm{c}^2$$

Nach $t \approx 1$ s ($T \approx 10^{10}$ K, $E \approx 1$ MeV) sind die Temperatur und die Teilchenzahldichten so weit abgesunken, daß Neutrinoreaktionen keine Rolle mehr spielen. Die Neutrinos und Antineutrinos koppeln vom Rest der Materie ab und breiten sich ungehindert mit dem Raum aus. Danach zerstrahlen paarweise Elektronen und Positronen ohne zurückgebildet zu werden, weil die Paarerzeugung energetisch nicht mehr möglich ist. Dadurch steigen u_γ und n_γ etwas an, und die Temperatur der Photonen liegt von diesem Zeitpunkt an etwas höher als die der Neutrinos, weil die Photonen sich langsamer abkühlen als die Neutrinos. Ohne Herleitung sei genannt:

$$\frac{T_\gamma}{T_\nu} = \left(\frac{11}{4}\right)^{1/3} \approx 1{,}4$$

Während die Temperatur der elektromagnetischen Hintergrundstrahlung heute 2,7 K beträgt, liegt die des nicht nachweisbaren Neutrino-Hintergrunds bei etwa 2 K.

Nach dem Abkoppeln der Neutrinos und Antineutrinos und der Zerstrahlung aller e^+e^--Paare wird das n_n/n_p-Verhältnis wegen des Versiegens der Neutrino-Reaktionen quasi eingefroren. (Der Neutronzerfall spielt auf der hier betrachteten Zeitskala nur eine geringe Rolle. Die Einfriertemperatur T^* liegt bei

$$T^* \approx 8{,}5 \cdot 10^9\,\mathrm{K}$$

Sie wird nach knapp 3 s erreicht. Zu dieser Zeit beträgt der Anteil der Neutronen an der Gesamtnukleonenzahl etwa 1/7; denn (siehe oben)

$$\left(n_n / n_p\right)_{T=T^*} = e^{-Q/kT^*} \approx 1/6;$$

$$X_n = n_n / n_N \approx 1/7;\ X_p = n_p / n_N \approx 6/7$$

Wenn die Photonenergie infolge der Expansion des Universums kleiner wird als die Bindungsenergie des Deuterons, können alle Neutronen mit Protonen zu Deuteriumkernen (D) fusionieren. Da aber die Photonen um viele Größenordnungen zahlreicher sind als die Nukleonen ($4 \cdot 10^{-10} \leq \eta = n_N / n_\gamma \leq 7 \cdot 10^{-10}$ heute, siehe IV,6) [Kolb 1990] und eine spektrale *Planck*-Verteilung aufweisen, setzt man vernünftigerweise die Schwellentemperatur T_D für den Beginn der Deuteron-Bildung so fest, daß für $T < T_D$ die Zahl der Photonen mit Energien $E > E_{\mathrm{Bindung}}$ (D) = 2,225 MeV kleiner wird als die Zahl der Neutronen. Die Rechnung ergibt für $\eta \approx 5 \cdot 10^{-10}$ eine Schwellentemperatur von $T_D \approx 9 \cdot 10^8$ K, die ungefähr zwischen 4 und 5 Minuten erreicht wird. Sobald sich hinreichend viel Deuterium gebildet hat, setzt die Synthese schwererer Nuklide ein. Sie stellt einen kritischen Test des Standardmodells dar. Fußend auf dieser Nukleosynthese des Urknalls und unter Berücksichtigung der astrophysikalischen Meßdaten zur Nuklidhäufigkeit hat das Standardmodell die Existenz von höchstens vier, wahrscheinlich aber nur drei Arten leichter Neutrinos vorhergesagt. Diese Prognose wurde 1989/90 durch Beschleunigerexperimente erstmals bestätigt (vergl. III,3), ein sensationelles Ereignis, auf das wir in IV,6 besonders eingehen werden.

Mit der Nukleosynthese soll unser Streifzug durch die Geschichte des frühen Universums enden. Mit der Formation von Sternen und Galaxien können wir uns im Rahmen dieses Buches über Teilchenphysik leider nicht befassen. Bleibt am Ende noch zu erwähnen, daß sich nach ca. 10^5 Jahren der letzte Abkopplungsprozeß vollzog, als nämlich die Energie der Photonen nicht mehr ausreichte, die Bildung von Atomen über den Einfang von Elektronen durch die leichten Atomkerne (schwere Elemente bildeten sich erst in den Sternen) zu verhindern. Mit Beginn des atomaren Zeitalters wurde das Universum für die Photonen durchlässig. Die von *Penzias* und *Wilson* 1964 entdeckte 2,7 K-Hintergrundstrahlung (vergl. IV,2) besteht genau aus jenen Photonen, die sich mit der Bildung neutraler Atome von dem Elektron-Kern-Plasma nach mehr als 10^5 Jahren seit dem Urknall abkoppelten.

4 Probleme mit dem Standardmodell

Die in IV,3 skizzierte Entwicklungsgeschichte des Universums resultiert aus der Gravitationsdynamik der Allgemeinen Relativitätstheorie, der Physik der Elementarteilchen und den durch den Urknall vorgegebenen Anfangsbedingungen. Die Struktur und die Phänomene des gegenwärtigen Universums, die wir mit Teleskopen, Antennen, Spektrometern und anderen Instrumenten wahrnehmen, sind praktisch seit der „Geburt“ des Universums vorgezeichnet. Aber gerade die Anfangsbedingungen sind es, die den Kosmologen so manche Sorge bereiten. Will man gewisse Beobachtungsdaten verstehen, ist man gezwungen, recht künstlich anmutende Anfangssituationen zu postulieren, an die niemand so recht glauben will. Das Standard-Urknallmodell, welches das Schicksal des Universums ab etwa 1 Sekunde sehr erfolgreich zu beschreiben scheint, wäre an den Schwierigkeiten mit der Anfangsphase u. U. gescheitert, hätten die Theorien der „großen Vereinigung“ (siehe III,3) nicht im rechten Moment einen Ausweg aus der Krise aufzeigen können.

Welches waren die Schwierigkeiten?

Das Horizontproblem

Der Gleichung für die Bremsbeschleunigung in IV,2 entnehmen wir, daß $\ddot{R} < 0$, solange Energiedichte und Druck positiv sind. Die Bremsbeschleunigung $\ddot{R}$ bewirkt also, daß die Expansionsgeschwindigkeit $\dot{R}$ mit wachsender Zeit abnimmt. Der Horizontabstand $a(t)$ zur Zeit t, unter dem man die Strecke versteht, die das Licht in der Zeit t zurückgelegt hat, wächst linear mit der Zeit, so daß das Verhältnis R/a mit der Zeit abnimmt. Zwei Lichtsignale der Hintergrundstrahlung, die aus entgegengesetzten Richtungen aus dem All heute ($t = t_0$) auf der Erde eintreffen, koppelten zur Zeit $t_1 \approx 10^5$ Jahre (siehe IV,3) in zwei Raumpunkten von der Materie ab, die weiter als der Horizontabstand voneinander entfernt waren. Nehmen wir diesen Abstand als Referenzlänge $R(t_1)$, so war

$$\frac{R(t < t_1)}{a(t < t_1)} > \frac{R(t_1)}{a(t_1)}$$

d. h. die beiden Raumpunkte waren von Anbeginn kausal entkoppelt, da keine Information schneller als mit Vakuumlichtgeschwindigkeit übertragen werden kann. Am einfachsten macht man sich das Horizontproblem an einem *Minkowski*-Diagramm klar (Abbildung IV.7). Die Position des Detektors der 2,7 K-Strahlung in Ort und Zeit sei Punkt A. Die beiden registrierten Signale haben ihren Ursprung in den Punkten B und C auf dem rückwärtigen Lichtkegel. Die Rückwärts-Lichtkegel der Punkte B und C schneiden sich nicht. Also konnten sie zu keiner Zeit einem gemeinsamen Einfluß ausgesetzt gewesen sein. Wenn aber die Ausdehnung des Universums stets größer war als der Horizontabstand, wie konnte sich dann die großräumige Homogenität (siehe IV,2.) ausbilden ohne großräumige Wechselwirkung? Warum ist die Mikrowellen-Hintergrundstrahlung so außerordentlich isotrop? Mußte doch das Universum zur Zeit $t \approx 10^5$ Jahre überall exakt die gleiche Temperatur besessen haben! Wenn man die Frage nach der großräumigen Homogenität des Weltalls dadurch beantwortet, daß man einfach fordert, daß das Universum von Anbeginn homogen war (Anfangsbedingung!), kommt man in größte Verlegenheit, die Bildung von Galaxien und Galaxienhaufen, also die Inhomogenitäten auf kleinerer Längenskala zu erklären.

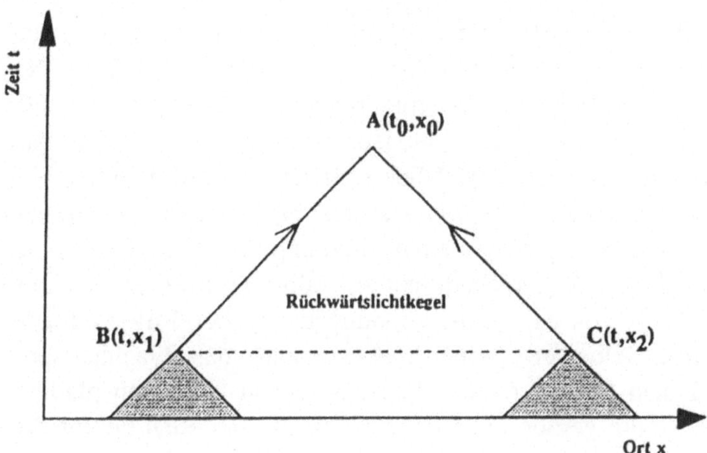

Abb. IV.7: *Minkowski*-Diagramm zum Horizontproblem (siehe Text)

Das Flachheitsproblem

Löst man die *Friedmann*-Gleichung (siehe IV,2) nach ρ auf und dividiert durch die kritische Dichte ρ_c, so läßt sich der Dichteparameter Ω in der Form

$$\rho / \rho_c = \Omega = 1 + Kc^2 / R^2 H^2 = 1 + Kc^2 / \dot{R}^2;\ K = \pm 1{,}0$$

schreiben. Für ein gekrümmtes expandierendes Universum (K $\neq$ 0) muß Ω deshalb mit der Zeit immer mehr von 1 abweichen, weil $\dot{R}$

durch die Bremswirkung der Gravitation immer kleiner wird. Für $K = +1$ (geschlossenes Universum) erreicht $\dot{R}$ sogar den Wert Null und ändert dann sein Vorzeichen (siehe Abb. IV.4). Ω divergiert in diesem Fall. Für $K = -1$ strebt Ω gegen 0. Für ein nicht flaches Universum muß Ω also divergieren oder gegen 0 streben auf einer Zeitskala, die durch die *Hubble*-Zeit H^{-1} gegeben ist. Zieht man alle verfügbaren empirischen Daten über die Größe von Ω_0 in Betracht (vergl. IV,5), so liegen die Werte des heutigen Dichteparameters etwa im Intervall [Kolb 1990, Schramm 1992, Riordan 1993, Börner 1993]

$$0{,}01 \leq \Omega_0 \leq 2$$

Das heißt, Ω ist nach 10^{10} Jahren weder 0 noch unendlich groß, sondern immer noch sehr nahe bei 1. Dann muß der Wert von Ω der Nukleosynthese (Zeitskala Minuten) mit einer Genauigkeit von ungefähr 5 min/10^{10} a $\approx 10^{-15}$ nahe bei 1 gelegen haben! Zur *Planck*-Zeit hätte die Abweichung von 1 nur $1{:}10^{60}$ betragen dürfen, weil dem heutigen Alter des Universums 10^{60} *Planck*-Zeiten entsprechen. Wenn man nicht an eine beliebig genaue Feinabstimmung von Ω zu Beginn des Universums glaubt (Anfangsbedingung!), fällt es schwer zu erklären, warum der Wert von Ω_0 größenordnungsmäßig bei 1 liegt (Flachheitsproblem). Selbstverständlich verschwindet das Flachheitsproblem, wenn man für ein flaches Universum von Anbeginn plädiert. Warum aber sollte gerade ein solcher Grenzfall der Realität entsprechen? Allerdings kann auch niemand diesen Fall prinzipiell ausschliessen.

Das inflationäre Universum

Wie bereits berichtet, ist das Bild eines expandierenden Universums mit heißer Frühphase und einer Singularität am Anfang eine relativ junge Modellvorstellung (1927). Noch in den fünfziger Jahren war als Konkurrent ein Modell von *Fred Hoyle*, *Hermann Bondi* und *Thomas Gold* in Mode, das auf eine Idee von *de Sitter* aus den zwanziger Jahren zurückging, und wonach sich das Universum schon immer in einem stationären Zustand konstanter Energiedichte befunden habe („steady state model“). Mit dem Anwachsen des Raumes infolge der unbestrittenen Expansion mußte auch der Energieinhalt wachsen, sollte die Dichte sich nicht ändern. Wenn auch seit der Entdeckung der 2,7 K-Hintergrundstrahlung und der Verifizierung der Häufigkeit leichter Elemente, die nach dem „big bang“ synthetisiert wurden, kaum noch jemand von einem stationären Modell spricht, lohnt es sich, mit *Alan Guth* und *Paul Steinhardt* zu überlegen, welchen Effekt eine kurze vorübergehende *de Sitter*-Phase in einem sehr frühen strahlungsdominierten Stadium des Universums gehabt hätte.

Wenn die Energiedichte konstant bleiben soll, muß nach IV,2

$$p(t) = -u(t) = -u_S$$

sein, wodurch sich das Vorzeichen der Beschleunigung $\ddot{R}(t)$ umkehrt: Aus der durch die Gravitation bewirkten Bremsbeschleunigung wird eine antigravitative Expansionsbeschleunigung.

$$\ddot{R}(t) = (8\pi G / 3c^2) u_S R(t)$$

Diese Differentialgleichung hat als Lösung eine exponentiell wachsende Abstandsfunktion

$$R(t) \propto e^{t/\tau}; \; \tau = \sqrt{3c^2 / (8\pi G u_S)}$$

Man nennt ein exponentiell expandierendes Universum ein inflationäres Universum.

Lassen wir unsere fiktive inflationäre Phase etwa zur Zeit der GUT-Bedingungen ($E_{\mathrm{GUT}} \approx 10^{15}$ GeV) ablaufen, können wir τ abschätzen: Unter Beachtung der Dimension von $u(t)$ erhalten wir durch geeignete Kombination von fundamentalen Naturkonstanten

$$\begin{aligned} u_S &\approx E_{\mathrm{GUT}}^4 / (\hbar c)^3 \approx 10^{60}\,\mathrm{GeV}^4 / (7{,}68 \cdot 10^{-42}\,\mathrm{GeV}^3\mathrm{cm}^3) \\ &\approx 1{,}3 \cdot 10^{101}\,\mathrm{GeVcm}^{-3} \\ &\approx 2 \cdot 10^{91}\,\mathrm{Jcm}^{-3} = 2 \cdot 10^{97}\,\mathrm{Jm}^{-3} \end{aligned}$$

$$\mathit{und}\; \tau \approx 10^{-36}\; s$$

Das Ergebnis dieser Abschätzung besagt, daß in ca. 10^{-34} s die Ausdehnung des Universums um einen Faktor $e^{100} \approx 10^{43}$ gewachsen ist!

Welche Konsequenzen hätte eine Inflationsphase hinsichtlich der oben diskutierten Schwierigkeiten des einfachen Urknall-Modells?

Wenn wir die obigen Überlegungen der Einfachheit halber auch nur anhand eines flachen Universums durchgeführt haben, hat das Ergebnis des exponentiellen Wachsens aller Entfernungen Allgemeingültigkeit. Welche Krümmung der Raum zu Beginn der Inflationsphase auch hatte, danach erscheint er auf jeden Fall nahezu flach, weil durch die Aufblähung um viele Zehnerpotenzen jede Krümmung bis zur Unkenntlichkeit verringert wird. Der Dichteparameter Ω wird praktisch 1, unabhängig davon, welchen Wert er vor der Inflation hatte.

Auch das Horizontproblem löst sich durch ein inflationäres Intermezzo von selbst. Bereiche, deren Ausdehnung kleiner als der Horizontabstand war und deren Teile deshalb ursächlich miteinander verbunden waren, explodieren in eine Größenordnung, die um vieles größer ist als der Horizontabstand. Unser beobachtbares Universum heute entstand aus einem kausal verbundenen Bereich im thermischen Gleichgewicht und ohne große Inhomogenitäten.

Nach einer Inflationsära sieht jedes Universum etwa wie das unsere aus, völlig gleichgültig, wie der Zustand vorher ausgesehen haben mag. Spezielle Anfangssituationen unmittelbar nach dem Urknallereignis verlieren für die weitere Entwicklung ihre Bedeutung und haben auf diese keinen Einfluß mehr. Die Idee einer inflationären *de Sitter*-Phase ist zweifellos bestechend, räumt sie doch schwerwiegende Probleme des traditionellen Urknall-Modells mit einem Handstreich aus der Welt. Sie würde aber wahrscheinlich als metaphysische Spekulation von der Mehrheit abgelehnt werden, stellten nicht die Theorien der „großen Vereinigung" (siehe III,3) die Ingredienzien für ein denkbares Inflationsszenario bereit. Es ist hier nicht der Platz, um auf die Entwicklungsgeschichte und Probleme inflationärer Modellvorstellungen eingehen zu können. Der Leser findet eine ausgezeichnete Übersicht über die kosmologische Inflationsproblematik in den allgemeinverständlich geschriebenen Aufsätzen desjenigen Autors, auf den die Idee einer inflationären Frühphase zurückgeht: *Alan*

H. Guth vom MIT / USA [Guth 1984, 1989, 1990, 1992]. Die wichtigsten Originalarbeiten zum inflationären Universum sind in [Abbott 1986] zusammengestellt worden. Statt dessen soll hier nur der prinzipielle Mechanismus einer inflationären Entwicklung aufgezeigt werden, wie er sich in Anlehnung an wesentliche Elemente der GUT-Theorien etwa um die Zeit $t \approx 10^{-36}$ s bis $t' \approx 10^{-34}$ s über eine Dauer von $\Delta t \approx 100t$ zugetragen haben könnte.

Während der Zeit, als die Starke und die Elektroschwache Kraft sich nicht unterschieden, also symmetrisch in Erscheinung traten ($E >$ 10^{14} GeV, $T > 10^{27}$ K, $t < 10^{-34}$ s enthielt der Raum (das Vakuum) die sog. *Higgs*-Felder, welche die GUT-Theorien zur Bewältigung der spontanen Symmetriebrechung benötigen („*Higgs*-Mechanismus", siehe III,3). Verbunden mit den *Higgs*-Feldern ist eine gewisse Energiedichte des Vakuums (potentielle Energie) mit der seltsamen Eigenschaft, daß diese dort am größten ist, wo die Felder verschwinden. Abbildung IV.8 zeigt einen heute für den Urknall favorisierten Potentialverlauf für zwei *Higgs*-Felder. Das Potentialgebirge ist rotationssymmetrisch bezüglich der vertikalen Achse. Der von der Natur stets angestrebte Zustand kleinster Energie wird dann angenommen, wenn die *Higgs*-Felder bestimmte endliche Werte annehmen (Talsohle in Abbildung IV.8). Er stellt den Zustand des „wahren Vakuums" dar, in dem die *Higgs*-Felder nicht sämtlich verschwinden. Der symmetrische Zustand, in dem alle *Higgs*-Felder verschwinden, das „falsche Vakuum", ist auf Dauer nicht stabil. Der Phasenübergang vom „falschen" in das „wahre Vakuum" ist mit einer spontanen Symmetriebrechung verbunden und verleiht den Eichbosonen Masse ($\approx 10^{14}$ GeV/c^2 für die X-Bosonen der GUT und $\approx 10^2$ GeV/c^2 für die W- und Z-Bosonen der Elektroschwachen Theorie).

Im Zustand des „falschen Vakuums" ist der Raum mit Vakuumenergie angefüllt. „Raum" und „Vakuumenergie" sind synonym! Wächst der Raum, wächst der Inhalt an Vakuumenergie, so daß die Energiedichte konstant bleibt. Die Vakuumenergie ist unabhängig von der Energie der Materie im Raum. Wenn nun im Zuge der Abkühlung des Universums als Folge der Urknall-Expansion die materielle Energiedichte unter den Wert der Vakuumenergiedichte sinkt, strebt die Energiedichte eine Konstante an und ändert sich nicht mehr trotz anhaltender Expansion. Letztere wird dann inflationär: der Raum wächst exponentiell. Die Inflationsära endet und das Universum kehrt in einen normal expandierenden Zustand zurück, nachdem sich das Vakuum durch spontane Symmetriebrechung von dem „falschen" in den „wahren" Zustand gewandelt hat. Die Ausdehnung des Raumes hat während der Inflationsphase nach den Modellrechnungen der Experten (siehe auch Abschätzung oben) um 30 bis 50 Zehnerpotenzen an Größe zugenommen. Die Energiedichte der vor der Inflation vorhandenen Materie ist praktisch auf den Wert Null abgeklungen. Woher stammt dann aber die heute wahrnehmbare Materie, woraus ging beispielsweise unsere Erde hervor und woher kommen wir Menschen? Antwort: Aus der Vakuumenergie, die sich bei dem Phasenübergang der spontanen Symmetriebrechung in Masse der GUT-Eichbosonen (X-Bosonen) transformiert. Letztere zerfallen, wie berichtet, in die bekannten Teilchen auf der Energieskala der irdischen Beschleuniger und des gegenwärtigen Universums. Der Zerfall der X-Bosonen verletzt die *CP*-Symmetrie, wodurch sich die Asymmetrie von Materie und Antimaterie erklärt. In IV,3 wurde erläutert, warum wir als Folge der Inflationsära nach den GUT-Modellen in einem Materie-Universum ohne Antimaterie leben. Das materielle Universum ist ein Ergebnis der Inflation!

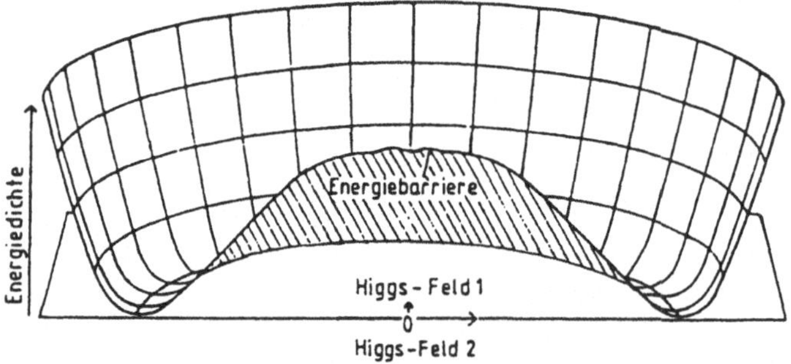

Abb. IV.8: Möglicher Potentialverlauf zweier *Higgs*-Felder eines kosmologischen Modells mit inflationärer Ära (nach [Guth 1984])

5 Das Problem der dunklen Materie

Abschätzungen der Masse der leuchtenden Materie im Universum ergeben einen Dichteparameter Omega (siehe IV,2) [Schramm 1992, Riordan 1993, Pretzl 1994] von

$$\Omega_L \cong 0{,}007$$

Danach wäre das Universum offen (siehe IV,2).

Aus der Häufigkeit der leichten Elemente kann man auf der Grundlage der Theorie der Nukleosynthese (siehe nächstes Teilkapitel) im Rahmen des Standardmodells einen Wert für den Dichteparameter baryonischer Materie ableiten, der wesentlich größer ist als Ω_L [Schramm 1992, Riordan 1993, Pretzl 1994]:

$$\Omega_{NS} \cong 0{,}02\, h^{-2};\; 0{,}4 \leq h \leq 1{,}0$$

Das bedeutet, daß im Universum eine große Masse nichtleuchtender baryonischer Materie existieren sollte (z. B. in Form von Schwarzen Löchern, Neutronensternen, braunen und weißen Zwergen, Jupiter ähnlichen Objekten, Gaswolken u. a.). Messungen mit dem Röntgen-Satelliten ROSAT zeigen, daß viele Galaxienhaufen große Mengen heißen Gases enthalten. Durch diesen Befund wird das Problem der Diskrepanz zwischen Ω_L und Ω_{NS} etwas entschärft. Aus der Beobachtung der gravitativen Wechselwirkung der Galaxien und der daraus resultierenden Dynamik kann man mit Hilfe der *Newton*schen Mechanik schließen, daß die Massen der Galaxien typischerweise zehnmal so groß sein müssen als wir aufgrund der leuchtenden Materie vermuten. Galaxien scheinen von nichtleuchtenden Halos umgeben zu sein. *James Peebles* und *Jeremiah Ostriker* haben in Princeton die Stabilität von Spiralgalaxien untersucht und herausgefunden, daß diese scheibenförmigen Galaxien auseinanderfielen, wären sie nicht in einen etwa kugelförmigen Halo unsichtbarer Materie eingebettet, dessen Masse mindestens so groß wie die der sichtbaren Scheibe sein muß. Dünne rotierende Scheiben, die nur von der Gravitation zusammengehalten werden, sind instabil. Die Rotationsbewegungen einzelner Galaxien lassen auf einen Ω-Beitrag nichtleuchtender Materie von

$$\Omega_{\text{Halo}} \cong 0{,}1$$

schließen [Schramm 1992, Riordan 1993].

Betrachtet man Galaxienhaufen (Cluster) von größenordnungsmäßig 10^3 Galaxien und berechnet mit statistischen Methoden eine mittlere Masse je Galaxie, bewegen sich die daraus erhaltenen Ω-Werte in einem Intervall, dessen untere Grenze mit Ω_{Halo} verträglich ist und dessen Schwerpunkt etwas höher liegt als Ω_{Halo}. Die Streuung der bei diesem Verfahren ermittelten Werte berücksichtigend, schreiben wir

$$\Omega_{\text{Cluster}} \cong 0{,}2 \pm 0{,}1$$

Ω-Werte derselben Größenordnung lassen sich aus der Wirkung von Galaxienhaufen als Gravitationslinsen für weit entfernte Quasare und Galaxien ableiten [Schramm 1992, Riordan 1993].

Neuere Untersuchungen zur Dynamik kosmischer Objekte auf einer noch größeren Entfernungsskala als die der Galaxienhaufen ergeben Omegawerte, die mit dem theoretischen Wert des inflationären Standardmodells ($\Omega_{\text{ISM}} = 1$) verträglich sind [Dekel 1991, Kaiser 1991]:

$$\Omega_{> \text{Cluster}} \cong 1$$

Fassen wir zusammen:

Sowohl aus der Dynamik von Galaxien und Galaxienhaufen als auch aus der Stabilität von Spiralgalaxien geht hervor, daß die sichtbar leuchtende Materie höchstens nur etwa ein Zehntel der Galaxienmaterie ausmacht. Deren auf diese Weise ermittelte Masse ergibt einen Wert des Dichteparameters Ω zwischen 0,1 und 0,3. Großräumige Beobachtungen der Bewegung vieler Galaxienhaufen deuten darauf hin, daß Ω noch wesentlich größer sein könnte. Berücksichtigt man die beobachtete Häufigkeit leichter Elemente, die mit der Theorie der Nukleosynthese in Einklang ist (siehe IV,6), kann man schließen, daß die im Universum nachweisbare dunkle Materie nicht ausschließlich aus baryonischer Materie bestehen kann. Ein großer, ja vielleicht sogar der größte Teil der Masse des Universums kann nicht aus Quarks bestehen. Er muß vielmehr von Teilchen gebildet werden, die aus den ersten Augenblicken des Urknalls übriggeblieben sein könnten. Denkbar wären z.B. irgendwelche SUSY-Teilchen und/oder, WIMPs (= **W**eakly **I**nteracting **M**assive **P**articles). Auch Neutrinos könnten wesentlich, aber nicht ausschließlich zur dunklen Materie beitragen, falls sie eine Masse besitzen (siehe Problem der Neutrino-Massen in II,6).

Das auf Beobachtungsfakten beruhende Problem der dunklen Materie ist nicht zu verwechseln mit dem Problem des absoluten Wertes von Ω_0, der nach den Inflationstheorien genau eins betragen sollte. Mit beiden Problemen tappt die Wissenschaft zur Zeit noch im Dunkeln [Riordan 1993, Pretzl 1994].

6 Urknall-Nukleosynthese und die Zahl der Generationen der fundamentalen Teilchen (Leptonen und Quarks)

Wie in IV,3 ausgeführt wurde, setzte nach etwa 4 bis 5 Minuten nach dem Urknall mit der Bildung von Deuterium (D) die Synthese leichter Atomkerne bei einer Temperatur von etwa 10^9 K ein. Aufbauend auf der Deuteriumproduktion wurden über die nachfolgend aufgeführten Kernreaktionen Tritium (T), Helium-3 (^{3}He) und Helium-4 (^{4}He) gebildet:

T : D(n,γ)T; D(D,p)T;
^{3}He : D(p,γ) ^{3}He; D(D,n) ^{3}He;
^{4}He : T(p,γ)^{4}He; T(D,n) ^{4}He; ^{3}He(n,γ) ^{4}He; ^{3}He(D,p) ^{4}He;
^{3}He(^{3}He,2p) ^{4}He; D(D,γ) ^{4}He.

Fast alle Neutronen wurden auf diese Weise schrittweise letztendlich in ^{4}He-Kernen gebunden. Da es keinen stabilen Kern mit der Massenzahl A = 5 gibt, und da auch die Fusion zweier ^{4}He-Kerne zu einem instabilen Kern (^{8}Be) führt, brach mit der Bildung von ^{4}He die Reihe der Kernreaktionen praktisch ab. Nur in sehr geringen Mengen konnten sich Kerne mit der Massenzahl 7 bilden:

$^4He(T,\gamma)^7Li$;
$^4He(^3He,\gamma)^7Be$
→ ^7Li (durch Elektroneinfang)

Die Coulombbarriere für letztere Reaktionen ($\approx$ 1 MeV) liegt um eine Größenordnung höher als die mittlere kinetische Energie der Reaktionspartner im thermischen Gleichgewicht unterhalb der Deuterium-Schwellentemperatur T_D. Deshalb ereignen sich die Reaktionen nur über den quantenmechanischen Tunneleffekt. Aus der Bedingung, daß sich alle Neutronen, die bei Erreichen der Einfriertemperatur T^* (siehe IV,3) vorhanden waren (der Betazerfall des Neutrons in der Zeit zwischen dem Erreichen des Einfrierpunktes und dem Einsetzen der Nukleosynthese (3–4 min) sei für unsere Abschätzung hier außer Betracht gelassen), nach der Nukleosynthese in ^{4}He-Kernen wiederfinden, läßt sich der Massenbruch $Y_{He} = m_{He} / (m_{He} + m_p)$ mit Hilfe der relativen Neutronenzahl X_n aus IV,3 leicht abschätzen:

$$Y_{He} = m_{He} / (m_{He} + m_p) \approx (4X_n / 2) / (4X_n / 2 + (X_p - X_n))$$
$$= 4X_n / (4X_n + 2(1 - 2X_n)) = 2X_n,$$

wobei $m_{He} = \frac{n_n}{2} 4\overline{m}_N$ und $m_p = (n_p - n_n)\overline{m}_N$ gesetzt wurde;

$\overline{m}_N$ bedeutet mittlere Nukleonenmasse und $X_p = 1 - X_n$; n_n und n_p sind die Teilchenzahldichten der Neutronen und Protonen.

Mit $X_n \approx 1/7$ erhält man

$$Y_{He} \approx 2/7 = 28{,}6\%.$$

Genauere Rechnungen unter Berücksichtigung des Betazerfalls des Neutrons ergeben etwa

$$Y_{He} \approx 24\%.$$

Dieser ^{4}He-Anteil sollte bis auf kleinere Korrekturen durch die ^{4}He-Produktion in Sternen bis heute unverändert sein.

In die Berechnung von Y_{He} geht v. a. der genaue Wert von X_n ein, der seinerseits von der Einfriertemperatur T^* abhängt. In die Ermittlung von T^* gehen die Wirkungsquerschnitte der in IV,3 genannten Neutrinoreaktionen ein, die sich durch die Lebensdauer des Neutrons ausdrücken lassen. Die Halbwertszeit des Neutrons ist heute auf etwa 0,2 % genau bekannt [Particle Data Group 1994]:

$$T_{1/2}(\mathrm{n}) = 10{,}25 \pm 0{,}02 \text{ min}$$

Je größer $T_{1/2}(\mathrm{n})$ ist, desto geringer ist die Schwache Kopplungskonstante und desto kleiner werden die Reaktionsraten, welche n in p überführen, und desto höher ist folglich die Einfriertemperatur T^* und der relative Neutronanteil X_n. Da die endgültige ^{4}He-Häufigkeit von X_n abhängt, ist Y_{He} um so größer, je größer $T_{1/2}(\mathrm{n})$ ist.

Die ^{4}He-Ausbeute hängt ferner entscheidend von der Zahl der Neutrinoarten (d. h. der Zahl der Leptongenerationen) ab. Die Neutrinopartner der schwereren Leptonen μ und τ spielen aus Energiegründen zwar keine Rolle bei der $\mathrm{n} \rightarrow \mathrm{p}$ Konvertierung, sie tragen aber zur Energiedichte bei (vergl. IV,3). Nach der *Friedmann*-Gleichung (siehe IV,2) ist das Quadrat der Expansionsrate für ein flaches Universum proportional zur Energiedichte. Deshalb steigt mit der Zahl der Neutrinoarten die Expansionsrate. Je stärker das Universum expandiert, desto höher ist der Bruchteil an Neutronen bei der Einfriertemperatur, die mit der Zahl der Neutrinoarten steigt, und desto höher ist die ^{4}He-Ausbeute. Während die ^{4}He-Produktion relativ schwach vom Verhältnis η der Zahl der Nukleonen zur Zahl der Photonen abhängt, reagiert die Ausbeute an den anderen leichten Nukliden empfindlich auf eine Änderung des η-Parameters, wie aus Abbildung IV.9 zu entnehmen ist. Diese Abbildung zeigt auch den Einfluß der Zahl der Neutrinospezies auf die ^{4}He-Häufigkeit. Die Ausbeutekurven wurden für $T_{1/2}(\mathrm{n}) = 10{,}6$ min berechnet; der eingezeichnete Fehlerbalken entspricht einer Variation $\Delta T_{1/2}$ von $\pm 0{,}2$ min.

Im Unterschied zu den theoretischen Berechnungen zur Nukleosynthese sind die experimentellen Daten zur Häufigkeit leichter Elemente mit großen Unsicherheiten behaftet. Es kann hier nicht auf die experimentellen Untersuchungsmethoden und die Beobachtungsfehler eingegangen werden (siehe z.B. [Dominguez-Tenreiro 1988, Kolb 1990, Börner 1993]). Faßt man die Forschungsergebnisse zusammen, ergibt sich folgendes Bild: Aus den D- und ^{3}He-Häufigkeiten läßt sich η eingrenzen auf

$$4 \cdot 10^{-10} < \eta < 10 \cdot 10^{-10}.$$

Die ^{7}Li-Studien ergeben

$$1 \cdot 10^{-10} < \eta < 7 \cdot 10^{-10}$$

Beide Intervalle überlappen für

$$4 \cdot 10^{-10} < \eta < 7 \cdot 10^{-10}.$$

Dieses Intervall ist in Abbildung IV.9 gestrichelt eingezeichnet.

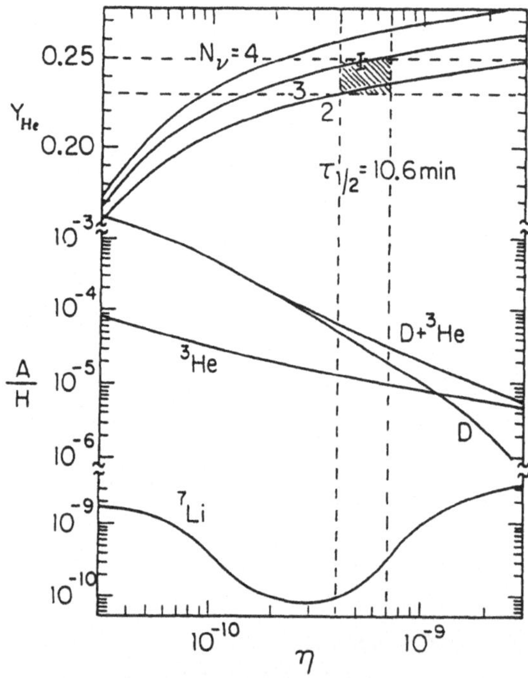

Abb. IV.9: Die Häufigkeit leichter Elemente aus der Nukleosynthese nach dem Standard-Urknallmodell (nach [Kolb 1990], siehe Text)

Alle Meßdaten zur ^{4}He-Häufigkeit liefern Massenverhältnisse Y_{He} im Bereich (siehe Abb. IV.9)

$$0{,}23 \leq Y_{He} \leq 0{,}25.$$

Die Streuung der Werte rührt hauptsächlich von den Schätzungen zu dem von den Sternen synthetisierten Helium-4 her.

Die der Abbildung IV.9 zugrundegelegte Halbwertszeit des Neutrons ist nach neuesten Daten etwas zu hoch (siehe oben). Verschiebt man die ^{4}He-Kurven etwas nach unten (so daß die Kurve von $N_\nu = 3$ durch das untere Ende des eingezeichneten Fehlerbalkens geht), so verläuft nur die Kurve für drei leichte Neutrinoarten (ν_e, ν_μ, ν_τ) mitten durch den Überlappungsbereich der beiden in Abbildung IV.9 eingezeichneten Intervalle (siehe [Börner 1993]. Die Berechnungen zur Nukleosynthese nach dem Urknall-Modell im Verein mit den Meßdaten zur Häufigkeit der leichten Nuklide D, ^{3}He, ^{4}He und ^{7}Li aus der Urphase des Universums lassen unzweifelhaft den Schluß zu, daß mit sehr großer Wahrscheinlichkeit nur drei leichte Neutrinoarten und damit nur drei Generationen leichter Leptonen existieren.

Die Kosmologie macht hier eine eindeutige konkrete Aussage zu einer grundlegenden Frage, die bis vor nicht allzu langer Zeit noch ein brennendes offenes Problem der Teilchenphysik darstellte. Die an den 1989 in Betrieb gegangenen e^+e^--Kollisionsmaschinen neuester Generation (LEP am CERN und SLC am SLAC) arbeitenden Physiker hatten es sich u.a. zur Aufgabe gemacht, die aufsehenerregende Hypothese der Kosmologen zu überprüfen. Spätestens seit der 25. internationalen Hochenergiekonferenz in Singapur im August 1990, auf der die ersten Daten der neuen Super-Kollisionsmaschinen über das Z^0-Eichboson bekanntgegeben wurden [CERN 1990], kann die Vorhersage der Kosmologen als bestätigt angesehen werden. Es gibt in der Tat genau drei Arten (Aromen) leichter Neutrinos, die jeweils einer Leptongeneration angehören. Aus Symmetriegründen sollten nach den GUT-Vorstellungen demnach auch nur die drei schon bekannten Familien leichter Quarks existieren.

Was hat die Zahl der Neutrinoarten mit dem Z^0-Boson zu tun? Die Lebensdauer eines instabilen Teilchens ist über die Unschärferelation mit der „Energiebreite", d.h. der „Verschmierung" oder Unschärfe der Ruhenergie bzw. der Masse korreliert. Je länger ein instabiles Teilchen lebt, desto schärfer ist seine Masse definiert. Die Lebensdauer sehr kurzlebiger Objekte ($\tau < 10^{-15}$ s) kann am leichtesten über die Bestimmung der Massenunschärfe bestimmt werden.

Das Z^0-Boson koppelt Schwach an Leptonen und kann deshalb durch e^+e^--Annihilation erzeugt werden, vorausgesetzt die Schwerpunktsenergie reicht zur Erzeugung der Masse des Z^0-Teilchens aus. Nehmen wir einmal für einen Moment an, die Z^0-Masse habe einen exakt definierten Wert. Läßt man Elektronen und Positronen gleicher Energie frontal kollidieren, so sollten nur bei der Energie $E(e^-)+E(e^+) = mc^2(Z^0)$ die Z^0-Bosonen erzeugt und durch ihre Zerfallsprodukte nachgewiesen werden können. Der Wirkungsquerschnitt wäre im Idealfall eine Deltafunktion, im Realexperiment eine Nadelspitze. Verschmiert man nun aufgrund der kurzen Lebensdauer die Ruheenergie des Z^0, so kann man die Energieverteilung dadurch messen, daß man den Wirkungsquerschnitt für die Z^0-Produktion in Abhängigkeit von der Energie bestimmt. Praktisch geschieht dies dadurch, daß man die Energie der Kollisionsmaschine in der Nähe der Z^0-Energie sehr fein „durchstimmt" und die Rate der erzeugten Zerfallsteilchen als Funktion der Energie mißt. Man erhält dabei eine Art Resonanzkurve (siehe Abbildung IV.10); die Erzeugung des Z^0-Bosons kann als Resonanzanregung aufgefaßt werden. Wir haben bei der Diskussion des e^+e^--Annihilationsquerschnitts in Kapitel II,3 bereits eine Reihe von Resonanzteilchen kennengelernt.

Die Lebensdauer eines instabilen Teilchens hängt v. a. von der Anzahl der Zerfallsmöglichkeiten („Zerfallskanäle") ab. Je mehr Endzustände zur Verfügung stehen, desto größer ist die Zerfallswahrscheinlichkeit je Zeiteinheit, desto kürzer ist die Lebensdauer und desto breiter ist die Resonanzkurve des Produktionsquerschnitts, d.h. desto größer ist die Energiebreite. Das Z^0-Boson kann in Lepton- und Quarkpaare zerfallen, weil die Feldquanten der Schwachen Kraft ($W^\pm$, Z^0) sowohl an Leptonen als auch an Quarks koppeln:

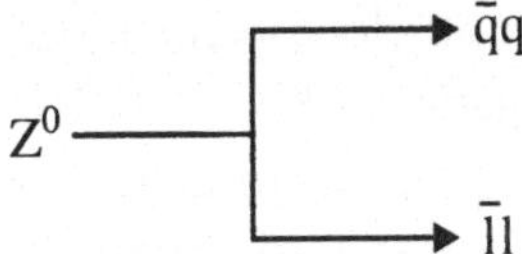

Zu den Leptonpaaren gehören auch Neutrinopaare. Diese lassen sich allerdings nicht direkt im Experiment nachweisen. Die Gesamtenergiebreite Γ_{Ges} setzt sich demnach additiv aus drei Teilbreiten zusammen:

$$\Gamma_{\text{Ges}} = \Gamma_{\text{geladene L.}} + \Gamma_{\text{Neutrinos}} + \Gamma_{\text{Quarks}}$$

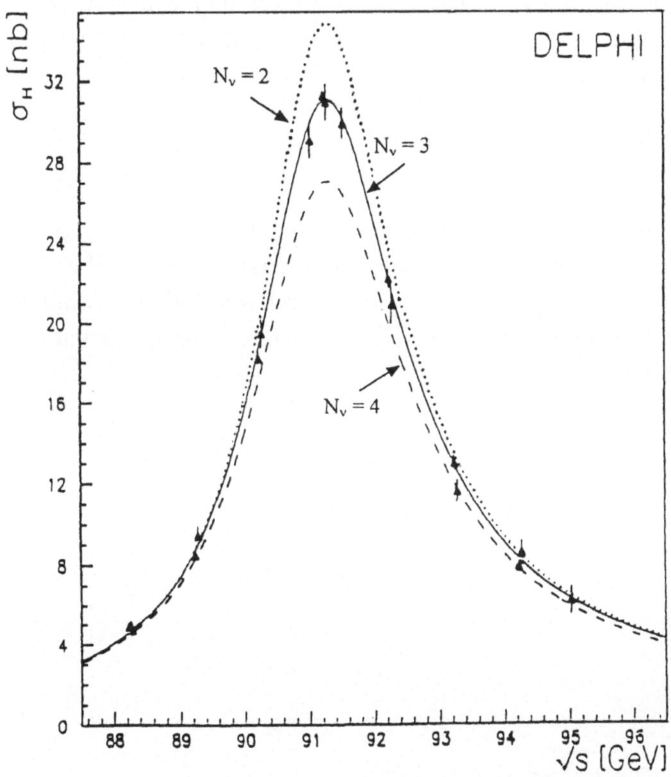

Abb. IV.10: Resonanzkurve des hadronischen Wirkungsquerschnitts σ_H für die Z^0-Erzeugung durch e^+e^--Annihilation (nach [Dydak 1990]) – Meßdaten des DELPHI-Experiments und theoretische Kurvenformen für $N_\nu = 2$, 3 u. 4

$\Gamma_{\text{Neutrinos}}$ hängt von der Zahl der Neutrinoaromen ab. Jede Neutrinoart trägt 167 MeV zur Gesamtbreite bei [Königsmann 1990]. Die Zahl der zur Gesamtbreite beisteuernden Neutrinoarten bestimmen die Teilchenphysiker dadurch, daß sie die nach dem Standardmodell berechenbare Resonanzkurve mit der experimentellen Resonanzkurve vergleichen (siehe Abbildung IV.10).

Die Kollisionsenergie der Speicherringe des LEP bei CERN kann auf 30 MeV (bei 100 GeV!) genau eingestellt werden. Dadurch und aufgrund der guten Statistik war es möglich, die Resonanzkurve mit hoher Präzision zu vermessen. Typische Meßdaten eines der 4 LEP-Experimente (DELPHI) sind zur Illustration in Abbildung IV.10 wiedergegeben [Dydak 1990]. Die CERN-Physiker haben aus dem genauen Verlauf dieser Z^0-Anregungskurve die Zahl der leichten Neutrinoarten bzw. die Zahl der leichten Leptonfamilien zu

$$N_\nu = 2{,}980 \pm 0{,}027$$

ermittelt [LEP 1993].

Damit ist in einem Beschleunigerexperiment mit hoher Zuverlässigkeit bestätigt worden, was Kosmologen oder Astrophysiker mit ihren Teleskopen – und gestützt auf das Urknall-Modell – vorhergesagt haben, ein bislang einmaliges Ereignis der beiden vermählten Naturwissenschaften!

Rück- und Ausblick

Das Standardmodell (SM) der Teilchenphysik, eine Zusammenfassung der Quantenfeldtheorien (QFT) der Elektroschwachen Wechselwirkung (*Weinberg-Salam*-Modell) und der Starken Wechselwirkung (Quantenchromodynamik (QCD)) hat sich bis zur Drucklegung dieses Buches als äußerst erfolgreich erwiesen. Es gibt keine experimentellen Befunde, die wirklich im Widerspruch zu Voraussagen des SMs stehen. Die jüngste Entdeckung des vom SM geforderten Top-Quarks (1994) stellt vorläufig den krönenden Abschluß einer Serie bahnbrechender Experimente zur Physik des SMs dar. Zur Erinnerung seien noch einmal einige der hier im Rahmen der Diskussion des SMs behandelten Highlights genannt: Nachweis der Quarkstruktur der Hadronen und der Existenz der Gluonen durch tiefinelastische Lepton-Nukleon-Streu- und Elektron-Positron-Annihilationsexperimente, Entdeckung der neutralen Ströme und die Erzeugung der intermediären Vektorbosonen Z^0 und $W^{\pm}$ der Elektroschwachen Wechselwirkung, Präzisionsmessungen zur Bestimmung charakteristischer Parameter des SMs und als Test der Auswirkungen von quantenfeldtheoretischen Strahlungskorrekturen.

Ein wesentliches Element der Theorie des SMs konnte allerdings bisher experimentell noch nicht nachgewiesen werden: das *Higgs*-Teilchen der Elektroschwachen spontanen Symmetriebrechung, die unterhalb einer Energie von etwa 200 GeV zur Separation von Elektromagnetischer und Schwacher Wechselwirkung führt. Es sollte im Verein mit den gesicherten massiven Vektorbosonen der Schwachen Kraft auftreten. Es ist eine offene Frage der Teilchenphysik, ob es den sog. *Higgs*-Mechanismus, der im SM den Schwachen Vektorbosonen ihre Masse verleiht, überhaupt gibt. Sollte sich das Elektroschwache *Higgs*-Teilchen eines Tages zu erkennen geben, bedeutete dies nicht nur eine weitere entscheidende Bestätigung des SMs, sondern hätte darüber hinaus richtungsweisende Konsequenzen sowohl für die Weiterentwicklung der quantenfeldtheoretischen Konzepte hin zu einer alle fundamentalen Wechselwirkungen einschließenden einheitlichen Theorie der Elementarteilchen als auch für die Lösung von Problemen der Kosmologie hinsichtlich der Entwicklung und der Struktur des Universums. Wir haben in IV gesehen, daß theoretische Konzepte der „großen Vereinigung" (GUT) eine wesentliche Stütze des kosmologischen Standardmodells bilden. Danach gab es nach Abkopplung der Gravitation aus der „Urkraft" bei der *Planck*-Energie von 10^{19} GeV in einer Frühphase, über deren Physik noch keine klaren Modellvorstellungen existieren, noch zwei symmetriebrechende Phasenübergänge, nämlich bei der Verselbständigung der Starken und der Schwachen Kraft (von letzterem Prozeß war oben gerade die Rede) aus dem jeweiligen Kräfteverbund. Beide Prozesse der spontanen Symmetriebrechung können nach einem *Higgs*-Mechanismus abgelaufen sein. Sollte sich das vom SM geforderte *Higgs*-Teilchen des letzten kosmologischen Phasenübergangs am Proton-Proton Speicherring LHC des CERN (siehe unten), nicht offenbaren, d. h. sollte sich der *Higgs*-Mechanismus als ein Mißkonzept herausstellen, bricht das Gebäude des SMs nicht gleich zusammen. Wie in III,3 berichtet, arbeiten Theoretiker längst an Alternativmodellen, die zu gegebener Zeit aus der Schublade geholt werden können.

Daß die Hochenergiephysiker dem *Higgs*-Teilchen so viel Aufmerksamkeit widmen und seine Existenz mit allen nur erdenklichen Methoden und großem Aufwand nachzuweisen versuchen, geschieht natürlich nicht aus dem Wunsch heraus, den Teilchenzoo um ein weiteres Teilchen zu bereichern und die Theorie des SMs ein weiteresmal zu bestätigen, sondern die Aufklärung des zugegebenermaßen recht künstlich anmutenden *Higgs*-Mechanismus oder eventueller Ersatzmechanismen könnte vielleicht einmal zur Lösung eines fundamentalen Problems der Teilchenphysik beitragen: der Ursprung der Massen der fundamentalen Teilchen. Letzten Endes geht es darum, das Massenspektrum der Quarks und Leptonen zu begreifen. Das Verständnis dieses Spektrums könnte einen ähnlichen Erkenntnisschub bewirken wie seinerzeit die quantenmechanische Erklärung des

Wasserstoffspektrums in der Atomphysik. Wir wissen bis heute nicht, warum die Massen der Quarks und der Leptonen gerade die Werte haben, die sie haben. Mit der Entdeckung des Top-Quarks wurde das Massenproblem in besonders augenfälliger Weise erneut bewußt. Warum ist das Top-Quark so viel schwerer als sein Gefährte der dritten Generation, das Bottom-Quark (~ 170 GeV im Vergleich zu ~ 5 GeV)? Noch drastischer tritt das Massenproblem bei dem in II,6 diskutierten Problem der Neutrino-Massen in Erscheinung. Wenn z. B. das Elektron-Neutrino überhaupt eine Masse besitzt, so beträgt diese nach experimentell ermittelten Obergrenzen nur einige Elektronenvolt und ist damit um fünf Größenordnungen (!) geringer als die seines elektrisch geladenen Partners in der ersten Leptongeneration, des Elektrons. Das Massenproblem, das u. a. auch das in IV,5 angesprochene Problem der dunklen Materie tangiert, führt uns unmittelbar zu den Defiziten des SMs.

Obwohl das SM so überaus erfolgreich ist, befriedigt es im Grunde in mancherlei Hinsicht nicht, und es ist unbestritten, daß es erweitert, modifiziert und in eine umfassendere Theorie integriert werden muß. Noch ist es eher ein Konglomerat von Konzepten und Postulaten als ein einheitliches Modell. Die Konzepte sind allerdings eingelassen in ein quantenfeldtheoretisches Fundament aus „lokaler Eichsymmetrie" und „spontaner Symmetriebrechung", das vermutlich von Modifikationen und Erweiterungen nicht erschüttert werden wird. Dem SM haften bestimmte Makel an, von denen im folgenden nur einige aufgezeigt werden können.

Als erstes muß hier eine erkenntnistheoretische Schwierigkeit genannt werden, die gewissermaßen inhaltliche Probleme des SMs zusammenfassend zum Ausdruck bringt: Niemand versteht so recht, warum das SM so außerordentlich erfolgreich ist. Zum zweiten ist es unbefriedigend, daß das SM sehr viele freie Parameter enthält, über deren Werte das Modell keinerlei Aussage macht, und die experimentell bestimmt werden müssen. Zu diesen freien Parametern zählen auch die Massen der fundamentalen Teilchen, wovon oben die Rede war. Das SM enthält darüber hinaus empirische Regeln, die nicht auf bekannte Grundprinzipien zurückgeführt werden können. Drittens kann das SM nicht erklären, warum es gerade zwei fermionische

Klassen fundamentaler Bausteine der Materie gibt, Leptonen und Quarks, und warum jede Teilchenklasse gerade aus drei Familien oder Generationen besteht, und nicht z. B. aus zwei oder vier. Außerdem macht das SM keine Aussage über Beziehungen zwischen den verschiedenen Generationen oder über Zusammenhänge zwischen den Quarks und Leptonen. Allein die Feststellung, daß die Summe der elektrischen Ladungen aller Quarks in jeder Generation bei Berücksichtigung des Farbfreiheitsgrades (d. h. eines Faktors 3 für jeden Quarktyp) gleich +1, die der Leptonen in der gleichen Generation gleich –1 ist, und damit die elektrische Gesamtladung für jede Generation gleich null ist, legt die Vermutung eines bislang dem SM verborgenen Zusammenhangs zwischen Quarks und Leptonen nahe. Bekannt ist nur, daß die Paarung in jeder Generation durch die Schwache Wechselwirkung bedingt wird, die jeweils die zu einer Generation gehörenden Teilchen ineinander umwandeln kann (Isospin-Symmetrie). Die augenscheinliche Symmetrie zwischen Leptonen und Quarks bildet die Grundlage der GUTs zur „großen Vereinigung" der Elektroschwachen und der Starken Kraft, die im SM noch nicht verwirklicht ist. Auf Grund dieser Symmetrie sollten sich Quarks in Leptonen umwandeln können, was zur Konsequenz hätte, daß das Proton nicht stabil wäre. Über den Stand der Forschung zum Protonzerfall wurde in III,3 berichtet. Die Experimente hierzu werden mit großem Aufwand in den nächsten Jahren fortgesetzt.

Das Generationenschema wirft unmittelbar die Frage auf, ob es sich bei den Teilchen der zweiten und dritten Generation vielleicht um Anregungszustände der ersten Generation handeln könnte. Dies aber implizierte eine Substruktur der Fermionen, für die es bis heute keine experimentellen Hinweise gibt und aus Energiegründen wohl auch noch nicht geben kann. Überlegungen hierzu wurden in III,3 angedeutet. Wenn aber eine Substruktur vorliegt, warum gibt es dann nur zwei Anregungszustände? Der Gedanke einer Zusammensetzung der Quarks und Leptonen aus elementareren Gebilden wird beflügelt durch den oben angesprochenen Wunsch nach einer Reduzierung der Zahl freier Parameter und a priori-Annahmen. Die uns bekannte Materie im Universum besteht ausschließlich aus den Teilchen der ersten

Generation, befindet sich also nach dieser Vorstellung auf Grund der tiefen Temperatur im Grundzustand.

Theorien, die über das Standardmodell hinausgehen, ohne eine innere Struktur der Quarks und Leptonen anzunehmen, stehen zur Zeit höher im Kurs. Hierher gehören die GUTs, die durch die experimentelle Bestätigung einer Annäherung der Kopplungskonstanten der fundamentalen Kräfte mit steigender Energie („laufende“ Kopplungskonstanten) Auftrieb erhalten. Ebenfalls eine Vereinigung der in der Teilchenphysik relevanten fundamentalen Kräfte streben die in III,3 diskutierten supersymmetrischen Theorien (SUSY-Theorien) an, die groß im Schwange sind. Die Einbeziehung der Gravitation in die große Vereinigung aller Kräfte ist nur im Rahmen lokaler supersymmetrischer Theorien möglich („Supergravitation“). Ob sich auf diesem Feld die „Superstring“-Idee behaupten wird, ist nicht vorhersagbar, wie überhaupt alle über das SM hinausgehende theoretischen Ansätze als Spekulation anzusehen sind. Wenn auch die GUTs und SUSY-Theorien für einen Energiebereich konzipiert werden, der mit irdischen Beschleunigern höchstwahrscheinlich nie erreicht werden wird ($\geq 10^{16}$ GeV), so liegen z. B. die berechneten Werte der Massen einiger supersymmetrischer Partner der fundamentalen Fermionen und Feldbosonen des SMs in einem Bereich (0,3 bis 1 TeV), der mit dem zukünftigen Proton-Proton-Speicherring LHC des CERN auf Quarkebene erreichbar sein wird (siehe unten). Das bedeutet, daß SUSY-Vorhersagen im ersten Jahrzehnt nach der Jahrtausendwende voraussichtlich experimentell überprüft werden können. Stabile SUSY-Teilchen sind auch attraktive Kandidaten für die dunkle Materie im Universum. Mit der Aussicht, Spekulationen experimentell zu testen, kommen wir abschließend zu einem kurzen Resümee der Situation der experimentellen Teilchenphysik.

An den Beschleunigern und Speicherring-Kollisionsmaschinen werden in der zweiten Hälfte der neunziger Jahre die Präzisionsmessungen zur Bestimmung wichtiger Größen des SMs fortgesetzt. Nach Verdopplung der Strahlenergie des LEP durch Einbau supraleitender Hochfrequenzresonatoren, die zur Beschleunigung der Elektronen und Positronen dienen, wird man bei CERN ab 1996 in der Lage sein, die geladenen intermediären Vektorbosonen $W^{\pm}$ in großer Zahl zu erzeugen und deren charakteristische Parameter mit vergleichbarer Präzision wie beim neutralen Partner Z^0 zu bestimmen. An der weltgrößten Elektron-Proton-Kollisionsmaschine HERA des DESY in Hamburg werden die begonnenen Arbeiten zur Aufklärung der Quark- und Gluonenstruktur des Protons und zur Elektron-Nukleon-Streuung, die bereits zu aufsehenerregenden neuen Erkenntnissen geführt haben, auf die in diesem Buch nicht eingegangen wurde, fortgesetzt. Verschiedene sog. B-Mesonen-Fabriken, Einrichtungen mit besonders intensiven B-Mesonen-Strahlen, widmen sich weltweit verstärkt dem Studium des exotischen Phänomens der Verletzung der *CP*-Symmetrie der Schwachen Wechselwirkung, mit der wir uns in II,6 beschäftigt haben. Das $B^0 - \overline{B}^0$-System verspricht über das untersuchte $K^0 - \overline{K}^0$-System hinausgehende Informationen zur Verletzung der *CP*-Symmetrie bereitzuhalten. Wie in II,6 ausführlich dargestellt, werden sich in den nächsten Jahren eine ganze Reihe von Experimenten die Neutrinos vornehmen, um das gegenwärtig wohl brennendste gemeinsame Problem der Teilchen- und Astrophysik, die Frage nach der Neutrino-Masse, zu lösen und die damit verknüpfte Auseinandersetzung zwischen Sonnen- und Neutrinophysikern zu schlichten.

In I,1 wurde berichtet, daß im Oktober 1993 der amerikanische Kongreß den Bau der 1987 von Präsident *Ronald Reagan* genehmigten weltweit größten Proton-Proton-Kollisionsmaschine, des „Superconductor Super Collider“ (SSC) mit einem Tunnelumfang von 87 km und einer Schwerpunktsenergie von 40 TeV abrupt beenden ließ. Die erwarteten Kosten des ehrgeizigen Projekts hatten sich bis dahin gegenüber den ursprünglich veranschlagten Kosten mehr als verdoppelt, und die Bereitschaft zur Ausgabe gigantischer Summen an Steuergeldern für die Grundlagenforschung hatte mit dem Fall des Kommunismus und dem Ende des Kalten Krieges deutlich abgenommen. Damit war der Traum der amerikanischen Physiker verflogen, als erste in das verheißene Land der Spekulationen jenseits des SMs vorzustoßen. Die europäische Konkurrenz hatte, das Unheil ahnend, mit einem etwas bescheideneren, aber in der Leistung vergleichbaren Projekt in den Startlöchern gelauert. Der Bau des „Large Hadron Collider“ (LHC), der in den vorhandenen LEP-Tunnel eingebaut und von den am CERN vorhandenen Beschleunigern PS und SPS als Vorbeschleuniger gespeist werden kann, wurde ein Jahr nach dem Fall des SSC vom Rat der CERN-Mitgliedsstaaten beschlossen. Seitdem wirbt der CERN nicht ohne Erfolg für eine Beteiligung von Nichtmitgliedstaaten, wie z. B. USA, Japan, Rußland u.a., an dem LEP-Programm. Er plant für den LHC eine ähnliche Organisationsstruktur wie bei DESY, wo viele Institutionen rund um den Globus mit eigenen Gerätschaften und Personal an den großen Experimenten in internationalen Kollaborationen beteiligt sind. Im LHC können nicht nur Protonen, sondern auch Schwerionen beschleunigt, gespeichert und frontal aufeinander geschossen werden. Mit dem Physikprogramm soll im Jahr 2002 begonnen werden können.

Der LHC wird weltweit die erste Maschine sein, in der Quarks und Gluonen mit Energien im TeV-Bereich aufeinanderprallen. Diese Energien sollten ausreichen, um das *Higgs*-Teilchen der Elektroschwachen Symmetriebrechung – falls es überhaupt existiert – dingfest zu machen. Man hofft, bei diesen Energien eine tiefere Einsicht in die Natur der Symmetriebrechung im SM zu gewinnen. Man ist sich sicher, daß bei Erreichen der TeV-Skala neue herausragende Dinge passieren werden. Die „große Vereinigung" sollte sich in irgendeiner Form bemerkbar machen, SUSY-Teilchen müßten gefunden werden und eine eventuelle Substruktur der Quarks könnte sich andeuten. Es gibt viele Möglichkeiten, was auftreten könnte, aber keine von ihnen kann weder genau formuliert noch mit Sicherheit vorhergesagt werden. Der LHC ist zweifellos eine Maschine für Experimentatoren mit Pioniergeist. Er wird mit dem herausfordernden Ziel gebaut, neue Dinge zu finden, von denen man nicht a priori weiß, was sie sein und wie sie aussehen werden. An Überraschungen wird es nicht mangeln. Was auch immer der LHC an Neuem offenbaren werde, er wird die Hochenergiephysik ihrem Fernziel einer einheitlichen Beschreibung der fundamentalen Bausteine der Materie und ihrer Wechselwirkungen einen weiteren Schritt näher bringen. Manches, worüber in diesem Buch berichtet wurde, wird in einigen Jahren in einem neuen Licht erscheinen, vieles wird gar überholt sein.

Literaturverzeichnis

Abachi, S. et al. (D0 Collaboration), Phys. Rev. Lett. 74/14 (1995) 2632

Abbott, L. F./ Pi, S.-Y., Inflationary Cosmology (World Scientif. Publ., Singapore 1986)

Abe, F. et al. (CDF Collaboration), Phys. Rev. D 50/5 (1994) 2966

Abe, F. et al. (CDF Collaboration), Phys. Rev. Lett. 74/14 (1995) 2626

Albrecht, H., Phys. Bl. 49/11 (1993) 993

Amaldi, U. et al., Phys. Rev. D 36/5 (1987) 1385

Anselmann, P. et al., Phys. Lett. B 327 (1994) 377

Anselmann, P. et al., Phys. Lett. B 342 (1995) 440

Aubert, J. J. et al, Phys. Rev. Lett. 33 (1974) 1404

Augustin, J. E. et al., Phys. Rev. Lett. 33 (1974) 1406

Bahcall, J. N. and Pinsonneault, M. H., Rev. Mod. Phys. 64 (1992) 885

Bahcall, J. N., Neutrino Astrophysics (Cambridge Univ. Press, Cambridge 1989)

Barnes, V. E. et al., Phys. Rev. Lett. 12 (1964) 204

Bethe, H. A. and Peierls, R. E., Nature 133 (1934) 532

Bethge, K. und Schröder, U. E., Elementarteilchen (Wissensch. Buchgesellschaft, Darmstadt 1986)

Bjorken, J. D. / Drell, S. D., Relativistische Quantenfeldtheorie, BI Hochschultaschenbuch 101/101a* (Bibliographisches Institut, Mannheim 1967)

Bloom, E. D., Feldman, G. J., Spektrum d. Wissensch. 7 (1982) 26

Börner, G., The Early Universe, Texts and monographs in physics (Springer, Berlin 1993)

Born, M., Optik (Springer, Berlin 1972)

Breidenbach, M. et al., Phys. Rev. Lett. 23 (1969) 935

Broadhurst, T. J. et al., Nature 343 (1990) 726

Buchmueller, W., Quarkonium Spectroscopy, in: Dalpiaz, P., Fiorentini, G. and Torelli, G. (Ed.), Fundamental Interactions in Low Energy Interactions (Plenum Publ., New York 1985)

Bührke, T., Physik i. u. Zeit 21/5 (1990) 193

Burns, J. O., Spektrum d. Wissensch. 9 (1986) 78; Sehr große Strukturen im Universum in: Kosmologie und Teilchenphysik, Reihe Verständliche Forschung (Spektrum, Heidelberg 1990)

Carlson, A. G., Hooper, J. E. and King, D. T., Phil. Mag. 41 (1950) 701

Carosi, R. et al., Phys. Lett. B 237 (1990) 303

CERN Mitteilung, CERN Courier 35/1 (1995) 6

CERN Mitteilung, CERN Courier 30/7 (1990) 1
Chew, G. F. and Frautschi S., Phys. Rev. 123 (1961) 1478 und Phys. Rev. Lett. 8 (1962) 41
Christenson, J. H., Cronin, J. W., Fitch, V. L. and Turlay, R., Phys. Rev. Lett. 13 (1964) 138
Cowan, C. L. et al., Science 124 (1956) 103
Dekel, A., Streaming velocities and formation of large-scale structure, in: Barrow, J. D. (Ed.), Proc. 15th Texas Symposium on Relativistic Astrophysics (World Scientific, Singapore 1988)
Delphi-Studie 1993, Phys. Bl. 49/10 (1993) 862
Deutsch, M., Phys. Rev. 82 (1951) 455
Dodd, J. E., The ideas of particle physics (Cambridge Univ. Press, Cambridge 1988)
Dominguez-Tenreiro and Quirós, M., An Introduction to Cosmology and Particle Physics (World Scientific, Singapore 1988)
Dydak, F., Results from LEP and the SLC, CERN-PPE/91-14, Rapporteur's talk given at the 25th International Conference on High Energy Physics, Singapore, 2–8 August 1990
Faissner, H., Schwache Wechselwirkungen und Neutrinos, in: Süßmann, G. und Fiebiger, N. (Hrsg.), Atome, Kerne, Elementarteilchen (Umschau Verlag, Frankfurt a. M.)
Feynman, R. P., Kümmert Sie, was andere Leute denken? (Piper, München 1991)
Fowler, W. B. and Samios, N. P., Scient. Am. 10 (1964) 36
Freedman, D. Z., und van Nieuwenhuizen, P., Supergravitation und die Einheit der Naturgesetze, in: Teilchen, Felder und Symmetrien, Reihe Verständliche Forschung (Spektrum, Heidelberg 1986)
Friedman, I. and Telegdi, V. L., Phys. Rev. 105 (1957) 1681
Friedmann, A., Zeitschrift f. Physik 10 (1922) 377
Fritsch, G., Phys. i. u. Zeit 3 (1985) 86
Fukuda, Y. et al., Phys. Lett. B 335 (1994) 237
Gaillard, M., Nature 298 (1982) 420
Gamov, G., Biographie der Physik (Econ, Düsseldorf 1965)
Garwin, R. L., Ledermann, M. and Weinrich, M., Phys. Rev. 105 (1957) 1415
Gavrin, V. N., Phys. Rev. Lett. 67 (1990) 3332
Geller, M. J., Huchra, J., Science 246 (1989) 897
Gell-Mann, M. and Ne'eman, The eightfold way (W. A. Benjamin, New York 1964)
Gell-Mann, M., Phys. Lett. 8 (1964) 214

Genz, H./ Decker, R., Symmetrie und Symmetriebrechung in der Physik (Vieweg, Braunschweig 1991)

Georgi, H., Spektrum d. Wissensch. 6 (1981) 70 und in: Teilchen, Felder und Symmetrien, Reihe Verständliche Forschung, (Spektrum, Heidelberg 1986)

Georgi, H. and Glashow, S. L., Phys. Rev. Lett. 32 (1974) 438

Gibbons, L. K. et al., Phys. Rev. Lett. 70 (1993) 1199

Gibson, V., An experimental test of CPT invariance in the neutral kaon system, CERN-EP/89-94, Talk given at the 25th Anniversary of the Discovery of CP Violation, Chateau de Blois, France, 22–26 May 1989

Gottfried, K. / Weisskopf, V. F., Concepts of Particle Physics, Vol. I (Clarendon Press, Oxford 1984)

Green, M. B., Spektrum d. Wissensch. 11 (1986) 54

Greenberg, O. W., Phys. Rev. Lett. 13 (1964) 598

Guth, A. H. and Steinhardt, P. J., The inflationary universe, in: Davis, P. (Ed.), The New Physics (Cambridge Univers. Press, Cambridge 1989)

Guth, A. H. and Steinhardt, P. J., Spektrum d. Wissensch. 7 (1984) 80 und in: Kosmologie und Teilchenphysik, Reihe Verständliche Forschung (Spektrum, Heidelberg 1990)

Guth, A. H., The Big Bang and Cosmic Inflation, 1991 Oskar Klein Memorial Lecture, in: Ekspong, G. (Ed.), The Oskar Klein Memorial Lectures, Vol. 2 (World Scientif. Publ., Singapore 1992)

Haber, H. E. und Kane, G. L., Spektrum d. Wissensch. 8 (1986) 68

Halzen F., Martin, A. D., Quarks and Leptons (Wiley & Sons, New York 1984)

Han, M.-Y. and Nambu, Y., Phys. Rev. B 139 (1965) 1006

Hasert, F. J. et al., Phys. Lett. 46 B (1973) 121; Nucl. Phys. B 73 (1974) 1

Hawking, S., The edge of spacetime, in: Davis, P. (Ed.), The New Physics (Cambridge Univ. Press, New York u. a. 1989)

Heisenberg, W., Der Teil und das Ganze (Pieper & Co., München 1969)

Herb, S. W., et al., Phys. Rev. Lett. 39 (1977) 252

Hilscher, H., Elementarteilchen (Aulis, Köln 1980)

Hilscher, H., Physik u. Didaktik 1 (1985) 73

Hubble, E. P., Proc. Nat. Acad. Sci. 15 (1929) 169

Huchra, J. et al., Astrophys. J. 365 (1991) 66

't Hooft, G., Spektrum der Wissenschaft 8 (1980) 92

Illiopoulos, J., Contemp. Phys. 21/2 (1980) 159

Jackson, J. D., Tigner, M. und Wojcicki, S., Spektrum d. Wissensch. 5 (1986) 64

Kaiser, N., The density and clustering of mass in the universe, in: Barrow, J. D. (Ed.), Proc. 15th Texas Symposium on Relativistic Astrophysics (World Scientific, Singapore 1988)
Karlsson, M. et al., Phys. Rev. Lett. 64 (1990) 2976
Kendall, H. W. and Panofsky, W., Scient. Am. 6 (1971) 60
Kibble, T., CERN Courier 33/5 (1993) 22
Königsmann, K., Physik i. u. Zeit 21/1 (1990) 36
Kolb, E. W. and Turner, M. S., The Early Universe (Addison-Wesley, Redwood 1990)
Kühn, J. D., Physik u. Didaktik 1 (1980) 62
Krane, K. S., Introductory Nuclear Physics, chapt. 19 (John Wiley & Sons, New York 1988)
Lapparent, V. de et al., Astrophys. J. 332 (1988) 44
Lattes, C. M. G., Muirhead, H., Occhialini, G. P. S. and Powell, C. F., Nature 159 (1947) 694
Ledermann, L. M. und Schramm, D. N., Vom Quark zum Kosmos – Teilchenphysik als Schlüssel zum Universum, Spektrum-Bibliothek Bd. 26 (Spektrum, Heidelberg 1990)
Lee, T. D. and Yang, C. N., Phys. Rev. 104 (1956) 245
LEP Collaborations ALEPH, DELPHI, L3, OPAL and the LEP Electroweak Working Group, Europhysics Conference on High Energy Physics, Marseille, July 22–28, 1993 and the 1993 Internat. Symposium on Lepton-Photon Interactions at High Energies, Cornell, August 10–15
Lindley, D., Kolb, E. W. and Schramm, D. N. (Ed.), Cosmology and Particle Physics (Americ. Assoc. of Physics Teachers, College Park 1991)
Lindner, M., private Mitteilung, 1995
Lo Secco, J. M., Reines, F., Sinclair, D., Spektrum d. Wissensch. 8 (1985) 112
Mather, J. C. et al., Astrophys. J. 420 (1994) 439
Miller, G. et al., Phys. Rev. D 5 (1972) 528
Mößbauer, R. L., Phys. Bl. 50/4 (1994) 325
Moriyasu, K., An elementary primer for gauge theory (World Scientif. Publ., Singapore 1983)
Moriyasu, K., The renaissance of gauge theory, Contemp. Phys. 23/6 (1982) 553
Morrison, D. R. O., 27th Conference on High Energy Physics, Glasgow, 20–27 July 1994, CERN-PPE/94–125
Nachtmann, O., Phänomene und Konzepte der Elementarteilchenphysik (Vieweg, Braunschweig 1986)

Naroska, B., Physics Reports 148/2&3 (1987) 67
Ne'eman, Y./ Kirsch, Y., The Particle Hunters, S. 86 (Cambridge Univ. Press, Cambridge 1986)
Pal, P. B., Int. J. Mod. Phys. A 7 (1992) 5387
Particle Data Group, Review of Particle Properties, Phys. Lett. B 111 (1982)
Particle Data Group, Review of Particle Properties, Phys. Lett. B 204 (1988)
Particle Data Group, Review of Particle Properties, Phys. Rev. D 50/3, Part I (1994)
Penzias, A. A. and Wilson, R. W., Astrophys. J. 142 (1965) 419
Pontecorvo, B. in: Journal de Physique, Colloque C8, supplément au n^0 12, Tome 43 (1982)
Prescott, C. Y. et al., Phys. Lett. B 77 (1978) 347; Phys. Lett. B 84 (1979) 524
Pretzl, K., Dark matter searches, Preprint Bern BUHE-94-5, Talk given at the Vulcano Workshop 1994, Frontier Objects in Astrophysics and Particle Physics, Vulcano, Italy, May 23–28, 1994
Quigg, C., Spektrum d. Wissensch. 6 (1985) 110
Reines, F., Journal de Physique, Colloque C8, supplément, au n^0 12, Tome 43 (1982)
Riordan, M./ Schramm, D. N., Die Schatten der Schöpfung-Dunkle Materie und die Struktur des Universums (Spektrum, Akad. Verlag, Heidelberg 1993)
Rolnick, W. B., The Fundamental Particles and Their Interactions (Addison-Wesley, Reading (MA) 1994)
Rubbia, C., The Quest for the Infinitesimally Small, Preprint CERN-PPE/94-15 zu: Proceedings of EPS-9, Trends in Physics, Firenze, September 14, 1993
Rutherford, E., Phil. Mag. 21 (1911) 669; siehe z. B. Berkeley Physik Kurs, Band 1 (Vieweg, Braunschweig)
Schaile, D., Fortschritte d. Physik 42/5 (1994) 429
Schmutzer, E., Symmetrien und Erhaltungssätze der Physik, WTB Band 75 (Vieweg, Braunschweig 1972)
Schopper, H., Phys. Bl. 44/8 (1988) 319
Schramm, D. N., Nucl. Phys. B, Proc. Suppl. 28A (1992) 243
Schwartzschild, M. et al., Astrophys. J. 125 (1957) 233
Sexl, R./ Streeruwitz, E., Physik u. Didaktik 4 (1976) 245
Sivardiere, J., Am. J. Phys. 51/11 (1983) 1016
Stroynowski, R., Physics Reports 71/1 (1981) 1

Suzuki, Y., Proceedings 16th Int. Conf. on Neutrino Physics and Astrophysics, Eilat, Israel, May 29 – June 3, 1994
Trilling, G. H., Physics Reports (Phys. Lett. C) 75 (1981) 57
Vannucci, F., Konferenzbeitrag: Rencontres du Vietnam, Hanoi, 13–18 December 1993
Veltman, M. J. G., Spektrum d. Wissensch. 1 (1987) 52
Weinberg, S., Vereinheitlichte Theorie der elektroschwachen Wechselwirkung, in: Teilchen, Felder und Symmetrien, Reihe Verständliche Forschung (Spektrum Verlag, Heidelberg 1986)
Weinberg, S., Die ersten drei Minuten, dtv-Sachbuch 1556, 3. Auflage (DTV, München 1982)
Weisskopf, V. F., Scient. Am. 5 (1968) 15
Wu, C. S. et al., Phys. Rev. 105 (1957) 1413
Yukawa, H., Proc. Phys. Math. Soc. Japan 17 (1935) 48
Zacek, V., Phys. i. u. Zeit 18/4 (1987) 114
Zweig, G., CERN Preprint TH 401 (1964), unveröffentlicht

Ergänzende und weiterführende Literatur

Die nachfolgend aufgeführten Werke stellen – wie kann es anders sein – eine subjektive Auswahl aus dem reichhaltigen Angebot des Büchermarktes dar. Auch die Einstufung nach dem Schwierigkeitsgrad und die kurze Charakterisierung jedes Titels wurden nach dem einseitigen Urteil des Autors des vorliegenden Buches vorgenommen und sollen dem Leser bestenfalls als Orientierungshilfe dienen.

Elementare Darstellungen

Leon M. Ledermann und David N. Schramm
Vom Quark zum Kosmos
Teilchenphysik als Schlüssel zum Universum
Spektrum der Wissenschaft Verlagsgesellschaft, Heidelberg 1990

Zwei namhafte Wissenschaftler, ein Elementarteilchen-Experimentalphysiker und ein theoretischer Astrophysiker, präsentieren ausschließlich durch Text und mit vielen Bildern in historisierender Darstellung die Früchte der Vereinigung von Teilchen- und Astrophysik. Sie wollen die enge Verbindung zwischen Experiment und Theorie vermitteln, die zu einem neuen Verständnis vom Universum geführt hat. Auch Maschinen und Detektoren der Experimentalphysik nehmen in dem Buch einen breiten Raum ein.

Sheldon L. Glashow
From Alchemy to Quarks
Brooks/Cole Publishing Company, Pacific Grove (Cal.) 1994

Der renommierte theoretische Teilchenphysiker, Havard-Professor und Nobelpreisträger, spannt einen weiten Bogen von den Anfängen der Physik über die Klassische Physik und Chemie, Relativitätstheorie und Quantenphysik bis hin zur gegenwärtigen Teilchenphysik. Grundlage des Buches ist ein Einführungskurs des Kerncurriculums der Havard-Universität, den Glashow seit 1979 abhält, und der sich in erster Linie an Nichtphysikstudenten richtet. Rechts-, Sprachen- und Literaturstudenten erhalten einen Einblick in die Welt der Physik und Chemie und ihre Geschichte („physics for poets who can count"). Er ist aber zugleich auch als Übersichtskurs und Hinführung zu aktuellen Fragen der Physik für Physikstudenten konzipiert. Beide Zielsetzungen werden durch voneinander relativ unabhängige Kapitel unterschiedlichen Anspruchsniveaus erreicht. Das Buch muß jeden gebildeten Menschen überzeugen, daß Physik eine tragende Säule unserer Kultur ist. Es sollte in keiner Bibliothek fehlen.

Michael Riordan und David N. Schramm
Die Schatten der Schöpfung
Dunkle Materie und die Struktur des Universums
Spektrum Akademischer Verlag, Heidelberg (u.a.) 1993

Die Autoren zeichnen eindrucksvoll und spannend und ohne Mathematik ein Bild der Symbiose von Teilchenphysik und Kosmologie. Das Buch schildert die Rolle der sog. dunklen Materie bei der Entstehung des Universums und seiner beobachtbaren Struktur.

Gerhard Börner, Jürgen Ehlers und Heinrich Meier (Hg.)
Vom Urknall zum komplexen Universum
Die Kosmologie der Gegenwart
R. Piper GmbH & Co. KG, München 1993

Sieben führende Kosmologen und Physiker entwerfen allgemeinverständlich ein Bild vom gegenwärtigen Stand kosmologischer Forschung und von den ungelösten Problemen und offenen Fragen der Kosmologie. Jeder an Fragen der Kosmologie interessierte Nichtfachmann wird dieses Büchlein, das auch einen kurzen Glossar enthält, mit Genuß lesen.

Steven Weinberg
Die ersten drei Minuten
dtv Sachbuch, Deutscher Taschenbuchverlag GmbH & Co, München 1982

Ein Welt-Bestseller, der auf bewundernswerte klare Weise der Frage nach dem Ursprung der Welt nachgeht. S. Weinberg verkörpert in seiner Person die vollzogene Symbiose von Teilchenphysik und Astrophysik. Er versteht es, schwierige Sachverhalte theoretischer und empirischer Natur ohne Umschweife in verständlicher Sprache darzustellen. Der Text wird durch einen Glossar und einen mathematischen Anhang ergänzt.

Herwig Schopper
Materie und Antimaterie
Teilchenbeschleuniger und der Vorstoß zum unendlich Kleinen
Piper GmbH & Co. KG, München 1989

„Ein Schwerpunkt dieses Buches soll auf der Beschreibung liegen, wie man *experimentell* in den Mikrokosmos vorstoßen kann, ein Unterfangen des menschlichen Geistes, das ebenso faszinierend ist wie die theoretische Verarbeitung der experimentellen Resultate." So charakterisiert Schopper in der Einleitung das Hauptanliegen seines Buches. Schopper hat als Leiter von DESY (1973–1980) und Generaldirektor von CERN (1980–1988) während 16 Jahren die Hochenergieforschung wesentlich mitgestaltet und kann kompetent aus erster Hand berichten, wie Hochenergiephysik betrieben wird Er behandelt Beschleuniger, Detektoren und das Wechselspiel von Experiment und Theorie und zeigt historische Entwicklungen auf. Der Leser erfährt eine Vielzahl interessanter technischer Details, ohne deren Erfindung und Beherrschung die gigantischen Maschinen und Apparate der experimentellen Teilchenphysik nicht funktionierten. Mathematische Formeln sind aus dem Haupttext verbannt und kommen nur in den „Anmerkungen" am Ende des Buches vereinzelt vor. Gutes Bildmaterial und ein Glossar erhöhen den Wert des empfehlenswerten Buches.

Robert K. Adair
The Great Design
Particles, Fields, and Creation
Oxford University Press, Oxford (u.a.) 1987

Ein hochrangiger Kern- und Hochenergiephysiker erklärt interessierten Laien die Physik des zwanzigsten Jahrhunderts. Er setzt dabei nur durchschnittliche highschool-Kenntnisse voraus. Adair vertritt den Standpunkt (dem ich mich anschließe), daß man etwas nicht wirklich verstanden hat, wenn man nicht in der Lage ist, es einem interessierten Laien zu erklären. Das Buch ist ein Geheimtip für Lehrer und insbesondere für Fachdidaktiker, die sich bemühen, die Konzepte der modernen Physik so zu elementarisieren, daß sie Laien zugänglich werden.

Christine Sutton
Raumschiff Neutrino
Die Geschichte eines Elementarteilchens
Birkhäuser Verlag, Basel (u.a.) 1994

Wenn schon Heerscharen von Teilchenphysikern ihre Arbeit ausschließlich der Erforschung des Neutrinos, des exotischsten Mitglieds im Teilchenzoo, widmen, ist es nur konsequent, ein Buch nur über diese Spezies von Teilchen für eine breitere Leserschaft zu schreiben. Ch. Sutton legt allgemeinverständlich dar, was wir über Neutrinos wissen und wie wir zu diesem Wissen gelangt sind.

Lev B. Okun
Elementarteilchen von α bis Z
Verlag Harri Deutsch, Thun Frankfurt/Main 1988

Eine leicht verständliche kurze Einführung in die Teilchenphysik, die mit der Entdeckung der intermediären Vektorbosonen der Schwachen Wechselwirkung im Jahre 1983 endet.

Pedro Waloschek
Neuere Teilchenphysik-Einfach dargestellt
Praxis Schriftenreihe Physik, Band 47
Aulis Verlag Deubner & Co. KG, Köln 1989

Waloschek bemüht sich, die Teilchenphysik in den Physikunterricht der Schulen zu bringen. Er entwickelt in seinem Büchlein eine Art Stufenplan für den Lehrer zur schrittweise fortschreitenden Vertiefung der Grundlagen des Standardmodells. Je nach verfügbarer Zeit kann eine Unterrichtseinheit nach jedem der vier Kapitel (Stufen) abgeschlossen werden. Das Buch bietet diskutierenswerte Anregungen für den Lehrer, der allerdings nach Möglichkeit über weiterreichendes Hintergrundwissen und Verständnis verfügen sollte.

Particle Physics Project Team
Particle Physics
Holbrooks and Son Ltd., Portsmouth (UK) 1992

Das Buch stellt in Form einer Loseblattsammlung Unterrichtsmaterialien für den Physikunterricht der Sekundarstufe II bereit und wird durch einen

Leitfaden für den Lehrer ergänzt. Für Physiklehrer des Gymnasiums ein sehr empfehlenswertes Werk.

Einführende Darstellungen, die ohne große Mühen zu lesen sind

Donald H. Perkins
Hochenergie-Physik
Addison-Wesley Publishing Company, Bonn (u.a.) 1990

Das Buch ist ein Klassiker unter den einführenden Lehrbüchern der Teilchenphysik für Studenten nach dem Vordiplom. Perkins betont das Wechselspiel zwischen Experiment und Theorie. Es ist ihm wie keinem anderen gelungen, eine ausgewogene Mischung von experimenteller und theoretischer Physik zu präsentieren. Einige exemplarische Schlüsselexperimente werden detailliert dargestellt.

G. D. Coughlan und James E. Dodd
Elementarteilchen
Eine Einführung für Naturwissenschaftler
Verlag Vieweg, Wiesbaden 1996

Bei dem Buch handelt es sich um die deutsche Übersetzung eines bei Cambridge University Press bereits in zweiter Auflage erschienenen sehr erfolgreichen Werkes. Coughlan und Dodd erklären auf anschauliche Weise die Grundkonzepte der Teilchenphysik. Sie gehen dabei in Ansätzen chronologisch vor. Das Buch enthält im Anhang einen kurzen Glossar häufiger Begriffe.

Klaus Bethge und Ulrich E. Schröder
Elementarteilchen
Wissenschaftliche Buchgesellschaft Darmstadt, Darmstadt 1986

Bethge und Schröder versuchen „Erkenntnisse der Elementarteilchenphysik vorwiegend für alle diejenigen Interessenten zusammenfassend darzustellen, die auf anderen Sachgebieten arbeiten“. Sie stellen die Symmetrien in den Mittelpunkt, auf deren Grundlage sie die fundamentalen Wechselwirkungen behandeln. Das Buch zeichnet sich durch seine klare Gestaltung und reichhaltige Illustrationen aus. Es berücksichtigt Theorie und Experiment gleichermaßen. Unter den deutschsprachigen Büchern zur Teilchenphysik, die ein breiteres Fachpublikum anzusprechen versuchen, verdient dieses Buch, besonders erwähnt zu werden.

Norriss S. Hetherington
Encyclopedia of Cosmology
Historical, Philosophical, and Scientific Foundations of Modern Cosmology
Garland Publishing, Inc., New York 1993

Wenn auch die Qualität der meisten Bilder und Graphiken sehr zu wünschen übrig läßt und die Einzelbeiträge aus Quellen sehr unterschiedlichen Anspruchsniveaus zusammengewürfelt sind, findet der Leser doch eine Menge Informationen, vor allem aber bibliographische Hinweise für weiterführende, vertiefende Studien.

Lehrbücher mit höherem Anforderungsprofil

Francis Halzen und Alan D. Martin
Quarks and Leptons
An Introductory Course in Modern Particle Physics
John Wiley & Sons, Inc, New York (u.a.) 1984

Halzen und Martin vermitteln auf didaktisch herausragende Weise die theoretischen Grundlagen des Standardmodells der Teilchenphysik, wobei sie exemplarisch vertiefend Schwerpunkte setzen. Hier lernt der Leser sowohl die Konzepte als auch die Formalismen wirklich verstehen. Daß das Buch nicht mehr auf dem neuesten Stand ist, schränkt seine Bedeutung als systematische Einführung in die QED und QCD kaum ein.

William B. Rolnick
The Fundamental Particles and Their Interactions
Addison-Wesley Publishing Company, Inc., Reading/Mass. (u.a.) 1994

Rolnick stellt die Konzepte der Teilchenphysik sowohl aus der Sicht der Theorie als auch unter dem Aspekt der experimentellen Evidenz in Form eines abgerundeten, geschlossenen Einführungskurses für fortgeschrittene Physikstudenten dar. Er verzichtet absichtlich auf eine historisierende Vorgehensweise und stellt die Eichtheorien in den Mittelpunkt. Die hierfür notwendigen Grundlagen werden in einführenden Kapiteln gelegt. Ein umfangreicher Anhang ergänzt mathematische Strukturen der Theorie und gibt einen Überblick über Teilchendetektoren. Das Buch bietet eine kurzgefaßte klare und ansprechende Gesamtschau der modernen Teilchenphysik.

Lev B. Okun
Physik der Elementarteilchen
Akademie Verlag GmbH, Berlin (u.a.) 1991

Zwar ist mehr als ein Viertel des Buches explizit als „Kleines Lexikon der Hochenergiephysik" ausgewiesen, doch zeichnet sich das ganze Büchlein durch eine enzyklopädische Konzeption aus. In kompakter Form wird eine Fülle von Erkenntnissen und Fakten mitgeteilt. Ein interessantes Nachschlagewerk zur schnellen Information, welches das Wissen der Teilchenphysik bis 1986 bündelt.

Christoph Berger
Teilchenphysik
Eine Einführung
Springer-Verlag, Berlin (u.a.) 1992

Das Buch ist aus zweisemestrigen Vorlesungen für Studenten im Hauptstudium hervorgegangen. Alle über die nichtrelativistische Quantenmechanik und über Grundlagen der Atom- und Kernphysik hinausgehende benötigte Hilfsmittel werden bereitgestellt. Der Autor ist Experimentalphysiker und entwickelt die Theorie des Standardmodells für Experimentalphysiker.

Otto Nachtmann
Elementarteilchenphysik
Phänomene und Konzepte
Verlag Vieweg, Braunschweig Wiesbaden 1986

Nachtmann gibt eine betont theoretisch ausgerichtete Einführung in die moderne Phänomenologie der Teilchenphysik. Das Buch entstand aus Vorlesungen für Physikstudenten, die in die Lage versetzt werden sollten, die in der Praxis der Hochenergiephysik auftretenden Probleme zu lösen. Daher ist es ein Hauptanliegen des Buches, dem Leser entsprechende theoretische Konzepte nahezubringen. Die Lektüre dürfte einem Autodidakt nicht ganz leicht fallen, dem Kenner jedoch Vergnügen bereiten.

Franz Mandl und Graham Shaw
Quantenfeldtheorie
Aula Verlag, Wiesbaden 1993

Mandl und Shaw führen nicht nur in den Formalismus der Quantenfeldtheorie ein, sondern bemühen sich auch, das sich dahinter verbergende Physikkonzept zu erhellen. Sie machen den Leser mit störungstheoretischen Rechnungen über Feynman-Diagramme vertraut und führen ihn in die Eichtheorien ein. Sie formulieren die Quantenfeldtheorie vom Anfang weg in der Sprache nicht vertauschender Operatoren. Ein anspruchvolles, aber sehr schönes Buch!

James D. Bjorken und Sidney D. Drell
Relativistische Quantenmechanik
Relativistische Quantenfeldtheorie
BI Hochschultaschenbücher, Bibliographisches Institut, Mannheim 1967

Die beiden Bücher zählen zu den Standardwerken der kanonischen Quantenfeldtheorie. Die Autoren entwickeln eine Propagatortheorie für Dirac-Teilchen, Photonen und Mesonen und arbeiten die Feynman-Regeln aus. Es erfordert ein hohes Maß an Konzentration, Anstrengung und Durchstehvermögen, versucht man, sich durch den kleingedruckten Text hindurch zu arbeiten.

Richard P. Feynman
Quantenelektrodynamik
R. Oldenbourg Verlag, München Wien 1992

Der Erfinder der Feynman-Graphen erklärt hier seine Erfindung und versucht, die Rechenmethoden der Quantenelektrodynamik möglichst einfach darzustellen.

Edward W. Kolb und Michael S. Turner
The Early Universe
Addison-Wesley Publishing Company, Redwood City (u.a.) 1990

Kolb und Turner führen in das Standardmodell der Kosmologie ein, behandeln die primordiale Nukleosynthese und widmen sich eingehend der Rolle der Teilchenphysik für das Verständnis der Frühphase (<0,01s) des

Universums. Das Buch wurde für angehende Fachleute geschrieben, die bei ihren Studien oft den Wald vor lauter Bäumen nicht mehr sehen. Es ist gut strukturiert und wird dem Anspruch gerecht, etwas Klarheit in die Komplexität des Stoffes zu bringen. Es stellt allerdings – wie wohl alle wissenschaftlichen Bücher der Kosmologie – hohe Anforderungen an die Vorkenntnisse des Lesers.

Gerhard Börner
The Early Universe
Facts and Fiction
Springer-Verlag, Berlin (u.a.) 1993

Das Buch behandelt auf einem sehr hohen Niveau (Kenntnisse der Allgemeinen Relativitätstheorie werden z.B. selbstverständlich vorausgesetzt) das Standard-Urknallmodell, die Symbiose von Teilchenphysik und Kosmologie, das Problem der nichtbaryonischen dunklen Materie und die Bildung von Galaxien. Wer sich mit der Thematik zum erstenmal beschäftigen möchte, wird das Buch sofort wieder weglegen, ist es doch an den Experten des jeweiligen anderen Lagers der Symbiose gerichtet.

Hubert Goenner
Einführung in die Kosmologie
Spektrum Akademischer Verlag, Heidelberg (u.a.) 1994

Das Buch ist aus Vorlesungen für Physik- und Astronomiestudenten im Hauptstudium entstanden. Es berücksichtigt gleichermaßen empirische Fakten und Methoden und theoretische Konzepte moderner Kosmologie. Mit Ausnahme des ersten Kapitels, das in die Thematik überblicksmäßig einführt, werden solide Kenntnisse in Relativitätstheorie, Thermodynamik, Statistischer Mechanik und Quantenmechanik sowie Grundkenntnisse in Kernphysik vorausgesetzt.

Zur Geschichte der Teilchenphysik

Abraham Pais
Inward Bound
Of Matter and Forces in the Physical World

Clarendon Press, Oxford and Oxford University Press, New York 1986

Pais schildert facettenreich die historische Entwicklung der modernen Physik von 1895 bis 1983. Ich kenne kein hinsichtlich seiner Informations- und Kenntnisdichte vergleichbares Werk, das zudem auch noch spannend geschrieben ist. Die Bibliographie umfaßt 2642 Eintragungen! Trotz Schilderungen unzähliger faszinierender Details, gespickt mit Zitaten, anekdotischen und biographischen Einlagen, schafft es Pais, den roten Faden nicht zu verlieren und das Jahrhundertwerk der modernen Physik organisch entstehen zu lassen. Ein fantastisches Buch!

Andrew Pickering

Constructing Quarks

Eine soziologische Geschichte der Teilchenphysik

Edinburgh University Press, Edinburgh 1984

Pickering befaßt sich als Insider der Hochenergie-Gemeinschaft mit dem Prozeß der Erzeugung neuer Erkenntnisse durch die Tätigkeit der beteiligten Physiker (daher „constructing" quarks) und schildert detailliert die Geschichte der Teilchenphysik nach dem Zweiten Weltkrieg bis in die achziger Jahre aus soziologischer Sicht. Das Ergebnis von Pickerings akribischen Recherchen ist, wie das Buch von A. Pais (s. o.), eine wahre Fundgrube.

Yuval Ne'eman und Yoram Kirsh, übers. von Bernhard Simon

Die Teilchenjäger

Springer-Verlag, Berlin, Heidelberg (u.a.) 1995

Das in mehrere Sprachen übersetzte Buch ist endlich auch in deutscher Sprache in einer Neuauflage erschienen. Die Autoren entblättern auf sachliche aber dennoch amüsante Weise chronologisch das Atom, beginnend bei den Experimenten von Thompson und Rutherford und endend mit den jüngsten Entdeckungen der experimentellen Teilchenphysik. Ne'eman, Jahrgang 1925, hat die Entwicklung der Kern- und Teilchenphysik nicht nur miterlebt, sondern streckenweise auch mitgestaltet. Vieles in dem Buch gründet auf eigener Erfahrung.

Sachwortverzeichnis

F

G

O

P

Q

R

S

T

U

V

W

X

Y

Z

Fortsetzung von vorderem Umschlagdeckel

Spin 3/2 - Baryonen

Baryon	Valenzquarks	Ladung	Masse	Lebensdauer	Häufigste Zerfälle
Δ	uuu, uud, udd, ddd	+2, +1, 0, -1	1232	$0{,}6\times10^{-23}$	$N\pi$
Σ^*	uus, uds, dds	+1, 0, -1	1385	2×10^{-23}	$\Lambda\pi, \Sigma\pi$
Ξ^*	uss, dss	0, -1	1533	7×10^{-23}	$\Xi\pi$
Ω^-	sss	-1	1672	$0{,}822\times10^{-10}$	$\Lambda K^-, \Xi^0\pi^-, \Xi^-\pi^0$

Spin 0 - Mesonen

Meson	Valenzquarks	Ladung	Masse	Lebensdauer	Häufigste Zerfälle
$\pi^\pm$	$u\bar{d}, d\bar{u}$	+1, -1	139,56995	$2{,}603\times10^{-8}$	$\mu\nu_\mu$
π^0	$(u\bar{u}-d\bar{d})/\sqrt{2}$	0	134,9764	$8{,}4\times10^{-17}$	$\gamma\gamma$
$K^\pm$	$u\bar{s}, s\bar{u}$	+1, -1	493,677	$1{,}2371\times10^{-8}$	$\mu\nu_\mu, \pi^\pm\pi^0, \pi^\pm\pi^\pm\pi^\mp$
$K^0, \bar{K}^0$	$d\bar{s}, s\bar{d}$	0, 0	497,672	$K_S^0\ 0{,}893\times10^{-10}$ $K_L^0\ 5{,}17\times10^{-8}$	$\pi^+\pi^-, \pi^0\pi^0$ $\pi e\nu_e, \pi\mu\nu_\mu, \pi\pi\pi$
η	$(u\bar{u}+d\bar{d}-2s\bar{s})/\sqrt{6}$	0	547,45	7×10^{-19}	$\gamma\gamma, \pi^0\pi^0\pi^0, \pi^+\pi^-\pi^0$
η'	$(u\bar{u}+d\bar{d}+s\bar{s})/\sqrt{3}$	0	957,77	3×10^{-21}	$\eta\pi\pi, \rho^0\gamma$
$D^\pm$	$c\bar{d}, d\bar{c}$	+1, -1	1869,4	$1{,}057\times10^{-12}$	$K^\pm$ andere
$D^0, \bar{D}^0$	$c\bar{u}, u\bar{c}$	0, 0	1864,6	$0{,}415\times10^{-12}$	K^- andere
$D_s^\pm$	$c\bar{s}, s\bar{c}$	+1, -1	1968,5	$0{,}467\times10^{-12}$	$\eta\rho, \eta'\rho, f_0\pi$
$B^\pm$	$u\bar{b}, b\bar{u}$	+1, -1	5278,7	$1{,}537\times10^{-12}$	$K^\pm$ andere
$B^0, \bar{B}^0$	$d\bar{b}, b\bar{d}$	0, 0	5279,0	$1{,}50\times10^{-12}$	$l\nu_l$ andere,

Spin 1 - Mesonen

Meson	Valenzquarks	Ladung	Masse	Lebensdauer	Häufigste Zerfälle
ρ	$u\bar{d}, d\bar{u}, (u\bar{u}-d\bar{d})/\sqrt{2}$	+1, -1, 0	769,9	$0{,}4\times10^{-23}$	$\pi\pi$
K^*	$u\bar{s}, s\bar{u}, d\bar{s}, s\bar{d}$	+1, -1, 0, 0	891,6; 896,1	1×10^{-23}	$K\pi$
ω	$(u\bar{u}+d\bar{d})/\sqrt{2}$	0	781,94	7×10^{-23}	$\pi^+\pi^-\pi^0, \pi^0\gamma$
Φ	$s\bar{s}$	0	1019,413	20×10^{-23}	$K^+K^-, K_L^0K_S^0$
J/ψ	$c\bar{c}$	0	3096,88	$0{,}75\times10^{-20}$	Hadronen
D^*	$c\bar{d}, d\bar{c}, c\bar{u}, u\bar{c}$	+1, -1, 0, 0	2006,7	$>3\times10^{-22}$	$D\pi, D\gamma$
Υ	$b\bar{b}$	0	9460,37	$1{,}5\times10^{-20}$	$\tau^+\tau^-, \mu^+\mu^-, e^+e^-$